資訊管理概論

陳瑞順 編著

 全華圖書股份有限公司 印行

知識經濟時代中，所有的商業技術都在改變。在資訊新技術導入新企業的衝擊下，使得傳統資訊管理的教材必須要反應新科技的變化。本書即是符合高科技產業企業資訊管理系統的好書，也是一本關於MIS管理與應用的實用書籍。可以使高科技資訊管理者瞭解，如何將資訊科技應用於企業中，藉以創造競爭優勢。

本書介紹的主要重點，是針對新竹科學工業園區高科技產業，由介紹各種企業資訊系統開始，接著介紹如何由傳統企業資訊系統，經由資訊新技術導入使企業再改造。例如：MIS、BPR、ERP、EC、SCM、CRM、KM、PDM、DM、EIS、App、Big Data、Cloud Computing、Internet of Thing等資訊新技術。如何導入高科技產業以創造競爭優勢。同時本書亦網羅了國內新竹科學園區高科技廠商豐富的實例，說明資訊新科技如何應用於高科技產業的管理。因此本書之特色包括下列幾點：

1. 結合管理資訊系統之理論與實務，幫助讀者瞭解管理資訊系統理論在實務面之應用。

2. 探討最新的管理資訊系統技術，強調邁向電子化企業應有的管理資訊系統技術與策略，每一章節並以個案分析來進一步闡述該章節之概念。

3. 本書架構完整，全書共分為19章：內容涵蓋資訊系統的介紹、資訊系統的管理、自動化的管理、商業智慧的管理系統，以及電子商務、RFID等，以便於讀者建立清晰完整的管理資訊系統架構與觀念。

作者本人除教職外，並於2006至2008年間參與考試院考選部高普考典試委員工作，深知本書最適合作為各大專院校、科技大學資訊管理相關教學讀本、高普考用書，以及實務界進修參考用。

陳瑞順 謹識

于國立交通大學資訊管理研究所

CONTENTS 目 錄

Chapter 19 物聯網

Chapter 1

資訊系統簡介

» 1.1 電子商業的範圍及輪廓

1.1.1 電子商業的基本概念

人類文明已進展到資訊時代，而應用網際網路的資訊時代，其商業模式亦不斷創新，由早期架設網站、B2C電子商務、B2B電子商務發展至目前電子商業（e-Business）的領域。這樣的進展，正印證了Intel總裁在1999年的預測：「五年後，將沒有任何一家網路公司，因為所有的企業都是網路公司。」

所謂電子商業，是在企業的價值鏈上，運用新的資訊科技，讓企業內部資源與流程得以更有效且更透明化地被整合。它可以連結企業對企業、企業對客戶之商業行為的價值鏈，並有效地整合企業核心流程，包括供應鏈管理、客戶關係管理、生產管理、財務管理、產品開發管理，以及配銷通路管理等。簡單地說，就是將企業體每日營運的日常管理活動，整理分析出一套有效且合理化的流程，並利用軟體工程等技術將其電腦化，藉此讓企業體之營運不受時空限制。電子商業的雛型架構如圖1-1所示。

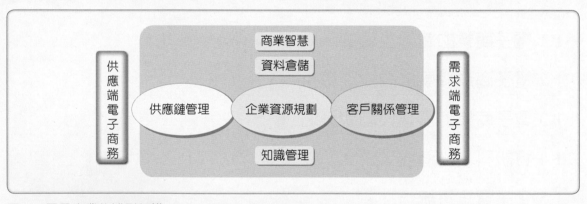

圖1-1 電子商業的雛型架構

基本上，企業體包含四種主要個體：(1)供應商：如原料供應商與合作夥伴；(2)員工：負責企業之產（生產與品質）、銷（行銷與銷售）、人（人力資源與訓練）、發（研發與開發）、財（財務與會計）等工作；(3)客戶；(4)經營階層。而電子商業就是將涵蓋上列四個主體的所有活動予以資訊電腦化，因此，其最應重視的原則為：

▶ 掌握科技能力對網路經濟的驅動力。

▶ 建構有效率的資訊流、物流、金流。

▶ 開創新客戶與提升現有客戶貢獻度。

▶ 創新企業價值鏈的核心競爭優勢。

▶ 整合企業流程與資訊系統。

　　由此可見，藉由電子商業的建立，將可使企業產生如下的優勢：

▶ 掌握資訊科技（Information Technology，IT）的應用能力。

▶ 與上游合作夥伴建立緊密的合作關係。

▶ 建立穩固的客戶關係。

▶ 產品與服務的差異化及降低成本。

▶ 提升企業流程的運作效率。

▶ 強化組織及人員的創新與活力。

　　著眼於此，本書由科學園區高科技產業中的各種企業資訊系統開始介紹；接著，引述如何注入新的資訊科技，例如：ERP、EC、SCM、CRM、KM、App、DM、Cloud Computing、IoT、Big Data到傳統企業資訊系統，使企業再改造；之後，再敘及如何將資訊科技導入高科技產業，以創造競爭優勢。

　　然而，隨著電子商業架構的日漸成熟，雲端運算（Cloud Computing）、大數據（Big Data）、物聯網（IoT）已被視為電子商業架構中不可或缺的一環，對於一個成熟的電子商業架構來說，它們的確是相當重要的。

1.1.2　電子商業的範圍

⊟ 客戶關係管理

　　客戶關係管理（Customer Relationship Management，CRM）是一種以客戶為導向，運用資訊傳遞與快速反應的特質，協助企業與客戶建立良好的關係，使得雙方都互利的管理模式。其藉由資訊科技來整合行銷（Marketing）、銷售（Sales）及服務（Service），以提高客戶忠誠度與企業營運項目，並持續不斷地與客戶溝通，以獲取客戶資訊與情報，來滿足他們的需求；同時，也在正確的通路與時點上，提供適切、適時的服務給需要的客戶，最後得以影響客戶的消費行為。簡言之，客戶關係管理的主要目的有：

▶ 維持既有客戶的忠誠度與滿意度。

▶ 開拓新客戶。

▶ 提升既有客戶貢獻度。

　　其主要應用層面包括：

▶ 一對一行銷。

▶ 資料庫行銷。

▶ 資料倉儲（Date Warehouse）。

▶ 組織再造。

▶ 客戶服務中心（Call Center）。

　　藉由對客戶關係管理之主要目的與應用層面的瞭解，我們可以歸納出建立客戶關係管理的四個循環過程：

▶ 知識發現：分析客戶資訊，含客戶確認及客戶區隔，確認市場商機與行銷策略。

▶ 市場規劃：定義特定的客戶與產品，提供行銷通路、行銷計畫。

▶ 客戶互動：運用即時的資訊與科技技術，透過各種互動管道與前端應用軟體來管理與客戶之間的溝通。

▶ 大數據分析與比較：分析與客戶的互動結果，比較與預期效果之間的差異，並持續修正和改善客戶關係的管理與作法。

供應鏈管理

　　供應鏈管理（Supply Chain Management，SCM）的主要目的是在需求端與供應端之間建立一個完整、順暢的連結，形成一個協同合作的架構，藉以即時交換產銷的資料與情報，並讓產銷的供需關係透明化。如此，才能與上、中、下游整合，進而發展出產、供、銷、通路、物流同步化的活動，達成即時管理（Just In Time，JIT）、快速回應（Quick Response，QR），並掌握產品的上市時效（Time To Market）。

企業資源規劃

　　建置企業資源規劃（Enterprise Resource Planning，ERP）系統的目的在於將最新的資訊科技，活用在從接到訂單到出貨的一連串供應鏈和支援，包含管理會計、人力資源管理、產銷管理等企業基礎業務在內的整合資訊系統，並提供企業管理者即時且整合的決策參考資訊。其所涵蓋的多項領域，可讓企業在跨足電子商務市場的同時，也能在內部流程上配合電子化的進程，將企業的全體經營資源做有效且綜合的計畫與管理，以達成經營效率化的目標。

電子商務

　　電子商務（Electronic Commerce，EC）的興起，顛覆了現有產業的經營模式與競爭型態，改變了企業與供應商及客戶之間的交易模式，其影響層面之大，鮮有企業能置身事外。而此一轉變所引發的效應或現象有：

▶ 改變傳統的產業價值鏈

　　傳統由製造廠、經銷商到店頭、再到客戶的多層次行銷通路，已經在客戶能利用網際網路直接與供應商交易的情況下，驟然喪失其原有產業的價值。例如：資訊軟體廠商併購了一家百科全書，並將其內容放在網路上，導致既有百科全書廠商的市場地位搖搖欲墜。因此，企業若要維持生存，勢必要進行企業流程再造工程，改變其產品與服務的內容、方法及價值。

▶ 企業策略聯盟

　　企業朝向策略聯盟的方向發展，導致大者恆大，甚至有人預言此一改變，將會擴大企業國際化的版圖。

▶ 世界巨輪的運轉速度更快

　　資訊科技的應用，大幅整合了資訊流、金流、物流等流程，並縮短了時間，致使世界巨輪的運轉速度愈發加快。再加上網際網路無遠弗屆的特性，使得資訊的流通讓不同地區、不同國界的企業能夠進行更緊密的協調與控管，因而讓世界的巨輪加速運轉。

▶ 速度是決勝的關鍵

　　這是一個機會與威脅都以十倍速來臨的時代，從最早GE總裁Jack Welch到Intel的Andrew Grove、Microsoft的Bill Gates，均曾強調速度的重要性。電子商務的發展，迫使所有人的速度必須更快，同時，每個企業也都希望能在十倍速變化的時代裡掌握策略轉折點，快速應變，並以最快的速度運轉前進。在這樣標榜速度的競爭環境裡，沒有電子商務的企業是不可能永續經營的。

▶ 全球化的商業服務

　　企業國際化與全球化的結果，使得企業的客戶可能來自世界各地；而在利用網際網路進行交易，不限地理及時間、每天24小時全年無休的趨勢下，讓每個人都要求筆記型電腦、手機必須可以隨時上網，不受時空限制，如此，才能立即存取企業的各種資訊，以提供客戶最好的服務。因此，企業必須利用全球資訊網（Web）及跨網際網路（Internet）使用，完全打破時空的限制，以支持全球化的商業服務。此正所謂「天涯若比鄰」最佳的寫照。

» **1.2 電子商業發展的關鍵要素**

電子商業的發展，建構在三大項關鍵要素上，即整合企業內部流程與資訊系統、建立新一代電子商業基礎架構及確立資訊安全性與隱私權。

回 整合企業內部流程與資訊系統

在全球運籌管理的機制下，許多企業發現，為了快速反應市場，贏得真正商機，企業內部流程與資訊系統必須緊密整合，確實地將企業所有各功能部門、員工、供應商、客戶等串聯起來，如此，企業才得以成為靈活的生命體。

回 建立新一代電子商業基礎架構

▶ 便利的電子商業生活模式：在電子商業世界中，所有的合作夥伴、客戶及員工皆可成為運用資源的主導者，在點對點的運算環境下，享受科技帶來「隨時隨地、隨心所欲」的電子商業生活模式。

▶ 開放且標準的軟體語言：XML、JAVA、UNIX的發展，建立了通行無阻且共同的程式語言，進而形成易於跨平台整合的世界。

▶ 穩固的資訊基礎架構：面對日益複雜的網路環境，企業絕對需要具有高可靠性、高可用性與彈性擴充能力的基礎資訊架構。

回 確立資訊安全性與隱私權

因應網路世界的到來，利用網路進行交易已成為一種常態，因此，對於網路交易規範、隱私權及智慧財產權保護等問題，都必須建立一套值得遵循的制度。而在這些亟需建立的制度當中，最重要的就是資訊安全性與隱私權的問題。

一般而言，電子商業包括資訊科技基礎發展環境、企業資源規劃系統、供應鏈管理系統、電子化採購系統、電子交易市場系統、客戶關係管理系統、商業智慧系統、知識管理系統及資料倉儲系統等，如圖1-2所示。其中，電子化採購系統係以電子化方式來整合企業內部的所有採購流程，藉以提升採購效率，並節省採購成本；而知識管理系統則結合各種用以輔助知識的創造、蒐集、儲存、擷取、分享及應用的資訊科技。如圖1-3與圖1-4所示。

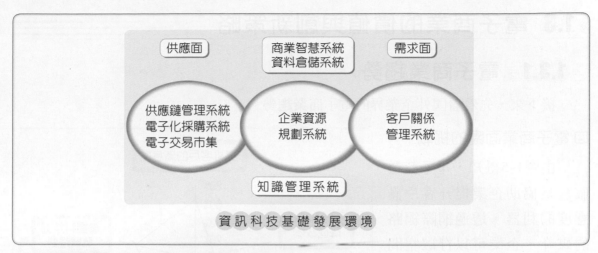

圖1-2 電子商業發展示意圖

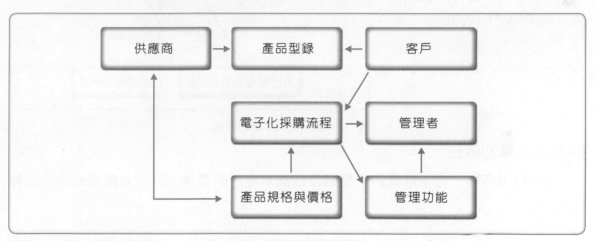

圖1-3 電子化採購示意圖

知識分類	個人知識			組織知識			創造價值
知識類型	內隱知識			外顯知識			
知識管理活動	創造	蒐集	儲存	擷取	分享	應用	
資訊科技	文件管理	內容管理	入口網站	群組軟體	知識地圖	知識檢索	

圖1-4 知識管理發展示意圖

»**1.3** 電子商業的價值與創新策略

1.3.1 電子商業趨勢

接下來,先看看國外企業界的電子商業趨勢。

⊟ 電子商業面臨的挑戰

由圖1-5得知,電子商業確實是協助企業提升客戶滿意度的利器。透過網際網路的媒介,企業可以打破空間的侷限,並達成資訊傳播無國界與零時差的效果。

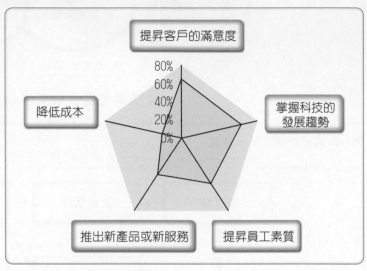

圖1-5 電子商業面臨的挑戰

⊟ 電子商業的效益

由圖1-6可知,電子商業的主要效益為滿足客戶的需求,其次是降低成本及改善行政效率。

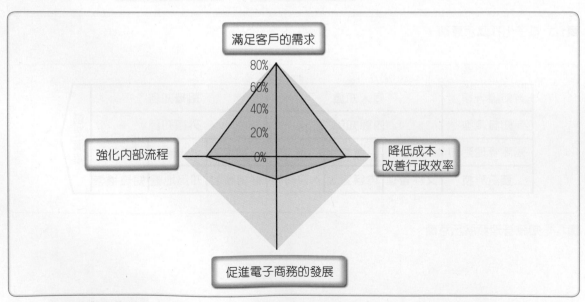

圖1-6 電子商業的效益

電子商業的應變型態

由圖1-7可以看出電子商業的幾種不同的應變型態：

1. 創新者：堪稱電子商業的翹楚，能洞悉先機及掌握行動良機，進而創造新格局。
2. 領先進入者：能敏銳察覺電子商業的契機，不囿於過去習慣、認知而錯失良機。
3. 跟進者：比較能主動地跟隨電子商業的腳步。
4. 後進者：對於電子商業的發展，表現出遲疑態度。

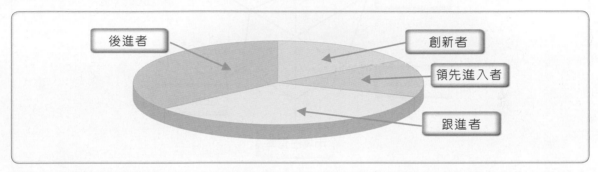

圖1-7　電子商業的應變型態

電子商業的障礙因素

由圖1-8可瞭解電子商業之主要障礙，首當其衝的是企業本身的內部流程整合。

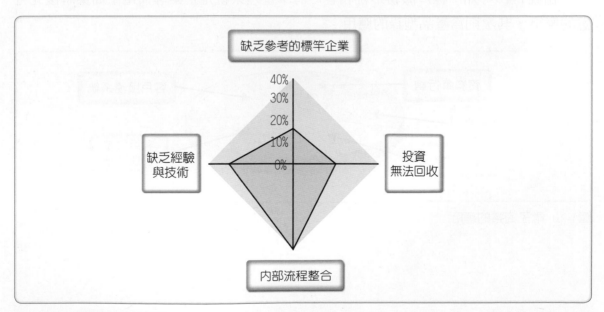

圖1-8　電子商業的障礙因素

🔲 電子商業成敗的衡量指標

由圖1-9可知,衡量電子商業成敗的指標,主要係由客戶滿意度的程度視之。

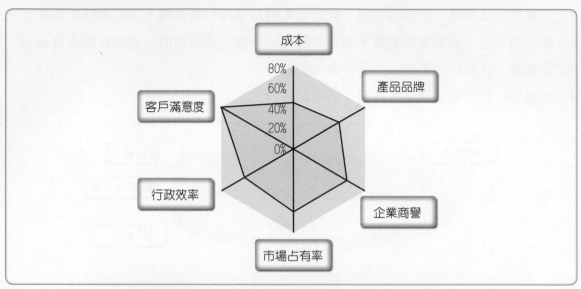

圖1-9 電子商業成敗的衡量指標

🔲 電子商業的應用

由圖1-10可知,客戶服務系統和客戶訂單管理系統是企業導入電子商業時優先考慮的應用,其次則為產品型錄的應用。

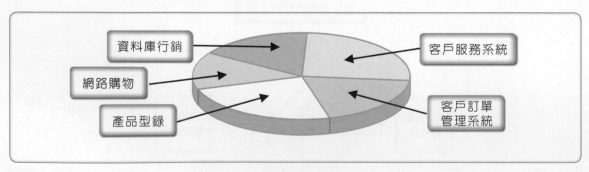

圖1-10 電子商業的應用

1.3.2 電子商業的價值

由上述可以歸納出建構與經營電子商業的價值，分別是：

回 建立忠誠的客戶關係

想要建立長期的、忠誠的客戶關係，除了企業的良好商譽之外，最有效的方法是發現並滿足客戶未表明、未意識到或未想過要提出來的需求，而這些需求卻又是客戶非常想獲得滿足的重要需求。因此，能夠在最短的時間內，提供來自全球各地且符合不同客戶需求的產品與服務的業者，就具有最佳的競爭優勢。

回 成為市場領導者

要成為市場領導者，往往必須具有主導市場的力量，而這個力量很可能來自於企業善於把卓越的客戶價值與可觀的公司獲利融為一體，因此，企業必須深思既有的經營策略是否仍適用於數位時代。

回 整體企業流程的效率化

企業再造工程的重點，是以整體企業流程效率化的角度來找尋改革的目標。長久以來，許多企業就致力於提升效率、簡化流程等工作，這些工作並不因為導入電子商業而失去價值。

回 持續創新

只要我們相信「凡是可能的，都將成為事實」，企業很容易就可以創造出新的產品與服務，而資訊科技便提供了一個便捷的管道，讓許多企業的創新理念得以實現。

回 開發全球市場

網際網路已經打破時空的藩籬，使實體的地域疆界轉為模糊，有助於企業開發全球市場。

回 提升人力資源

組織的人力資源是智識、技藝與性格的綜合呈現，透過資訊系統的有效運作，可以將個人經驗與知識分享出來，互相激盪與學習，從而提升團隊的人力資源素質。

回 掌握資訊科技的整合應用

網際網路的發展與成熟，讓資訊科技成為生活中不可或缺的要項，企業應善加掌握資訊科技技術發展的潮流，並與企業的策略、管理做充分的整合運用。

⊟ 建立良好的協同合作關係

　　基於產銷全球化的發展，企業逐漸與供應商及客戶建立緊密的分工關係，以改善作業效率。在過去的時代，企業很難與合作夥伴進行即時的資訊交流，而這個現象在電子商業時代裡，則已獲得解決。

1.3.3 電子商業的創新策略

　　企業若要創造上面所提之價值，則必須採行下述幾項創新的因應策略：

⊟ 資訊加值與提供

　　採取這項策略的企業主要是整合網際網路、通訊、商業及媒體，並借助資訊科技的資料蒐集與整合能力，將資料加值轉換成客戶所需的資訊，為全球使用者提供完整的網路服務——例如提供入口網站、搜尋、資訊整合、電子商務及社群等服務。運用這類策略成功的業者有：Yahoo!、PChome Online等。

⊟ 建立全新的經營模式

　　基本上，採取這項策略的企業可說是應用網際網路與電子化工具的先驅者，他們可能僅憑一個創新理念就開創了全新的經營模式。比較成功的案例是eBay拍賣網站。在eBay之前，人們僅知高價的富士比拍賣會及尋常的跳蚤市場，誰都沒想過可將自家的東西放到網站上進行拍賣，而eBay這種首開先例的作法，也造就了新的經營模式。而藉由網際網路發明所帶動的經濟和社會轉型，以及與資訊科技結合所帶動的經濟成長，更加速新經濟的來臨。

⊟ 重新配置行銷通路

　　管理大師彼得‧聖吉（Peter M. Senge）在《第五項修鍊》一書中，藉由「情人啤酒遊戲」的故事，闡述傳統生產配銷系統的波動現象：需求小幅上揚，導致庫存過度增加，然後引起滯銷和不景氣的問題。由於傳統的行銷通路不僅需要鉅大的投資，也受限於層層通路的阻隔，致使供需雙方產生極大的落差，因此，部分企業就運用電子化工具的特質——即時性、直接性及互動性，重新建構電子行銷通路，以取代傳統通路。

⊟ 建立安全的資訊環境

　　由於有愈來愈多的交易在網際網路上進行，因此，如何確保相關的金流、資訊流能具有足夠的安全性——資訊真確性保護、個體鑑別及資訊保密，也就成為企業的基本需求。如果企業能建立符合資訊安全需求的交易流程，便能大幅拓展其經營空間。

🔲 擴展既有版圖與策略聯盟

隨著電子商務發展的愈加蓬勃，競爭者增加，生存空間也縮小，要在其中維持絕對的領導地位並不容易，因此，既有的網路業者必須思考如何利用現存的優勢，去開拓更大的商機。例如，亞馬遜網路書局除了原屬於B2C性質的書籍銷售外，也切入屬於C2C性質的拍賣業務。而新興的或規模有限的企業也可以思考是否藉由策略聯盟的方式，快速擴展自己在網路世界裡的版圖。例如，美國線上（AOL）與時代華納宣布合併，此舉將結合美國最大的傳統媒體勢力與新興網路服務，在網路世界中創造另一新局。

🔲 市場區隔與資料庫行銷

由於資訊科技可以協助企業運用客戶資料庫系統來從事行銷活動，藉由搜集有關客戶、潛在客戶的各種興趣、偏好、購買行為和生活型態的資料，並應用這些資料更清楚地界定客戶的層級、狀況與需求，因此，所謂市場區隔和資料庫行銷的理想才能在電子商業裡實現。例如，金控公司可以透過完整地分析客戶資料，預測哪些客戶可能需要哪些服務，並主動提供相關產品與服務訊息，最後與客戶建立互動且長期性的關係。

🔲 在價值鏈中創造出附加價值

企業只要能在價值鏈中創造出新的附加價值，就可以強化競爭優勢。因此，企業可透過許多不同的策略，增加自己在價值鏈中的重要性，從而強化本身的競爭優勢。例如，與合作夥伴分享彼此的生產、製造、品管等資訊，不僅提升了整體價值鏈的運作效率；更重要的是，藉由密切而重要的資訊流，將企業和合作夥伴綁在一起，以提高本身的地位與價值。而所謂的策略資訊系統，便可說是運用資訊科技以支援組織現有策略或創造新的策略機會，使企業擁有競爭優勢的資訊系統。

🔲 善用資訊科技提升商業價值

資訊科技可作為一種策略性工具，幫助企業產生商業價值，進而強化企業的競爭優勢。較為常見的作法是透過資訊科技的協助，有效地強化企業內部流程的運作效率，提升業務自動化能力，開拓更多的市場機會。例如，製造業可以應用資訊科技，如電子資料交換系統、產品資料管理系統、電腦整合製造系統及製造執行系統，整合生產相關資訊，藉以提升競爭力。

» 1.4 資訊科技的演進

攤開企業資訊科技應用的演進史,可將其歸納為四個階段:

⊟ 1970年代

物料需求計劃(Material Requirement Planning,MRP)的興起,其主要著眼點在於「必要之物品,在必要的時候,取得必要的量」。藉由檢視物料配置與產能規劃,達到降低生產成本及提升最大產能的目的,是大量生產模式的最高指導原則。

⊟ 1980年代

由物料需求計劃的概念發展成製造資源規劃(Manufacturing Resource Planning,MRP II),其功能包含供給與需求規劃、生產排程及配銷管理等。在此同時,電子資料交換也開始發展,成為日後發展電子商務的基礎。

⊟ 1990年代

完整的企業資源規劃系統已廣為企業所應用,許多軟體資訊廠商也已開發出供應鏈管理系統;同時,由於客戶導向已成為企業經營的主要趨勢,因此,許多客戶關係管理系統也不斷地被開發出來,而資料倉儲、資料探勘(Data Mining)等的應用,也逐漸為企業界所重視。

⊟ 2000年代

就供應鏈管理的發展與應用趨勢而言,最明顯的就是供應端與客戶端的緊密連結,以形成協同合作架構,也就是延伸性供應鏈管理(Extended Supply Chain Management,ESCM),或稱之為價值鏈(Value Chain)。

在協同合作架構的概念下,企業所有上、下游合作夥伴的相關活動都納入供應鏈管理的體系中。而要有效運作供應鏈,則必須檢視:

▶ 企業價值鏈中的各項流程。

▶ 企業的核心競爭力。

▶ 企業與上、下游合作夥伴的協同合作關係與資訊整合程度。

▶ 企業因應變局的快速回應能力。

⊟ 2010年代至今

就完整的資訊系統發展趨勢而言,許多資訊廠商已朝資訊系統行動化、雲端化管理。其中使用者部分,朝行動化使用;而主機部分,朝雲端化管理,達到資訊使用無所不在的境界。

　　因此，未來的供應鏈管理將與電子商務、客戶關係管理及企業資源規劃完全整合，如圖1-11所示，乃形成電子商業的行動化、雲端化整體經營模式。

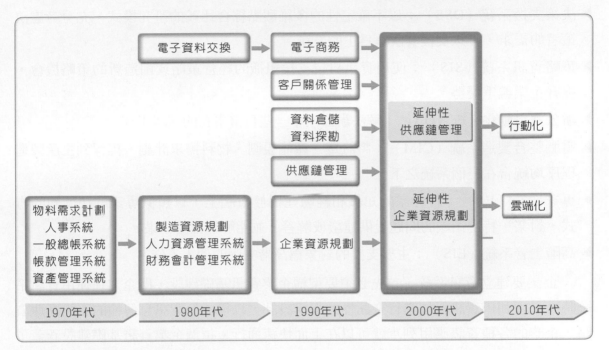

圖1-11　資訊系統運用的演進過程

» 1.5 企業資訊系統

　　隨著科技的演進，電子商業的觀念持續地擴張其應用領域。在21世紀，電子商業不只帶來交易模式的改變，也引發了企業經營的革新。那些無法完全接受電子商業觀念並由核心進行企業改造的企業，不但是錯失良機，更削弱了競爭優勢。

　　經過上述介紹，我們可以瞭解企業資訊系統的重要性，但究竟什麼是資訊系統呢？所謂資訊系統乃指將原始資料利用電腦軟、硬體處理過後，產生有價值且符合需求的資訊之處理機制。資訊系統包含軟體、硬體、程式、資料庫、作業程序，是企業組織裡，將資料從一個人或一個單位送到另一人或另一個單位所使用的管道，以支援企業組織的業務流程。

　　一般常見的企業資訊系統有：

▶ 管理資訊系統（MIS）：擷取來自企業各項業務流程產生之資料，並將其過濾、整理、選擇，作為提供管理者決策參考之資訊系統。

▸ 電子資料處理系統（TPS）：處理日常例行的交易資料，並產生報表，以支援操作階層人員的作業活動。

▸ 決策支援系統（DSS）：以不確定性的多維觀點綜合比較的研究模式，充分考慮決策者的需求，且以支援其決策為主的系統。

▸ 策略資訊系統（SIS）：使用資訊科技支援組織的經營策略或創造新的策略機會，提升企業競爭優勢。

▸ 辦公室自動化系統（OA）：解決辦公室中一些日常事務的處理工作。

▸ 電腦整合製造系統（CIM）：將訂單、產能規劃、物料需求計劃、排程到生產製造程序均統合在一個系統之下。

▸ 專家系統（ES）：將專家的知識和經驗建構於電腦上，以類似專家解決問題的方式，對某一特定領域的問題提供建議或解答，並能解釋推論結果。

▸ 高階主管系統（EIS）：主要支援的對象為高階主管的個人工作。

　　企業要建立資訊系統，首先必須要架構企業資訊基礎建設，即企業在運用資訊系統時，必須利用資訊科技進行全面性的架構設計，以構成企業訊息傳輸的資訊高速公路，企業的各種資訊應用列車就可以在上面快速通行。這個企業資訊基礎建設涵蓋了四個層次：

▸ 基礎層：包括資訊基磐的基礎模組——硬體、軟體、資料庫及網路，主要是說明有哪些技術成分與能力。

▸ 發展層：為資訊系統開發的工具與方法論。

▸ 應用層：在基礎層與發展層的技術能力，如何在組織內部被有效地應用。

▸ 策略層：用以連結企業策略與資訊系統之間的關係。

　　在今天，企業不再經得起企業策略與資訊建設之間的分裂，資訊化代表著一宗重大的投資，對提升競爭優勢提供了前所未有的機會。因此，筆者在接下來的章節中，將依據教學、研究及實務的經驗，分別介紹企業流程改造、企業專案管理、企業資源規劃管理、供應鏈管理、產品資料管理、知識管理、客戶關係管理、資料倉儲與資料探勘、電子商務、電子資料交換系統、高階主管資訊系統、決策支援系統、策略資訊系統、製造執行系統等企業資訊系統。

個案分析

⊟ 資訊產品流通產業的電子商業之應用

　　L電腦公司為國內電腦周邊產品與電子零組件的專業行銷公司。該公司已成功轉型為橫跨資訊、通訊、電子三大科技領域的通路領導廠商，首創配銷、物流、維修三合一的通路經營模式，成為有口碑的品牌通路商。

　　L電腦公司自成立以來，即定位在高附加價值的專業通路經營，以達到多領域、多品牌、多產品的供貨能力為目標。其提供下游經銷商「少量多樣、一次購足」的便利，此一訴求堪稱打破國內通路業的慣例，它也完成建立物流服務系統及全省維修網，提供經銷商半天交貨、二天取送完修的服務，有效地提升作業效率。在全面建立通路運作系統下，配合由資訊系統、作業制度與專業能力等匯聚而成的競爭優勢，該公司的營業額近年來均呈跳躍式成長，它成功地運用資訊科技創新管理模式，開啓資訊產品流通產業的新頁。

　　目前是資訊與通信產品通路廠商的L電腦公司，係採經銷商加盟的作法，並堅持不開設經銷門市與自己客戶爭利的原則。在其不同於直營體系的作法下，各經銷商仍保有自主權，該公司並無強制加盟商進貨、銷貨的權利，反而鼓吹經銷商「賣多少，補多少」的觀念，完全是以客戶的最大利益為出發點。

⊟ 傳統資訊產品流通業的配銷流程

　　在L電腦公司加入資訊產品流通產業前，該產業傳統的配銷流程（見圖1-12）是上游製造商所生產的產品，必須經過層層的通路才能到達消費者手中，因此，容易造成以下的問題：

1. 各個中間盤商容易出現彼此變相塞貨的惡習。
2. 各個中間盤商與店頭必須囤積大量存貨，以避免客戶花費較長的等待時間。
3. 從消費者到製造商的供應鏈中，供需資訊的流通性不足，導致製造商無法精確預測市場需求。

⊟ L電腦公司創新的配銷流程

　　L電腦公司運用資訊科技與物流配送制度，成功地改寫通路模式，使傳統的流通業轉化成如圖1-13的配銷流程。該公司將自己定位為配銷商，藉由整合上游的製造商與下游的經銷商，再透過資訊系統提供他們即時的資訊，讓供需的資訊能夠順暢地流通和分享。不僅店頭不需要囤積存貨，製造商也得以準確得知市場需求。製造商與客

戶只需專注於本業的經營，其他事務都交由該公司負責。L電腦公司更喊出了「今晚送修、後天取件」的口號，直接向消費者訴求其服務品牌及服務客戶為先的理念。

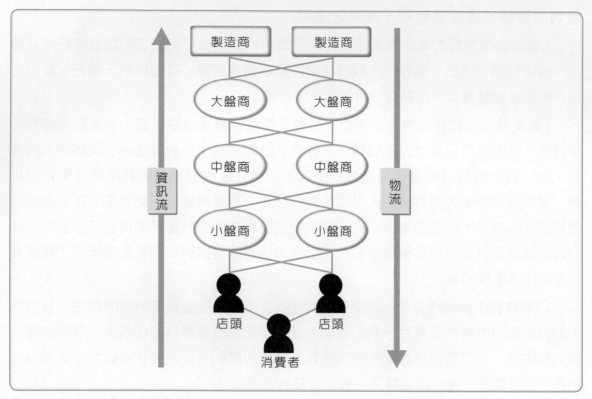

圖1-12 傳統資訊產品流通業的配銷流程

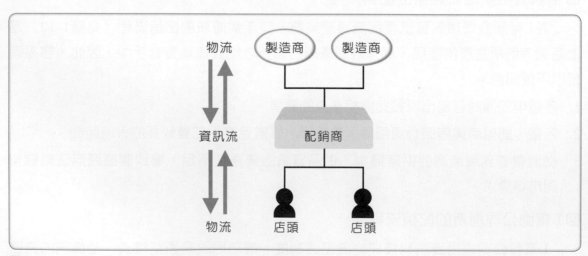

圖1-13 L電腦公司創新的配銷流程

　　L電腦公司所架構的電子商務，是從採購作業、經銷商訂購作業到客戶服務作業都兼顧到的整合系統。例如，銷售人員可以查詢產品的價格及處理訂單；經銷商可以上網查詢餘額；客戶也可以上網查詢送修情況。該公司的資訊系統就像玻璃屋一般，以透明化的原則，讓員工與客戶取得所需資訊，見圖1-14。

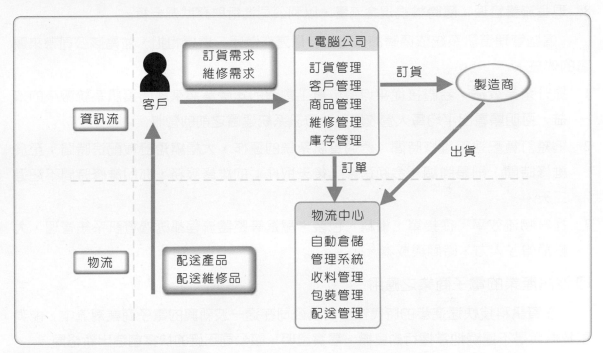

圖1-14　L電腦公司電子商務的運作

　　這套有靈魂的數位神經系統，能夠把通路經營的知識融入在電腦系統中，充分整合原先企業內的管理資訊系統，並落實經營管理五大重要項目：訂貨與交貨、費用、利潤、應收帳款，以及庫存。

⊞ L電腦公司的優勢

　　L電腦公司早在多年前就以網際網路理念為基礎，來制定經營管理策略，充分整合管理資訊系統，創造出競爭的優勢。這幾個主要的管理資訊系統即是：

1. 採購管理：建立精確的進銷存資料，作為決定向上游廠商採購訂單的依據。
2. 訂單管理：訂單處理、信用稽核、備料等作業。
3. 庫存管理：即時查詢倉庫中是否有客戶所需要的產品，並解決兩筆訂單搶同一批貨的狀況。
4. 產品周轉率管理：本系統會計算出產品周轉率，以供採購及行銷決策參考。

5. 產品利潤管理：管理產品的毛利率分析。

6. 應收帳款管理：可清楚地查詢經銷商的授信狀況，以此作為是否接受訂單與應收帳款管理的依據。

7. 售後服務管理：就是報修→派車取件→維修→完修送回→結單的運作流程管理。

8. 現金流量管理：隨時檢視現金流量，以利公司進行財務狀況分析。

　　這些管理資訊系統依循著該公司的管理運作邏輯，環環相扣，並為該公司帶來顯著的效益：

1. 提升營業效益：若直接從平均每位員工創造的年營業額來評估資訊系統帶來的效益，可明顯看出平均每人營收均高於資訊系統建置之前的營收。

2. 縮短訂貨配送與維修時間：透過資訊系統的運作，大幅縮短訂貨配送時間；至於維修時間，則是強調「今晚送修、後天取件」的維修服務，亦即維修時間不超過二天。

3. 提升物流效率：從接單、備料、包裝、配送等整體流程都透過資訊系統管理，大幅節省了人力、時間與成本。

🔲 資訊產業的電子商業之應用

　　在資訊科技快速進步的時代裡，資訊公司在這一波新興的電子商業潮流中，能洞察契機且毫不遲疑地掌握行動良機。事實證明，該公司正確的抉擇創造出新格局。

　　資訊公司於幾年前，即已將自身定位於電子商業，經過多年鍥而不捨的努力後，在以下幾個方面有了實質的效益：

1. 電子商務：該公司透過電子商務完成的線上交易業務量，已在該公司的營收佔有舉足輕重的地位。

2. 採購：該公司透過電子化採購，節省可觀的採購成本，且能提升行政效率。

3. 客戶：提供客戶進行網路自助服務的功能，為該公司節省大量的人力成本。

4. 合作夥伴：該公司透過網路連結全球的合作夥伴，提供便捷的網路訂單服務。

5. 員工：該公司將網路教學應用在提供企業內部員工進行教育訓練，可節省大量的教育訓練成本與時間。

　　特別是在客戶關係管理方面，該公司更是體認到資訊時代的客戶關係經營將迥異於傳統，因而積極發展客戶關係管理系統，如表1-1。其認為最佳的客戶關係管理系統是建構在客服中心系統、客戶資料連結系統、後端主機資料擷取系統、行銷系統、銷售系統、服務系統等系統之上。

表1-1 資訊公司的客戶關係管理系統

客戶關係管理		
銷售系統	行銷系統	服務系統
後端主機資料擷取系統		
客戶資料連結系統		
客服中心系統		

▶▶ 本章習題

1. 電子商業最應重視的原則為何？

2. 試述企業資訊系統可分為哪幾種類型？

3. 電子商務的創新策略為何？

4. 什麼是CRM？Analytical CRM？

5. 目前企業之電子化大多借助哪些資訊系統來達成？這些資訊系統彼此間之關係為何？並分別對這些系統說明解釋之。

6. 試分類資訊系統，以管理性和功能性分類之。

7. 常見組織中資訊系統主要有哪些類型？

▶▶ 參考文獻

1. Abhijit Chaudhury & Jean-Pierre Kuilboer, E-business and E-commerce Infrastructure: Technologies Supporting the E-business Initiative, McGraw-Hill, 2002.

2. Anita Cassidy, A Practical Guide to Planning for E-business Success: How to E-enable Your Enterprise, St. Lucie Press, 2002.

3. Dave Chaffey, E-business and E-commerce Management: Strategy, Management, and Applications, Prentice Hall, 2002.

4. Elizabeth Eisner Reding, Building an E-business: From the Ground up, McGraw-Hill, 2002.

5. H. M. Deitel, P. J. Deitel & K. Steinbuhler, E-business and E-commerce for Managers, Prentice Hall, 2002.

6. James A. O'Brien, Introduction to Information Systems: Essentials for the E-business Enterprise, Irwin, 2003.

7. Michael J. Shaw, E-business Management: Integration of Web Technologies with Business Models, Kluwer Academic, 2003.

8. Mike Biere, Business Intelligence for the Enterprise, Prentice Hall PTR, 2003.

9. Nansi Shi & V. K. Murthy, Architectural Issues of Web-enabled Electronic Business, Idea Group Publishing, 2003.

10. Ravi Kalakota & Marcia Robinson, E-business: Roadmap for Success, Addison-Wesley, 1999.

11. Sanjiv Purba, Architectures for E-business Systems: Building the Foundation for Tomorrow's Success, Auerbach Publications, 2002.

12. Stanley A. Brown, Customer Relationship Management: A Strategic Imperative in the World of E-business, John Wiley & Sons, 2000.

13. Steven Alter, Information System: Foundation of E-business, Prentice Hall, 2002.

14. Stewart McKie, E-business Best Practices: Leveraging Technology for Business Advantage, Wiley, 2001.

15. Veljko, Milutinovic, Infrastructure for Electronic Business on the Internet, Kluwer Academic Publishers, 2001.

16. Grant Norris原著，劉世平譯，ERP與電子化：企業強化競爭力的致勝武器，商周文化，2001年。

17. Steven Alter原著，呂介夫、鄭雯妮譯，資訊系統概論：電子化企業的基礎，台灣培生教育，2003年。

18. Robert C. Elsenpeter & Toby J. Velte原著，時文中譯，企業電子化入門手冊，麥格羅希爾，2001年。

19. Hoque Faisal原著，周樹芬譯，企業e化的第一本書：企業經營模式與架構全面電子化指南，商周文化，2001年。

20. Peter M. Senge原著，郭進隆譯，第五項修練：學習型組織的藝術與實務，天下文化，1994年。

21. Ravi Kalakota & Marcia Robinson原著，曹承礎譯，e-Business國際中文版：電子商業理論與實例，普林帝斯霍爾，2000年。

22. Ravi Kalakota & Marcia Robinson原著，葉涼川譯，電子商業理論與實例，台灣培生教育，2002年。

23. 行政院NICI推動小組產業電子化組，產業電子化白皮書2002，經濟部技術處，2002年。

24. 杜書伍述、郭晉彰，不停駛的驛馬：聯強國際的通路霸業，商訊文化，2000年。

25. 周冠中、郭美懿，E-BUSINESS時代風潮，博碩文化，2000年。

26. 邱文山，電子商務與企業電子化，金禾資訊，2003年。

27. 張培鏞，經營決策論壇，叡揚資訊公司，2000年。

28. 陳正宇等人合譯，電子化企業經理人手冊，ARC遠擎管理顧問公司，2001年。

29. 陳思源、李其樺，資訊管理系統：企業電子化手冊，文魁資訊，2003年。

30. 經濟部商業司，商業電子化專案管理，經濟部，2003年。

31. 經濟部商業司，商業電子化策略規劃，經濟部，2003年。

32. 經濟部商業司，商業電子化營運作業管理，經濟部，2003年。

33. 電子化企業經理人報告，ARC遠擎管理顧問公司，2001年。

34. http://www.arcway.com.tw（電子化管理）

35. http://www.ceo21.org（電子化商業管理）

36. http://www.netstudy.net（管理論壇）

37. http://www.find.org.tw（網際網路資料）

38. http://www.104learn.com.tw（教育資訊網）

39. http://cm.nsysu.edu.tw/~cyliu/（管理學習知識庫）

40. http://www.itis.org.tw（產業資訊）

41. http://www.ec.org.tw（網路商業應用）

Chapter 2

企業流程再造

» 2.1 企業流程再造的基本概念

企業流程再造（Business Process Reengineering，BPR）是近代企業再造的重要課題之一，其主因無非是產品生命週期縮短、成本上升及市場開放等種種因素，導致企業彼此間的競爭趨於白熱化。為了求生存，企業必須重新檢討營運流程、調整經營策略及改變組織結構。企業改造已不只是企業救亡圖存的手段，對於經營尚屬穩健的企業而言，也可以作為提升競爭優勢，以求永續經營的方法。

2.1.1 企業流程的定義

歷年來，有許多學者專家為企業流程（Business Process）下過註解，例如Michael Hammer認為，企業流程是指企業集合各項資源，生產客戶所需產品的一連串活動。流程必須是跨越組織、無視於部門間界限，而且必須以最後產生的結果為導向，而不強調行動和手段；所有的流程都必須與客戶的需求有所關聯。

Davenport將企業流程定義為被執行用以達成一特定的產出的一組邏輯上相關的業務活動；也就是說，企業流程是由實體、物件和活動三種元件所組成，用來達成企業目標的一組相關業務活動。同時，企業流程也必須具備兩項重要的特徵：

▶ 流程要有一定的產出：流程會有一定的產出和該項產出的接受者，而此接受者可能在企業內部或外部。

▶ 流程可跨越組織的疆界：流程所涉及的範圍可能橫跨企業內部各組織之間或企業外部，例如客戶訂單管理、生產管理及售後服務等。

因此，綜合上述的看法，企業流程可視為是一組工作或功能的整合，能有效創造出產品、服務或客戶價值。

至於在企業流程的分類上，Porter在其價值鏈分析中，將企業流程分為主要活動與支援活動兩種：主要活動是指產品的生產、銷售、配送及售後服務等；支援活動則包括財務會計管理、人力資源管理及採購管理等活動。這些活動架構出企業整體經營的價值鏈。簡而言之，企業流程可分為兩類：一為主要業務，包括製造、存貨管理、行銷管理；一為支援業務，如資訊資源、人力支援、財務會計及企業規劃等。事實上，任何一家企業的企業流程都會因其差異性而有所不同。

2.1.2 企業流程再造的定義

　　許多現代化且成功的企業視企業流程再造爲競爭的利器，它願意放棄目前既有的成就，以全新的姿態再度出發，抱持著明天要比今天更好的信念，積極求變。而這些企業一旦決定採取徹底改革的企業流程再造，就必須能掌握現有企業流程的問題點，同時提出新的企業流程並加以評估與執行。另一方面，企業流程再造偏重創意的發揮和專家經驗的判斷；而工作流程管理則強調如何以資訊科技輔助辦公室活動，以達成流程自動化的目標。若能將上述兩者結合，將有助於企業流程的分析工作。

　　綜上所述，我們可將企業流程解釋爲一個投入與產出附加價值的過程，而此過程必須能創造出客戶價值，充分滿足客戶的需求。因此，我們可以爲企業流程再造下一個簡單的定義，即：「從根本重新思考，徹底地拋棄原有的工作流程，並針對客戶的需求重新規劃，提供最好的產品與服務，以求在企業的表現上獲得大幅改善。」

　　值得強調的是，再造意謂的是從頭來過。Michael Hammer認爲再造不是自動化，而是重新開始。以下即依據Hammer的觀點，將企業流程再造的定義歸納如下：

🔲 從根本重新思考

　　企業進行流程再造的首要步驟是不要預設立場，藉由反問最基本的問題，重新審視經營企業的策略與手法；亦即先決定該做什麼事，再決定如何做這些事。這裡所指的就是依據客戶導向，製造客戶所需產品的一連串活動。

🔲 徹底翻新

　　所謂徹底翻新，就是根除現有的流程及架構，從根本改造，不只是做表面化的改變、改善或是修補現行流程，而是在改造過程中，徹底根除現有不合時宜的架構與流程。

🔲 大躍進的變革

　　改造並不是緩和、漸進式的改善，而是一日千里的大躍進；可說是爲企業下一劑猛藥，而產生脫胎換骨的突破。漸進式的變革需要「精雕細琢」；跳躍式的變革則必須「除舊佈新」。

🔲 流程

　　流程是每一個企業的核心，是企業用以創造出對客戶有價值的產品的利器。因此，任何策略願景的實現、資訊系統的導入、企業文化的具體呈現，終將落實到流程上。

2.1.3 企業為何需要再造

　　企業流程再造的主要目的在於運用資訊科技及管理技術，突破傳統功能部門劃分的限制，以資訊科技作為跨功能整合的基礎，進而改變為流程導向的組織架構，藉以提升企業的競爭力。因此，企業必須先將整個企業流程予以模組化的分析，再利用資訊科技重新創造一個流程，並確認這些改變對企業流程會有所助益，才將這些新的流程應用在真實企業上。誠如Hammer為再造企業所下的定義：再造企業係從根本的重新思考，徹底翻新企業流程，以便在關鍵的績效衡量，如成本、品質、服務及速度等方面，獲得大躍進的變革與改善。

　　自19世紀工業革命以來，亞當‧史密斯（Adam Smith）的專業分工論與泰勒（Taylor）的科學化管理方法，一直對企業的運作形成深遠的影響。然而，根據Hammer針對近年來許多企業經營改革的實例，所歸納出的企業經營革新理念——企業流程再造，他認為在環境變化快速的今日，專業分工論早已不再適用，企業必須徹底忘卻分工，拋棄分工的舊包袱，揚棄既複雜又笨重的流程，將企業重要的流程與組織，如研發、生產、行銷、人工資源、財務等，按照跨部門功能為基礎的企業流程，重新設計組織工作的流動關係。

　　此外，結合資訊科技與企業流程再造是讓企業得以快速轉變的一大契機。資訊科技的真實力量不在於改善舊流程，而是使組織打破過去流程設計的規則，從而創造嶄新的工作方式。企業流程再造則針對企業流程做一根本的重新思考，並徹底重新設計，以期在成本、品質、服務及反應速度等達到績效的最大改善。企業若想要讓組織更加扁平與彈性、更具有快速反應的能力，並提供更佳品質或服務以滿足客戶或市場的需求，透過資訊科技的應用來協助企業進行再造工程，將是該企業再造是否能夠成功的關鍵因素。因此，以資訊科技促成企業流程再造為主的變革，便成為企業經營的新趨勢。

　　我們已經看到好幾個因資訊科技為企業帶來實績的例子：讓波音公司以完全不同的方法製造一架飛機；聯邦快遞允許消費者登入系統追蹤自己的包裹，提高在消費者心目中的價值。至於傳統流程與新流程的差異，見表2-1所示。

表2-1 傳統流程與新流程的比較

比較項目	傳統流程	新流程
組織結構	金字塔	倒金字塔
管理模式	科層組織的、集權管理	扁平化、授權管理

比較項目	傳統流程	新流程
流程結構	垂直整合，裝配化	網路化、模組化，獨立型
流程特徵	機器為基礎，部門導向	資訊為基礎，客戶導向
領導方式	需監督、審核人員	人員自主管理
組織型態	單一功能的功能組織	交叉功能的團隊組織
管理型態	直覺式管理	資訊科技的輔助
教育目標	知道如何做	知道為何而做
思考模式	目標導向	願景導向
經營思維	注重價格	注重價值

　　管理大師Hammer也倡導，組織管理者必須改變資訊科技就是自動化的傳統刻板印象，而要充分運用現代化的資訊科技重新思考工作流程，將組織及工作流程徹底翻新，讓企業產生大躍進式的成長。舉例來說，企業流程再造就讓電子產業新產品的開發時間縮短一半，也讓汽車業的行政人員得以精減，資訊業也大幅縮短公文旅行的時間。藉由資訊科技與企業流程改造的相輔相成，企業得以運用更低廉的成本創造出更卓越的品質，並成功地掌握客戶需求。

2.1.4 企業流程再造的範圍

　　雖然企業流程再造一般是由高階主管來召集推動，但基於推動企業流程再造對組織的影響甚大，因此在實務上，便產生了各種大小範圍不同的企業流程再造。企業流程再造的範圍可以分為以下四類：

▶ 維護保持型：企業流程再造的範圍約是現有流程的十分之一。

▶ 連續不斷型：企業流程再造的範圍不超過現有流程的一半。

▶ 突破型：企業流程再造的範圍超過現有流程的一半以上。

▶ 重新建立型：推翻現有流程，重新設計新的流程。

　　企業經常為了因應實務需要進行改善，但往往只是將現有流程做一小幅度的變動，或是逕行將企業流程自動化；然而，在企業流程再造的發展上，卻傾向於革命性、甚至完全揚棄現有流程的作法。因此，企業流程再造與流程改善是不同的，流程改善僅止於以系統性的方法尋求目前流程的簡化與流線化，而企業流程再造則是以資訊科技重新創造一個新的流程。

■ 2.1.5 企業流程再造的程度

一般而言，企業流程再造可依重新設計的程度分為三個層次，分別是企業流程管理與改善、企業流程再造及企業再生工程。

🖃 企業流程管理與改善

單純著眼於小範圍的企業流程管理與改善，以及建立內部控制制度、管理指標、標準程序與文件手冊等基本管理制度，這個層次雖然其效果只有改善而稱不上再造，但若能發揮強大的執行者，仍可為企業帶來可觀的效益。

🖃 企業流程再造

此層次的再造工作必須建構以結果為導向的組織，使工作的流程不再是次序的而是平行的，必須突破傳統組織的限制，以跨功能的觀點進行整合；同時，也打破過時的規則，徹底翻新既有的作業流程，反省為什麼要這樣做。如有機會重新建立新的企業流程，以現代的資訊技術與知識來說，什麼是最好的？以電子產業為例，在經過企業流程再造的努力後，產品研發的時間縮短了一半，同時也節省了可觀的製造成本。

🖃 企業再生工程

能夠生存下來的企業並不是那些最強壯的，也不是那些最聰明的，而是那些能對「變化」做出快速反應的企業。要迅速反應變化就需從企業最根本的問題反省起：我們的優勢與機會是什麼？我們對客戶產生的價值是什麼？市場需求改變？競爭對手湧現？獲利模式轉變？藉由這些議題所引發的改變，往往涉及企業經營的策略與方法。企業再生工程基本上是一種致力於徹底改變企業程序，以達到成本、服務及時間上的突破性成果。以IBM為例，其原為大型電腦主機的製造商，而後因實施企業再生工程，使企業轉型為提供整體資訊解決方案的服務廠商，並在提升客戶附加價值的產業知識累積下，使企業得以持續成長與獲利。

Michael Hammer與James Champy在其《再造企業》（Reengineering the Corporation）一書中曾說明企業需要進行流程再造的項目，主要在三個構面，即客戶、競爭、改變。現今的客戶擁有更多的選擇權，吸收更寬廣的資訊，並隨時修正自己的要求，使得企業必須在現有的流程架構下，為了勉強迎合客戶的需求，而讓流程變得繁複且缺乏效率。在這瞬息萬變的新世界裡，企業組織必須改變以往強調策劃、控制、成長的傳統價值觀，轉而重視速度、創新、彈性、品質、服務及價格。因此，在現在的環境中，唯一不變的就是「變」，我們無法精確掌握客戶的需

求、產品的生命週期、科技的發展趨勢，特別是在目前這樣一個資訊科技快速發展並廣為企業所應用的時代，唯有在作業流程中能融入應變能力的企業，才能在詭譎多變的時代中勝出。

2.1.6 企業流程架構

許多學者專家在企業流程再造架構方面，曾提出各自的看法，茲分別說明如下：

⊟ 傳統專業分工與科學化管理的流程架構

亞當・史密斯（Adam Smith）提出專業分工論的概念，主張「規模經濟」的追求、專業分工的工作設計及拆解零散的工作流程。因此將生產製造的程序分解成一連串簡單的動作與工時，藉以提升生產效率、降低生產成本。20世紀初，美國的汽車產業率先將專業分工論應用在汽車的生產線上，拋棄傳統由專責技師獨立負責組裝全車的生產模式，轉換成將生產過程拆解為個別的工作單元，讓每個技師僅固定負責其中一小部分的工作單元，使得汽車的製造成本大幅地下降。另外，他們也將專業分工論應用在科學化的管理上，創造出垂直分工的金字塔型組織來管理龐大的組織體系。透過此類專業分工原理的應用，挾著大量生產的優勢，在當時供不應求的時空背景下，仍得以掌控日益龐大的組織體系，為20世紀的物質文明締造了豐碩的世代。

⊟ 企業流程再造架構

企業流程再造包括企業文化再造、企業組織再造、企業流程再造、資訊科技再造等四大領域，它並不是一種增添式的改變，而是對企業整個業務的重新思考，並激發出根本上的變革行動。根據Kettinger對企業流程變革管理架構的說明，企業流程變革與流程改善是十分相似的。企業流程變革管理架構分別由環境中的企業文化、資訊科技、知識典藏、學習能力及策略應用等五個元件相互影響，由此進行一連串的流程改革。總而言之，企業流程變革管理包括流程管理與變革管理兩項主要議題，流程管理包含流程的定義、分析及設計；變革管理則包括組織、人力及建立新的企業文化。此二項改革的目標均以流程的改善與工作品質的提升為主要的施力重點，以期使工作更有效率，更能滿足客戶的需求。唯有在兩者的管理相輔相成的情況下，企業流程再造方能順利推展。

» **2.2** 企業流程再造之方法

2.2.1 企業流程再造常用的方法

　　企業流程再造會因企業之主、客觀因素，以及對方法論認知的不同而有所差異。一般而言，較常使用的方法有以下數種：

▶ 視覺化：企業流程再造的成敗，有賴於將流程視覺化，顯現隱性的溝通結果與知識，以收較佳之效果。

▶ 作業研究：作業研究是規劃、決策、管理等各方面最佳化的技術，該系統化的方法非常適合企業流程再造的任務。

▶ 系統分析：運用資訊科技領域的系統分析技術來設計企業流程中之資訊系統；資訊科技是形成企業流程再造方法論的基礎。科技的改變會對組織內的任務、結構、員工產生衝擊與影響，彼此之間是互動的。

▶ 變革管理：變革管理是企業流程再造中最重要的任務，特別是企業流程改造準備啓動的階段，對於凝聚人員共識具有關鍵性的影響。

▶ 標竿學習：爲了滿足競爭需求，應以最佳典範爲目標，無論是產業內或是其他產業，都有值得學習效法之處。標竿學習可以讓企業明白環境中的競爭態勢，進而設定企業所應努力的目標。

2.2.2 進行企業流程再造需考量的重點

　　無論是採取上述的何種方法，在進行企業流程再造時，有幾個重點是必須考慮的：

🔲 灌輸創新的觀念

　　對企業經營環境而言，唯一確定的是「不確定」，唯一不變的是「變」。企業經營團隊必須瞭解改革的必要性及具備改革的決心。同時，由於企業流程的改變將影響許多人既有的工作習慣，以及因組織的調整導致既得權力的得失。因此，在進行企業流程再造前，往往必須先灌輸創新的觀念，以撫平企業內部的抗拒。

🔲 辨識客戶，瞭解客戶真正的需求

　　誰是我們的客戶？這個問題會引導企業流程再造的方向。進行企業流程再造時，應正確辨識我們的客戶是誰？是未來潛在的客戶或是現有的大客戶？同時，由於客戶的需求隨時在改變，因此，企業經營團隊必須有能力去掌握客戶需求的脈動。

☐ 瞭解現有的作業流程

　　企業經營團隊在檢視現有流程時，絕對不要預設立場，方能找出影響現有流程績效表現的關鍵因素。「瞭解流程」意謂著對現有流程進行一次高層次的、以目標為導向的檢討，強調的是「什麼」及「為何」這兩個因素；而「分析流程」卻容易浪費大量時間，鑽入已不合用且本來就要改造的現有流程的死胡同裡。

☐ 找出企業核心流程

　　「做對的事比把事情做對重要」，因此選取正確的核心流程進行改造，遠比在錯誤或較不相關的流程裡做正確的改革還重要。所謂核心流程，係指能滿足客戶需求、經營目標及競爭需求的主體工作，其判讀方法可依照20-80法則，例如藉由計算個別工作占總工作量、總成本或總營收的比重高低即可判斷之；或是引用策略分析的方法，藉由SWOT分析，來分析解讀該核心流程之重要性。

☐ 徹底地重新設計流程

　　企業若希望流程再造可以發揮應有的效益，在徹底地重新設計流程時就必須考慮：1.以客戶實際的需求為導向；2.將原本依專業分工所分割成由許多人專責執行的工作，整合成為一個完整的任務流程；3.強化核心能力，重新設計核心流程；4.運用模組化的分析原理，進行企業流程的再造，以提升整體效率；5.運用資訊科技，以因應客戶多樣化的需求，等五大原則。

　　掌握了上述的五個基本原則，便可歸納出引領企業流程再造的成功要素：1.掌握企業流程再造的方法；2.經營團隊的改革意識；3.建立員工的創新思想與共識；4.建立完善的實施體制與管理制度。

　　事實上，在考量是否進行企業流程再造時，經營團隊不能只是停留在理解所想要提倡的概念，而應該在理解之後，積極地去發掘企業流程再造的長處，把握企業流程再造的重點。當企業流程再造的評估報告出爐後，就必須對該再造工程有無實施的必要性進行總合的評判；而在決定實施時，則要事先排除所有可能的障礙；同時，亦需進行經營者、管理者及員工的意識改革。企業流程再造的實施，是一種大幅度、問題發現型的活動。儘管變革甚大，企業流程再造也不以縮減或裁撤人事為主要目的，而在合理化的結果下，即便人員過多，也不宜過度整頓人事。

» **2.3** 企業流程再造與資訊科技的關係

2.3.1 資訊科技對組織的影響

資訊科技的發展速度允許我們以不同的角度來思考現代企業,以資訊流程重新定位企業。事實上,資訊科技已變成重要的組織工具。協助企業流程再造的工具——資訊科技,係透過對組織溝通活動的支援,來加速資訊的儲存、傳遞、交換及共享。因此,藉由資訊科技,企業內外的資訊得以即時、正確無誤地傳達給使用者,提升企業內部資訊流通的效率,並對主管決策提供兩方面的支援:一方面是累積決策運作時所需的資訊投入;另一方面則係透過電腦強大的計算能力,將大量的資訊投入予以分析,產出更具附加價值的結果,以提供輔助決策之參考。

電腦化的資訊的確改變了企業的生命,它不僅改變了企業組織的方式、企業營運管理的方式,以及員工與客戶、供應商和合夥人的關係;也改變了企業的組織和工作流程,以及工作如何被執行。換言之,資訊科技幾乎能夠改變一家企業的所有事,包括組織、結構、產品、市場、流程。因此,當21世紀來臨時,由資訊科技領軍的應用方向為:1.加強既有營運系統的效率;2.創造新產品與服務;3.創造新的商機;4.拉緊客戶與企業的連結程度;5.改變企業的體質。

若從管理應用的角度來討論資訊科技,資訊科技包括兩大構面:一為功能性,功能性是以電腦科學的觀點來看資訊科技的功能,包括儲存、處理及傳遞;二為能力性,能力性則以效率的觀點來看資訊科技的能力,包括容量、品質及成本,其中容量與品質決定資訊科技的績效,而成本係指選擇最具經濟價值的方式去使用資源。

資訊科技涵括了交易處理、自動化、彙總分析、追蹤控制、內外部整合及跨時間與地理間隔等基本能力。此外,資訊科技將對管理階層的工作產生極大的影響,透過資訊科技的應用,管理者得以更有效率地處理更多的資訊,擴張個人思考的廣度與深度,並強化處理問題的能力,也使得組織走向集權化與扁平化的管理。

隨著資訊科技本身發展與應用範圍的普及,從組織整體的運作來看,資訊科技對企業流程的影響,除了在電腦化後之業務活動變得較為標準化、工作內容變得較為合理化、處理工作所需要的時間較易縮短外,也讓流程中的業務活動呈現出平行式的關係、增加了在規劃與決策上的時間、減少了資料整理的時間、有專人全權負責整個流程、員工享有更大的自主權,這些現象皆顯示資訊科技的應用已對企業流程產生重大的影響。就整體而言,電腦化在提升企業績效上的確居功厥偉,但是,其他適當的配

套措施亦不可忽略，因爲唯有透過對組織、管理及科技等各項因素的瞭解與整合，資訊系統的功能才能獲得充分的發揮，爲企業產出創造最大的效益。

2.3.2 應用資訊科技，達成企業流程再造

在企業流程再造的過程中，可將企業流程再造視爲是「以客戶需求爲導向，爲提升企業整體績效，在資訊科技的運用下，所進行的一種徹底翻新設計的企業流程變革」。資訊科技雖然能協助企業將困難的事變爲容易，但這並不保證企業在資訊科技方面的投資就能帶來立竿見影的成果，因爲電腦化仍無法解決組織內部結構與管理的問題，舊有企業流程的設計不良、再造後個別流程的整合等問題，仍是頗具影響的要件。因此，企業流程再造是否能成功的關鍵，還是在於企業流程的創新設計。

然而，資訊科技亦有它存在的價值，因爲缺乏資訊科技的企業流程再造，充其量也只能達到簡化流程的境界；然一旦與資訊科技充分整合運用，在過去被視爲不可能的新流程設計便得以出現。Davenport認爲資訊科技在企業流程再造中扮演著促發者與執行者的角色，其中在促發角色的扮演上，它能產生的效果包括流程的改善、工作與結構的變革，以及價值與信念的創新，見表2-2。組織內部存在著各種不同形式的企業流程，不同形式的企業流程需要不同的管理模式，也需要借助不同形式的資訊科技，才能產生加乘的效果，因此，資訊科技的運用和企業流程再造之間是一種循環的關係。綜合上述，資訊科技的運用在企業流程再造的過程中扮演著關鍵性的角色，倘若企業不當應用資訊科技，極可能會囿於舊有的思考模式，而讓企業流程再造遭遇更多的阻礙。

表2-2 資訊科技扮演促發者角色的效果

項目	促發效果
組織層級	扁平化、簡化中間層級、降低成本
合作型態	跨越地區限制的協同合作
產品	產品的差異化
決策	以資訊科技輔助決策
流程	縮短時間、提高品質

　　資訊科技之所以能在企業流程再造的活動中扮演良好的促發者角色，主要是因為資訊科技具有下列幾項的特性：

▶ 消除企業流程中的人力與時間的浪費。

▶ 即時掌握企業流程績效的資訊，以供管理階層進行檢討分析。

▶ 嚴密追蹤企業流程之狀態，回饋更有效率且具價值性的企業流程設計。

▶ 彙整各種來源的資料，輔助管理者之資訊分析與決策能力。

▶ 克服企業流程的時間與空間的障礙，而能進行協同合作的工作型態。

▶ 整合企業的任務與流程，使資訊能即時統合運用。

▶ 從數位資產中獲取有價值的知識，使專家知識能充分融合於資訊應用中。

▶ 便利資訊的傳遞、溝通與分享，消除中間阻礙的媒介。

　　綜合上述，在進行企業流程再造時，資訊科技無疑扮演了一個非常重要的角色。企業必須思考如何借助科技的力量來支援企業流程，也必須思考如何運用資訊科技來達成企業流程再造的目的。激烈的競爭環境、企業永續的經營與成長，在在使得工作的流程趨於複雜，此時，藉由企業流程再造以提升競爭優勢已成為企業努力的方向；然而，企業流程再造所牽涉的層面還包括企業本身的策略、管理、文化及員工意識所造成的影響，企業流程再造可謂是關於企業全面性、整體性的變革方法。以資訊科技能力的觀點而言，資訊科技是達成全面企業流程再造的重要關鍵，企業可以藉由資訊科技來重新思考現有工作流程的缺失與改進方向，也可以先全面地衡量本身的實際需求，再廣泛地思考資訊科技的應用；也就是說，企業流程再造的基礎仍應以企業的需求與目標為主。綜合以上的觀念可知，企業流程再造需要資訊科技的輔助才能實現更多的變革，而資訊科技為因應不斷的企業流程再造，也必須發展更新的技術與應用領域，兩者是相輔相成的。

2.3.3 企業流程再造工具

　　企業進行流程再造時，需要各種規劃工具及分析工具為輔助。近年來，有許多的資訊科技應用於企業流程的需求分析、流程規劃、介面圖形化、資料管理、系統整合工具、文件管理等，藉以輔助專家或流程再造人員的部分工作。

　　企業流程再造時，經常應用的資訊科技類別與功能，茲分別說明如下：

▶ 三層式架構：資料的提供、邏輯運作與資料處理作業分離，增加資訊系統的整體效率與電腦設備擴充的彈性。

▶ 專家系統：融入專家的經驗與知識，使電腦系統具有推理能力，以協助人類處理某一特定專業領域的問題。

▶ 資料庫：透過資料庫來維持資料的一致性，且達到共享的要求。

▶ 工作流程軟體：應用於辦公室自動化的軟體，提供工作流程管理及文件管理功能。

▶ 網際網路：快速連結分散各地的資訊系統與使用者。

▶ 電子郵件：縮短企業流程時間，提升行政效率。

▶ 電子資料交換：提升資料交換的處理效率，減少人為錯誤，降低人力與成本。

▶ 視訊會議：網路視訊會議可提高會議效率。

　　這些資訊科技最大的作用在於重新佈署組織內有限的資源、合理化不必要的流程、增進組織的效率、使得組織能以更簡單的型態來因應日益龐雜的業務。近年來，網際網路的興起則又提供了更便捷的資訊溝通能力，使跨地域的溝通得以更為有效。政府機構於商業自動化的計畫中所大力推行的電子訂貨系統（Electronic Ordering System，EOS）、電子資料交換（Electronic Data Interchange，EDI）、加值網路（Value Added Network，VAN）及銷售時點情報系統（Point of Sales，POS）等資訊科技，即屬於商業自動化層次的應用。這些資訊科技的目的與效益，如表2-3所述。

表2-3　EOS、EDI、VAN及POS的目的與效益

	目的	效益
EOS	透過網路傳輸訂貨資料，傳輸的標準僅適用於該企業或少數組織。	縮短時間，達到資訊快速流通的目的。降低成本，減少人工錯誤。提升效率，資料正確且迅速。
EDI	將企業之間經常往來的文件，利用標準的電子資料格式來進行資料交換。	避免重複投資，節省成本，簡化系統維護的工作。 應用系統可直接接收資料，易於應用系統之整合。
VAN	提供基本的資料傳輸服務，也附加其他服務，例如資料驗證、資料轉換等。	提供網路連線服務及資料加值服務。 確保資訊傳遞的安全性與正確性。
POS	結合收銀機的功能，將產品銷售資料傳遞給電腦，可依需求產生相關的市場情報。	掌握即時的產品銷售資訊。 支援行銷決策與銷售策略。

個案分析

⊡ 食品業企業流程再造

在面對食品產業21世紀更嚴峻的挑戰時，T食品公司除了積極進行全面品質管理，進而通過ISO 9001國際品保認證之外，為了能更進一步地達成快速回應消費者需求、創造客戶滿意度的目標，藉由企業流程再造與更新資訊系統的策略，來加強對公司經營的支援，更成為該公司全員一致的共識。

T食品公司在進行企業流程再造時，面臨較一般企業更多的困難，因為一般企業所進行的流程再造，只需單純地面對企業內部流程進行改革即可，而該公司卻必須同時面對便利超商、超級市場、批發通路等不同特性的業態，因此企業流程再造的困難度較高。該公司在進行企業流程再造之前，曾組織專案小組針對既有的作業流程問題進行改善，也成立TQM委員會負責推動全面品質管理活動，並取得ISO 9001的國際品保認證。此外，該公司進行企業流程再造的一個重要且有利的條件，則是該公司企業流程再造專案小組除了延攬專家顧問外，並以高階主管為專案召集人，再輔以熟悉實務面的中階主管。該公司為了凝聚改革的向心力，不僅高階主管大力支持，更是親自參與專案進行中的會議。

該公司的企業流程再造專案成員，包括外部的專家顧問群，也包括內部的行銷、產品、會計、資訊、製造工廠等部門的主管及流程再造主要執行人員。該專案共分規劃與評估、設計與再造、執行等三個階段進行，於完成所有的設計規劃工作之後，並緊接著進行資訊系統與新流程的建置。

▶ 階段一：規劃與評估

1. 變革誓師與啟動：由公司高階主管主動出面擔任專案召集人，組織企業流程再造專案小組，並聘請顧問公司為公司的主管上課，教育他們企業流程再造的真正意義，讓所有主管對企業流程再造都具備基礎的知識及變革的共識，並在平時透過相關會議宣導企業流程再造的進度，以達到反覆的傳播與溝通。

2. 可行性評估：預先掌握企業流程改造時所有可能的障礙或助力，並提出化阻力為助力之對策。

3. 評估客戶需求：除了進行客戶滿意度調查外，也重新調查客戶對品牌的偏好度，有利於客戶導向流程之塑造，以創造客戶價值優先的經營模式。

4. 評估供應商需求：以往在進行流程改善時，並未邀請供應商共同參與。而此次首開先例，卻得到許多供應商踴躍提供的寶貴意見。

5. 評估員工需求：任何成功的改造都必須顧慮到可能受影響的員工需求，而由舊流程轉型到新流程時，也必須關注員工的反應，畢竟沒有滿意的員工，就不可能有滿意的客戶。尤其該公司的員工大多直接面對客戶，若是員工合理的需求無法被認同，則在進行企業流程再造時，勢必會增添額外的阻力。

6. 評估現有的企業流程：首先須考量企業之願景與經營策略，瞭解現有業務流程之問題點，並檢定現有流程績效落差之原因。而流程評估所必須涵蓋的要素，包括流程本身、與流程相關人員、與流程相關之供應商與客戶等。

7. 評估適用的資訊系統：掌握現有資訊科技的運用狀況，瞭解未來資訊科技的發展趨勢，並深思如何活用資訊科技以為組織創造價值。

▶ 階段二：設計與再造

1. 確認企業願景：原先之企業願景透過高階管理者的重新思考與討論，得以重新調整與確認。

2. 確認組織與職掌：在願景確認後，接著成立專案的組織與職掌的分配。進行企業流程再造，可將流程相關人員編入正式的組織內，如此一來，在日後之執行效果上可能會更好。

3. 選定與設計企業流程：選擇公司核心的六大流程作為企業流程改造之主要對象，此六大流程包括新產品開發、商品導入、進銷存管理、訂銷存商品管理、物流管理，並在專案會議上進行此六大流程的整合工作。

4. 規劃資訊系統：配合企業流程再造之需求，規劃資訊系統之功能，包括更新電子訂貨系統與導入銷售時點情報系統。

▶ 階段三：執行

　　該公司在企業流程再造展開之初，有少數內部人員認為應該邊做邊改才會更有效率，然而事實證明，此種未經事前完整地分析即貿然著手企業流程再造之作法，不僅可能導致專案進度延遲，也有可能迷失方向。畢竟企業流程再造與一般改善是截然不同的，若僅是在短期間內分析即進行之工作，大多屬於改善而非再造，因為再造的影響層面既廣且深，不可輕率進行。

　　資訊科技的確是影響企業流程再造成敗的重要因素，其前提是必須正確地應用。通常以為，只要運用如企業內網路、電子資料交換、電子訂貨系統等資訊科技，就可以提升新商品導入流程的速度；但實際上卻只是加快舊流程的速度而已。資訊科技的角色不在於改善舊流程，而是在創造新的工作流程，並順暢地融入組織中。此外，企

業在進行再造工程時，必須體認再造工程絕不是修補既有的流程，而是徹底地再造。因此，再造工程的計畫不宜過多，方能將再造工程的績效發揮到最大。

囯 電腦製造業企業流程再造的內容與成效

本個案分析的重點在於介紹E電腦公司如何改善與客戶之間的跨組織協調？如何改善接單出貨流程與出貨的模式，以面對訂單交貨時間縮短、量少頻率高的挑戰呢？

E電腦公司成立初期是以生產電子計算機、電話機、答錄機、傳真機等為主，後來將觸角延伸到筆記型電腦等多種電子科技產品的生產與銷售，並且為了因應客戶的需求及提升組織績效，建立了全球分工的產銷體制，在台灣、中國大陸、馬來西亞皆設有工廠。

對E電腦公司來說，其主要產品是計算機、筆記型電腦及個人數位助理器。該公司曾經成為台灣前十大民營製造業者，在國內專業雜誌的企業評比中，也曾名列營運績效最好的公司。該項評比的參考指標包括營收成長率、稅後純益成長率、資產報酬率等七項。該公司之所以能在營業額方面創造如此巨幅成長的佳績，其主要原因是與世界知名的個人電腦廠商進行策略聯盟，爭取到筆記型電腦的大量訂單，專門為客戶做代工設計製造。

全球知名的幾家個人電腦大廠為了維持自身在品質與價格上的競爭優勢，通常都會選擇下訂單給台灣的代工廠商，並且在台灣成立專門負責零件採購的國際採購公司，以負責處理在台灣採購電腦產品與零件的業務。由於該公司主要客戶的筆記型電腦產品深獲消費者的青睞，再加上當時正處於汰換舊機種的階段，導致市場上產生嚴重的供需不平衡，因而對採取接單出貨模式的E電腦公司形成一大利多。尤其是筆記型電腦的毛利遠高於桌上型電腦，而當時全球筆記型電腦市場是處於高度成長的狀態，在做多少就賣多少的情況下，對該公司的營收確實助益頗大。

E電腦公司與其主要客戶曾合作開發具有省電功能的高階多媒體筆記型電腦，並且在一年的時間內，就成功地將產品上市銷售，而在品質方面也是業界公認最好的。該公司曾與客戶歷經一年多的溝通諮商、取得三十多個產品模型的驗證，才開始展開親密的合作關係。緊接著，E電腦公司與客戶的電子資料交換系統上線，由於當時台灣電子業尚未建立電子資料交換訊息的標準，以致於必須採用美國的標準ANSI X. 12。

不斷降低成本是全球知名的幾家個人電腦大廠一直在進行的策略，但在降價的同時，該公司也不曾放棄對品質的堅持。面對廝殺激烈的市場，在維持品質、降低成本、盈餘成長的要求下，該公司必須縮短市場回應時間，做到快速回應客戶的需

求。E電腦公司的組織規模很大，但組織正式化的程度不高，而且因為內部主管大多是由資深的工程師所升任，許多管理職能都是從實務經驗中歷練而來，因而比較不會干涉部屬是如何達成目標的。由於該公司的盈餘表現良好，在良好的經濟狀況之下，讓該公司更有能力進行改革。

E電腦公司的企業文化傾向於保守，不愛對外發表消息，儘管對外的行事作風保守，但組織內部卻不斷創新。例如該公司不斷導入新的資訊系統、更新舊有資訊系統的功能，讓員工持續地在學習成長，也讓組織持續地創新。該公司在很早以前就建立電子郵件系統；將群組工作系統（Lotus Notes）應用於辦公室自動化中；並建置視訊會議系統與電子資料交換系統。

對全球知名的幾家個人電腦大廠而言，為了縮短客戶回應時間，除了本身體質進行調整之外，再者必須要求其上游供應商配合調整。對E電腦公司來說，導入電子資料交換系統、縮短交貨時間、減少單一機型每次出貨數量、接單頻度增加等，都是必須配合客戶達成的目標，其主要目的就是為了促進跨組織協調，降低資訊產品市場快速變遷的風險。在這些配合客戶達成的目標當中，以縮短交貨時間為例，該公司調整許多方面的因應措施，例如改善開發、進料、製造、產銷運作方式等，再搭配電子資料交換系統的導入與物流資訊系統的更新。最特別的是，該公司採用模組化的生產方式來縮短出貨時間，成為首先將筆記型電腦以模組化的方式大量生產並推到市場上銷售的公司。而在電子資料交換系統的導入方面，也大幅降低訂單處理時間和成本，不但縮短客戶回應時間，滿足客戶的變革要求，也能應付訂單頻度的增加。

此外，E電腦公司在製造程序上也有很大的變革：從接到訂單才開始備料生產，改變為先行備料做模組化，等接到訂單之後再整機組裝出貨。此種生產模式最大的問題在於如何解決大量的零件庫存，為了減少庫存的壓力，該公司具有準確的預測能力來配合，根據準確的預測來備料。採用模組化的生產方式後，在資訊系統上也必須配合改變，例如物料清單（Bill of Material，BOM）、物料需求計劃、發料、生產控制、在製品管理、財務會計的計算方法等，同時只要是與該系統有關的人員，如配銷、物料、生產、資訊中心及財務，也都要參與配合。

🔲 家電產業企業流程再造

台灣早期家電產業的經營模式，是著重於進口家電產品的代理、小家電的批量生產，直到後期，才開始發展自有品牌，並形成多品牌競逐與產品多樣化的戰國時代。由於家電產業的發展歷史悠久，下游的通路商仍採取傳統的經營模式，以致該產業的

經營者產生青黃不接的現象。直到近幾年來倉儲量販店的興起，如大潤發、家樂福、愛買等的加入，以及連鎖通路如全國電子、燦坤等的競爭，家電產業的通路才開始有轉型的趨勢。

面對家電產品走向資訊化的趨勢，以及資訊廠商跨領域加入家電市場競爭的挑戰，身為自有品牌家電製造大廠之一的S家電公司勢必要在產品定位、通路配送、維修服務等各方面有突破性的作法，方能在未來的家電市場持續站穩腳步。因此，該公司決定成立銷售端供應體系的企業流程再造專案，該專案針對S家電公司現行經營體質與作業流程進行診斷，找出現行前端銷售作業的關鍵問題點，並提出策略性的建議與具體的改善方案。此專案之主要目標是要藉由完成多家不同種類的示範經銷商及相關體系的電子商務連線，並達成下列目標：

1. 經銷商可即時線上訂貨。
2. 經銷商可進行線上資料查詢，例如庫存、價格、應付帳款、促銷活動及新產品發表等。
3. 經銷商可隨時追蹤訂單處理狀況、客戶維修狀況、產品退／換貨處理狀況。
4. 強化與經銷商之間的雙向溝通，提升經銷商的銷售競爭力。

為使企業改造活動持續進行，該公司決定成立電子商務專案，專案成員除了家電事業的高階主管外，還包含重要的銷售體系部門、財務、營業、倉儲、行銷等部門主管。其工作組織與職掌如圖2-1所示，以下分述之：

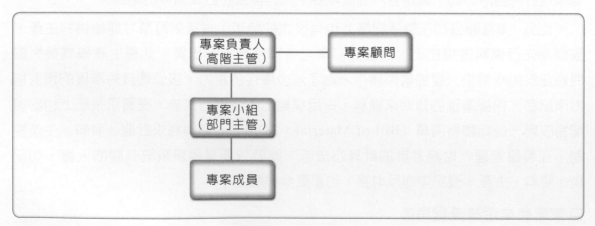

圖2-1 電子商務專案之組織與職掌

1. 專案負責人：由公司高階主管擔任，負責專案策略與目標之擬定，以及主持專案會議。
2. 專案顧問：由資深企業流程再造專案顧問負責專案執行之顧問工作。
3. 專案小組：由重要的銷售體系部門之部門主管組成，負責整體專案的協調事宜。
4. 專案成員：負責依專案會議之結論，執行專案之各項工作。

經過多次專案會議，該公司銷售體系企業流程再造的工作範圍及工作項目如下：

▶ 掌握外部需求

1. 釐清整體產業面之商流、物流、資訊流及金流。
2. 確立與經銷商之間的B2B電子商務需求。
3. 確認外包的維修公司及物流公司的定位與電子商務的需求。

▶ 確立內部需求

1. 彙整現行與經營相關之作業流程及其需求。
2. 確認現行業務流程的電腦化狀況，包括訂單、出貨、換貨、退貨、帳務、庫存、維修服務等。
3. 釐清體系內因應電子商務經營模式之資訊溝通與分享方式。

▶ 評估資訊系統

1. 評估現有的電腦軟硬體設備、資料庫、網路環境及應用系統，並釐清未來導入電子商務的資訊系統需求。
2. 評估電子商務、資訊系統整合軟體等之資訊系統解決方案。

▶ 擬定企業流程再造方案

1. 針對現行銷售業務之工作流程，進行跨部門之整合，其主要的工作流程包含銷售、分銷、現銷及特販等。
2. 針對以上幾項亟需改革的工作流程，提出新流程規劃方案與工作整合建議。

本專案之範圍著重於家電事業的核心銷售流程，在專案進行期間審視全部的銷售流程，並針對各個流程提出可能的新流程。該公司並與資訊系統整合廠商合作，共同建置下游經銷商的前端資訊系統。茲將該專案的重點工作與成果分別描述如下：

▶ 產業環境與需求

1. 深入瞭解公司目前面臨的產業環境與市場現況。
2. 釐清目前家電產業上、下游之間的交易問題。

3. 幫助公司深入掌握各型通路之交易模式、問題及需求。

4. 瞭解外包維修公司與物流配送公司的內部運作模式，以及重新建立彼此的合作方式。

5. 瞭解市面上之電子商務相關資訊系統。

6. 重新設計內部訊息之傳遞方式，針對訊息瓶頸進行改善。

▶ 經營策略

1. 分析家電產業之供應鏈與價值鏈的整體結構，幫助公司擬定面對國際化市場時之策略。

2. 因應現行家電市場微利的狀況，找尋維持競爭優勢之策略。

▶ 客戶關係

1. 設立經銷商與客戶的個人化網頁，並結合即時的促銷訊息與最新的產品資訊。

2. 促進經銷商各項業務的合理化與自動化，提升其競爭力。

3. 結合客服中心與維修服務系統，提供高品質的客戶服務。

4. 客戶資料的線上搜集與保存，協助進行資料庫行銷及分析客戶消費行為。

5. 經銷商銷售作業流程之電子化，預計範圍如表2-4所示。

表2-4 施行作業流程電子化之經銷商類型及規模

經銷商類型	家數
現銷通路	95家
量販倉儲	25家
分銷與直營	95家
其他	2家

▶ 作業流程

1. 重新設計家電事業之銷售作業流程，這些銷售作業包含行銷、現銷、分銷、特販等。

2. 整合體系之間的作業流程。

　　在家電產業的高度競爭市場裡，企業必須隨時保有快速的組織與彈性調整的能力，以維持競爭優勢及永續發展。該專案就整體家電產業的經營環境與經營方向，提出以下幾點未來努力的方向：

▶ 經營策略面

1. 培養新技術並建立新的經營模式：結合既有資源以培養拓展新服務之技術，整合生產、通路、倉管、物流、安裝、維修服務功能，形成新的經營模式。

2. 協助客戶拓展量販連鎖通路市場：利用電子商務結合雙方資訊流，以協助客戶拓展量販連鎖通路市場。

3. 塑造品牌形象帶動市場流行趨勢：塑造「資訊家電領導者」的品牌形象，增加個人化商品，帶動家電市場的流行趨勢。

4. 擴大經銷商的商圈：結合經銷商與網路內容提供者，進行電子商務之策略聯盟，藉由虛擬通路與實體通路的整合應用，協助經銷商擴大商圈及生意機會。

5. 提升資訊系統應用能力：利用應用系統服務提供廠商之資源，提供經銷商進銷存管理與客戶管理之資訊系統功能，獲得即時且正確的資料，以及低成本的資訊系統應用功能。

6. 慎防資訊廠商跨業競爭：家電產業之經營模式可能因資訊廠商跨業競爭而被顛覆，因此必須整合不同的通路，以新的經營模式來因應。

▶ 管理制度面

1. 成立電子商務部門：成立專門負責的電子商務部門，負責統籌跨企業之電子商務專案。

2. 產銷協調：生產與銷售部門之間建立有效的互動關係與協調模式，在生產、商品行銷、新產品開發及成本降低等方面，進行緊密的產銷協調工作。

3. 改善庫存：重新檢討現行的寄庫制度，以達成商品業績與利潤目標。

4. 制定成本制度：以成本會計控制各項產品之總費用成本及利潤。

5. 資訊整合：整合各個不同平台的資訊系統資料庫，增加資訊的一致性與其應用價值。

▶▶ 本章習題

1. 依據Michael Hammer的觀點,企業流程再造的定義為何?

2. 根據Adai (1994) 的分類,企業流程再造的範圍可分為哪些種類?

3. 企業流程再造成功的因素有哪些?

4. 資訊科技能在企業流程再造中產生促發效果的特性為何?

5. 何謂BPR?

6. 企業再造如何進行,才能確保成功?

▶▶ 參考文獻

1. Alea Fairchild, Reengineering and Restructuring the Enterprise: A Management Guide for the 21st Century, Computer Technology Research, 1998.

2. Ashley Braganza & Andrew Myers, Business Process Redesign: A View from the Inside, International Thomson Business Press, 1997.

3. August-Wilhelm Scheer, Business Process Engineering: Reference Models for Industrial Enterprises, Springer,1998.

4. Brian Warboys, et al., Business Information Systems: A Process Approach, McGraw-Hill, 1999.

5. Cynthia A. Montgomery & Michael E. Porter, Strategy: Seeking and Securing Competitive Advantage, Harvard Business School Press, 1991.

6. David K. Carr & Henry J. Johansson, Best Practices in Reengineering: What Works and What Doesn't in the Reengineering Process, McGraw-Hill, 1995.

7. Gary Born, Process Management to Quality Improvement: The Way to Design, Document and Re-engineer Business System, J. Wiley, 1994.

8. Geoffrey Darnton & Moksha Darnton, Business Process Analysis, International Thomson Business Press, 1997.

9. Gregory A. Hansen, Automating Business Process Reengineering: Using the Power of Visual Simulation Strategies to Improve Performance and Profit, Prentice Hall, 1997.

10. H. J. Harrington, Business Process Improvement: The Breakthrough Strategy for Total Quality, Productivity, and Competitiveness, McGraw-Hill, 1991.

11. Henry J. Johansson et al., Business Process Reengineering: Breakpoint Strategies for Market Dominance, Wiley, 1993.

12. Joe Peppard & Philip Rowland, The Essence of Business Process Reengineering, Prentice Hall, 1995.

13. Mathias Kirchmer, Business Process Oriented Implementation of Standard Software: How to Achieve Competitive Advantage Quickly and Efficiently, Springer-Verlag, 1999.

14. McHugh, Patrick & Merli, Giorgio & Wheeler III, William A., Beyond Business Process Reengineering: Towards the Holonic Enterprise, Wiley, 1995.

15. Michael E. Porter, The Competitive Advantage of Nations: With a New Introduction, The Free Press, 1998.

16. Michael Hammer & James Champy, Reengineering the Corporation: A Manifesto for Business Revolution, Nicholas Brealey Publishing, 2001.

17. Michael Jackson & Graham Twaddle, Business Process Implementation: Building Workflow Systems, Addison Wesley, 1997.

18. Omar A. El Sawy, Redesigning Enterprise Processes for E-business, McGraw-Hill, 2001.

19. Porter, Michael E., Cases in Competitive Strategy, Free, 1983.

20. Porter, Michael E., Competition in Global Industries, Harvard Business School Press, 1986.

21. Porter, Michael E., Competitive Advantage: Creating and Sustaning Superior Performance, Free Press, 1985.

22. Porter, Michael E., Competitive Strategy: Techniques for Analyzing Industries and Competitors, Free Press, 1980.

23. Richard Maddison & Geoffrey Darnton, Information Systems in Organization: Improving Business Process, Chapman & Hall, 1996.

24. Robert B. Walford, Business Process Implementation for IT Professionals and Managers, Artech House, 1999.

25. Thomas H. Davenport, Process Innovation: Reengineering Work through Information Technology, Harvard Business School Press, 1993.

26. Varun Grover, William J. Kettinger, Process Think: Winning Perspectives for Business Change in the Information Age, Idea Group Publishing, 1999.

27. Bartlett, Christopher A. & Ghoshall, Sumantra原著，薛迪安譯，以人為本的企業：企業再造的關鍵因素，智庫，1999年。

28. David Bovet, Joseph Martha & Kirk Kramer原著，陳琇玲譯，價值網：改造組織流程提升企業獲利，商周文化，2001年。

29. Deone Zell原著，余淑賢譯，再造惠普：HP成功革新組織的案例研究，商周文化，1998年。

30. James Champy原著，楊幼蘭譯，改造管理，牛頓，1996年。

31. James Champy原著，楊幼蘭譯，跨組織再造，天下遠見，2003年。

32. Jerry Yoram Wind & Jeremy Main原著，賴佩珊譯，企業改造，金錢文化，1999年。

33. Joyce Wycoff & Tim Richardson原著，許舜青譯，轉行思考：組織再造的良方，遠流，1996年。

34. Michael Hammer & James Champy著，楊幼蘭譯，改造企業：再生策略的藍本，牛頓，1994年。

35. Michael Hammer & Steven A. Stanton著，林彩華譯，改造企業二：確保改造成功的指導原則，牛頓，1998年。

36. Michael Hammer原著，洪瑞璘譯，超越改造：流程導向世界中的工作與生活，牛頓，1998年。

37. Michael E. Porter原著，高登第、李明軒譯，競爭論，天下遠見，2001年。

38. Robert Slater原著，袁世珮譯，搶救IBM：葛斯納再造藍色巨人之路，麥格羅希爾，2000年。

39. Stuart Crainer原著，董更生譯，全球企業再造大師傑克威爾許：奇異公司總裁經營成功十大秘訣，智庫，2000年。

40. William Issacs原著，柯雅琪譯，深度匯談：企業組織再造基石，高寶國際，2001年。

41. 天下編輯群，大企業變身法：跨世紀組織再造，天下文化，1997年。

42. 施振榮，再造宏碁，天下文化，1996年。

43. 陳生民，台汽再造，中國生產力中心，聯經出版社，1998年。

44. 渡邊純一著，企業再造工程實踐法，和昌出版社，1997年。

45. 楊昌霖，企業改造流程與企業資源規劃系統建構之整合性方法，碩士論文，1999年。

46. http://139.175.250.6/faq/basic_faq.htm （流程再造方法）

47. http://www.mba.ntu.edu.tw/~jtchiang/theses/CLChang/chap4.htm （流通系統之流程再造）

Chapter 3

資訊系統分析與設計

» 3.1 資訊系統規劃

3.1.1 資訊系統規劃的任務與主題

企業資訊系統規劃係指對企業的資訊需求進行全面的瞭解，根據企業的經營策略、經營目標及重點工作計劃，建立企業資訊之整體架構，並訂定各子系統開發的優先順序及建置計劃。一般而言，企業資訊系統規劃具有五大任務：(1)掌握企業未來欲達成的願景；(2)進行需求的評估；(3)評估目前的環境及資訊科技的發展趨勢；(4)定義完整的系統架構；(5)定義規劃的策略與工作計劃。

回 資訊系統計劃主題

而其所規劃完成的是一份企業資訊系統主計劃，主題包含：

▶ 企業經營策略、經營目標及資訊系統發展藍圖：

1. 確立企業的經營策略及經營目標，因為企業經營的策略與目標會影響資訊系統的策略及目標。

2. 掌握外部環境的變化，如產業競爭者、法令、客戶及供應商等所帶來的機會與威脅。

3. 考量組織內部限制因素。內部限制因素如經營理念、計劃的優先順序、成本及人力等。

4. 評估企業風險與預期結果。

5. 規劃資訊系統之目標與策略，確立資訊系統未來的方向。

6. 規劃資訊系統之架構，作為未來資訊系統的發展藍圖。

▶ 分析現有資訊資源：硬體、軟體、網路的情況、人力資源的運用、現有資訊系統的評估。

▶ 預測資訊科技之發展趨勢：出現期→成長期→成熟期→衰退期。

▶ 展開細項日程計劃，各日程計劃包括：1.軟、硬體及網路的規劃、購買的日程計劃；2.應用系統開發的日程計劃；3.系統轉換、維護的日程計劃；4.人力資源需求與訓練的日程計劃。

▶ 修正企業資訊系統主計劃：如前述第一項主題之內容，皆會影響原有的企業資訊系統主計劃。因此，每年皆須適時修正，以契合實際需求。

3.1.2 資訊系統規劃之過程與方法

在瞭解企業資訊系統規劃的任務與主題後，接下來所要討論的是企業資訊系統規劃之過程與方法。先以表3-1的資訊系統規劃階段，以及表3-2的資訊系統規劃報告範例作為開始，再進一步提供有關企業資訊系統規劃的相關理論與觀念。

表3-1 資訊系統規劃階段

規劃階段	策略規劃	需求分析	資源管理
方法	源自組織計劃 配合組織文化策略 策略組合轉換	資訊系統規劃 關鍵成功因素	成本與效益分析 應用系統組合 內部評價 資訊系統評價

表3-2 資訊系統規劃報告範例

1. 目的
   (1) 評估目前的資訊科技與電腦化境界，支援公司達成營運目標的可行性。
   (2) 確立能支援公司任務的企業資訊系統及其基礎建設架構。
2. 範圍
   (1) 包括現在組織單位業務流程的相關項目。
3. 成果
   (1) 對現行資訊系統的評估結果。
   (2) 滿足企業目標的最適化基本資訊架構之建議。

🔲 資訊系統規劃發展階段

在企業資訊系統規劃的眾多理論中，最為著名的可算是Nolan的階段成長理論，他將企業資訊系統規劃為以下數個階段：

▶ 初始期：特性為使用者不多、電腦資源的控制程度較低、低度的資源提供、少有系統規劃。

▶ 成長期：特性為資源提供度較高、規劃不足、成本較高。

▶ 控制期：特性為建立內部控制制度、強調資訊系統的規劃。

▶ 整合期：特性為由使用者掌控資訊系統的成本。

▶ 策略期：特性為針對組織的策略目標，開發相對應之策略資訊系統。

▶ 成熟期：特性為應用系統功能完整，能達成組織目標。

　　藉由上述的階段，Nolan認為資訊系統已經是公司的主要資源，決策者不僅應該瞭解資訊系統對於企業管理的重要性，更要體認到它亦是決定企業成敗的關鍵之一。

3.1.3 資訊系統與管理階層

🖃 資訊系統的組成

　　根據Steven Alter的定義，資訊系統是一組相互影響的要素，為了完成某一任務，共同運作；而子系統則是一個資訊系統的某個要素，這些要素也可以被當作獨立系統來看待，每一個子系統在系統中都分別執行不同的任務。一般資訊系統都具有八個基本組成分子：目標、輸入、輸出、範圍、環境、單元、相互關係及限制，而圖3-1為一個簡單的資訊系統模式。在圖3-1中，系統輸入的是各種不同的資源，例如資金、人力、技術、原料及設備；輸出的是資訊系統的產物，通常是以產品或服務的型態來呈現；至於資訊系統的目標，則是引發我們開發該資訊系統的某些促發因素。

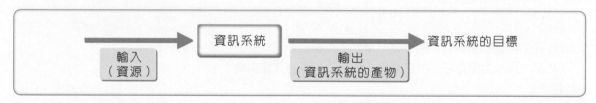

圖3-1 簡單的資訊系統模式

🖃 管理階層與任務

　　然而，圖3-1並不能提供企業以組織圖來說明企業功能與各功能的需求。企業資訊系統的架構必須能反映出不同管理階層的特色，也就是能表達出各個管理階層所負責的功能、資訊處理及決策，因而才有圖3-2管理階層的出現。管理階層係依照企業的業務結構劃分成高階主管、中階主管、基層主管。高階主管負責訂定公司整體願景、策略及目標，也就是明確指出公司整體運作的方向；中階主管負責組織裡承上啟下的協調與執行中心，中階主管負責達成高階主管下達的任務與目標，以及負責該任務的規劃與控制；基層主管負責完成日常管理活動，並負責執行與控制每天的工作績效。

　　相對於圖3-2三個管理階層的規劃與控制，Anthony對業務的看法則強調：

▶ 策略：明確訂定組織的政策，規劃組織的長期目標與達成目標所需的資源，並制定管理這些資源的方向與原則。

▶ 管理：管控資源的使用，並且能正確、有效地運用，圓滿達成組織的中期目標。

▶ 作業：管理組織中各工作單位的日常業務績效，以確定達成組織的短期目標。

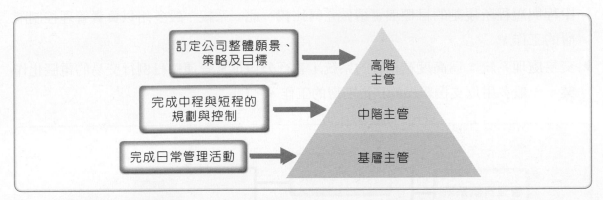

圖3-2　管理階層

　　因此，Anthony的管理階層也可以用三層金字塔來表示，見圖3-3所示。在最上層，由組織高階主管負責長期的策略性規劃工作；在中層，由組織中階主管負責管理控制工作，監督作業情況，並統籌整體資源運用，預防出現失誤的情況；在最底層，由組織基層主管負責作業控制工作，管理各工作小組的日常工作績效，並在績效不佳時，提出解決方案。

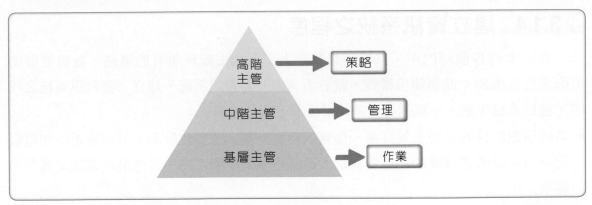

圖3-3　Anthony的管理階層

🄳 管理階層所使用的管理資訊系統

　　此外，也可依據資訊系統結構將組織分成三個管理階層，各階層分別代表了不同的資訊處理系統（見圖3-4）：

▶ 決策支援系統：為非結構化系統，能支援上層主管從事決策活動的電腦資訊系統；能幫助決策者利用資料及模型，解決屬於策略規劃階層及無結構性問題的互動性資訊系統。

▶ 結構化決策系統：為部分結構化的系統，能支援中層主管從事決策活動，並負責對中程與短程所規劃的目標與實績做差異比較。此一系統一般多用以負責管理控制階層的工作。

▶ 交易處理系統：為高度結構化的系統，執行公司正常營運每日例行交易的電腦化作業。一般多用以支援組織的作業階層的工作。

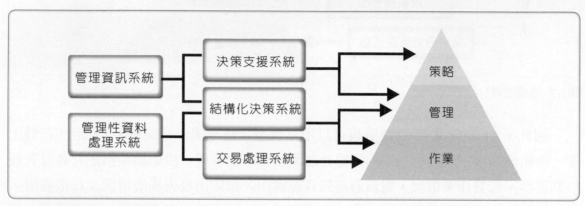

圖3-4 管理階層代表的資訊系統

3.1.4 建立資訊系統之程序

在企業的各個部門中，只要不想利用人工方式去處理所有的業務，就需要借助電腦來代為處理；而要運用電腦，就必須具備一套資訊系統，建立一套資訊系統之程序，包括系統規劃、系統開發、系統維護等，茲分述如下：

▶ 系統規劃的目的是替公司訂定一個資訊發展計劃，依照此計劃，可明確地得知電腦化應用系統所要達成的使用者需求，而這些需求說明了使用者想借助電腦來處理的各項工作。

▶ 系統開發包含資訊系統之分析、設計、撰寫及測試等步驟，是整個資訊系統發展過程中的一部分。

▶ 系統維護的目的則是要讓已經上線使用的資訊系統，能維持正常的運作。

回 資訊系統的基本架構

一般而言，在進行系統開發之前，必須先製作一份明確的系統規劃書。在系統規劃書中，應定義公司發展策略與目標、制定專案日程計劃、設定各子系統發展的優先順序、確定高階主管的支持度及公司所提供的資源、掌握專案的實績。同時，一個完

整的資訊系統規劃也必須考慮六項基本架構，而這六項基本架構的組合如圖3-5所示，且彼此具有關聯性。他們分別是：

▶ 組織：需考慮組織內的各部門。

▶ 業務功能：企業中各業務流程的功能。

▶ 關鍵因素：確保系統能成功運作最重要、最關鍵的必要條件。

▶ 資訊系統：業務流程電腦化之資訊系統，包含應用程式。

▶ 資料：資訊系統中各主要業務流程的電子化資料。

▶ 專案：改善公司特定作業與達成成功因素要求的資訊。

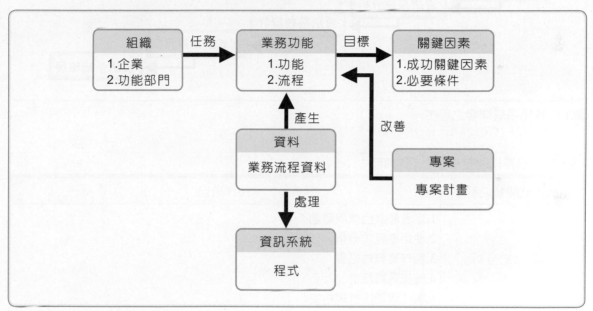

圖3-5 資訊系統規劃應考量的基本架構

🔲 資訊系統規劃的層級

在瞭解整個資訊系統規劃的過程之後，可以界定出三個資訊系統規劃的層級：

▶ 策略層級：包括遠程的資訊系統架構之規劃及人力資源的配置。這些可以顯示出未來的發展藍圖。

▶ 專案層級：定義資訊系統的中期發展計劃。

▶ 作業層級：考量電腦化資訊系統的日常管理活動。

⊟ 資訊系統生命週期

　　資訊系統開發包含企業內資訊系統之分析、設計、程式撰寫及測試等程序。由圖3-6可以瞭解，資訊系統開發指的是整個過程中的一部分，與其相連之前與之後的步驟分別是資訊系統規劃與資訊系統維護。但也有學者將資訊系統開發應有的工作歷程稱為資訊系統生命週期，以便突顯每個資訊系統開發的程序都需要經歷這些工作項目，如表3-3所示。

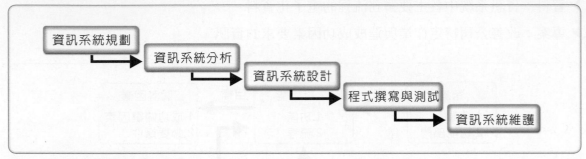

圖3-6　資訊系統開發之程序

表3-3　資訊系統開發程序的工作項目

資訊系統開發之程序	工作項目
資訊系統分析	1.定義專案目標與範圍 2.使用者需求分析 3.製作資料規格書 4.確認邏輯設計 5.製作邏輯設計規格書
資訊系統設計	1.軟體包裝設計 2.輸出與輸入的設計 3.檔案與資料庫的最佳化設計 4.程式的邏輯設計 5.邏輯控制、處理設計 6.製作技術設計規格書
程式撰寫與測試	1.硬體與軟體的規劃與建置 2.程式撰寫與偵錯 3.單元測試與整體測試 4.製作系統文件

資訊系統分析的過程

　　資訊系統分析是一項分析使用者需求的工作，其目的在於定義資訊系統的需求，並以此解決其業務上的問題，因此，負責資訊系統分析的人員必須對現行資訊系統與業務流程有相當程度的瞭解。透過資訊系統需求的定義，分析人員將較能掌握所要達成的任務，以及設計出整個資訊系統的架構。一般而言，資訊系統分析的過程可分為五個部分：

▶ 定義專案目標與範圍：決定系統問題的本質與範圍，以及必須達成的初步目標。

▶ 使用者需求分析：研究目前的問題點與需求，以便定義需求分析。

▶ 製作資料規格書：系統性地分析所蒐集到的資料。

▶ 確認邏輯設計：決定目前的邏輯處理方式是否需要修改。

▶ 製作邏輯設計規格書：以邏輯方式定義系統，並製作成系統文件。

資訊系統需求文件

　　資訊系統設計的目的是依照邏輯設計規格書做成技術設計規格書，而技術設計規格書係用以描述如何組織電腦程式、如何撰寫電腦程式及該具有的功能，並指出輸出、輸入、人機介面、檔案與資料庫及邏輯控制處理該如何設計。以下歸納出資訊系統分析人員必須做成的幾類系統需求文件，以供資訊系統設計人員轉換為技術設計規格書：

▶ 輸出需求：指出哪些資訊是處理後的結果？該結果呈現的形式為何？

▶ 輸入需求：指出輸入到邏輯處理程序中的資料型態、輸入來源與人機介面。

▶ 資料庫與檔案需求：指出資料種類、儲存型態與檔案結構。

▶ 程式需求：指出資訊系統中各個程式的功能。

▶ 邏輯控制處理需求：資訊系統運作後該如何確保整體資訊系統的正確性。

　　當我們採用了系統化的分析方式來處理資訊系統的分析與設計時，通常會以資訊系統開發生命週期的理論來做註腳，而這是資訊系統分析人員與使用者對資訊系統分析與設計之活動所形成的週期最好的說明。在一個資訊系統開發生命週期中，一般會區分成幾個階段，如圖3-7所示。一個資訊系統開發過程至少包含系統分析、系統設計、程式撰寫及測試等，但是多數的程式設計人員卻經常花費70%以上的時間在進行程式設計與維護的工作，這對於資訊系統管理者來說，是比較不合經濟效益的事。

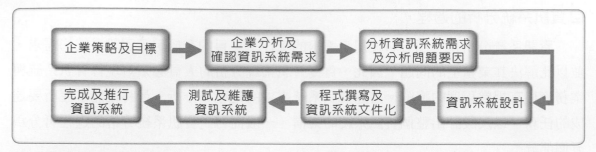

圖3-7 資訊系統開發生命週期

3.1.5 資訊系統開發之管理工作

　　對於企業而言，資訊系統開發的管理往往是件困難的工作，因為它必須提供一個資訊系統開發的正確方向，也必須控管一些經常變動的新需求。由此，嚴謹的資訊管理工作就顯得格外重要，而專案管理則是其中一種較為重要的管理方式。在開發新的資訊系統時，專案經理是專案管理的靈魂人物，他必須負責資訊系統開發的專案管理工作，並且設定專案之階段性成果及最後完成日期，評估預定與實際之專案績效。新的資訊系統開發時，專案經理就會指派數名資訊系統分析人員、程式設計人員及使用者，共同組成專案團隊來負責相關工作。此時，專案經理的任務便是指導整個團隊的運作。透過使用者需求分析及評估，建議要達成需求的解決方法，據此開始執行資訊系統設計的工作，最後並完成技術設計規格書。在整個資訊系統設計工作完成後，就要進行程式撰寫，這時候就需要有負責撰寫程式之程式設計人員，而這個專案團隊會一直運作到資訊系統完成上線為止。

» 3.2 資訊系統開發

3.2.1 資訊系統分析

⊟ 資料蒐集

　　資訊系統需求分析的目的是為了釐清此一新開發資訊系統的需求，因此當資訊系統分析人員確認了問題的範圍與內容後，就可以進行資訊系統需求的分析工作了。然而，不同階層的使用者對於需求的內容與程度，往往會有很大的差異，以致於資訊系統分析人員在進行業務上的需求分析時，常會有面臨決策上的衝突。有鑑於此，在進行需求分析時，資訊系統分析人員通常會進行人員訪談與問卷調查，並根據使用者的

資訊系統需求來設計問卷或訪談內容，最後彙總所蒐集的結果，以成為資訊系統分析時的重要依據。

而這種結構化的分析方式仍存在著兩個重要的問題：首先，有許多的報表、圖表或是參考資料是由許多單位所製作出來的；另外，許多員工的工作會因為其所使用的資訊系統而被影響。因此，要對哪些不同角色的受訪者進行訪談？是不是要藉由問卷方式來獲得資訊？便成為資訊系統分析人員在進行需求蒐集訪談時的重要考量。

▶ 訪談：一般來說，訪談計劃會有下列幾項步驟：

1. 瞭解受訪者的背景資料：盡可能先蒐集且瞭解受訪者的背景資料，其資料來源有網路、年度經營報告、公司發布的新聞稿或是對外公開宣布的報導等。

2. 確立訪談主題與目標：利用蒐集來的背景資料，再參酌過去的經驗來決定訪談主題與目標。

3. 決定不同角色的受訪者：受訪者的角色必須是瞭解資訊系統且具有影響力的關鍵人物。

4. 準備訪談的時間地點：訪談前須先與受訪者討論適合的時間與地點，並安排會議地點與時間。訪談時間最好在1小時之內。

5. 預先掌握問題的型態：當決定訪談的主題與目標之後，反覆思索各種可能的問題類型，並寫下你想得到的答案。適當的詢問技巧是瞭解問題的核心。

在各種不同的資料蒐集方法中，資訊系統分析人員通常對人員訪談最感到困擾，因為無論是以預先擬定的問題提出訪談的結構性訪談，或是以開放性的問題給予受訪者表達事實與感覺的非結構性訪談，資訊系統分析人員都必須先準備適當的問題，並在開始進行訪談時，先說明訪談的主題與目標，然後再循序詢問問題。

一般資訊系統分析人員對訪談的推論方式有三種：第一種是演繹法，也就是根據前一事項的結果來更進一步地詢問受訪者，此方法適合在受訪者傾向接受封閉性問題的詢問方式時使用；第二種方法是歸納法，也就是受訪者只願意回答資訊系統分析人員所提出的特定問題，但並不願意說明其他非問題的內容；第三者則是將前述兩種方法混合運用，也就是演繹歸納法——由一般性的問題到特定問題，再以一般性問題結束；或是歸納演繹法——由特定性的問題到一般問題，再以特定性問題結束。至於哪一種方法最適合呢？則要視情況而定。

▶ 問卷

此外，問卷也是一個重要的蒐集資料方法，它可以協助資訊系統分析人員瞭解使用者的態度、意見以及行為，透過問卷的方式，資訊系統分析人員可以將訪談的內容

數量化,以作爲定量分析之用。與訪談相較,問卷方式的問題廣度與受訪者反應的敏感度雖然較低,卻可能因爲使用大量的有效樣本及勻稱的分布狀態,而獲得更爲正確的資訊。同時,問卷方式允許不具名塡答,並給予較多的時間來思考,因而較能獲得眞實的資料。

基本上,問卷可分爲兩種,一種是封閉式問卷,一種是開放式問卷。其中,開放式問卷與非結構性訪談的觀念是相似的,在進行開放式問題的問卷時,雖然所有受訪者所使用的問題都相同,但其所得到的答案極可能是很個別而且主觀的。相對於開放式問卷,封閉式問卷的受訪者可以發揮的空間就受到相當程度的限制。封閉式問題的問卷常可加以量化,以進行定量分析。

因此,爲了使問卷內容可以數量化,常以名詞尺度、次數尺度、間隔尺度,以及比例尺度作爲測量尺度。名詞尺度是以字句的描述來進行分析;次數尺度是以發生的頻率來分析;間隔尺度是將正向答案到負向答案之間,區分成幾個等距離的等分,而且也盡可能用單數間隔,避免受訪者的答案過於兩極化;至於比例尺度,就是將行爲程度化,給予答案不同程度的屬性。當問卷發放出去後,爲了使問卷可以完全反映問題,有五種協助問卷管理的方式:

1. 把所有相關的問題均整合在一起。
2. 發出去的問卷,一定要完整回答才視爲有效問卷。
3. 允許受訪者親自塡寫問卷,自行投寄到指定的地方。
4. 將問卷郵寄給受訪者,並提供多種回覆方式與免付郵資等服務。
5. 問卷電子化,例如以電子郵件方式傳遞。

🔟 資訊系統分析與相關文件

在完成訪談或問卷後,接下來最重要的工作則是進行資訊系統分析。資訊系統分析會產生一些系統分析文件,例如資料流程圖、程序說明、各種相關表格與報表、訪談與問卷調查的結果及資訊系統流程圖,而這些資料都是用來表示現行資訊系統或新資訊系統之邏輯設計。

首先說明資料結構法則。資料結構是由一個或多個資料元件所組成,資料元件是資料不能再被分解的最小單位。有關資料結構的階層,可以由圖3-8來說明,圖中的雙箭頭代表一個資料流可以包含一個或多個資料結構,資料儲存與轉換也是一樣。

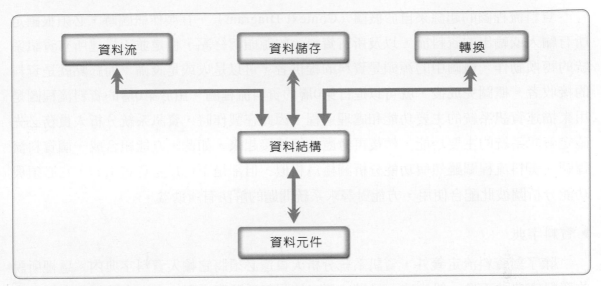

圖3-8 資料結構的階層

資料來源：Alan L. Eliason, System Development—Analysis, design and implementation, Harper Collins Publishers, 1990.

▶ 資料流程圖

　　當資訊系統分析人員想要瞭解使用者的資訊系統需求時，他們必須要知道資料是如何透過組織而有所推展、轉換及改變的。透過資料流程圖工具的展開，資訊系統分析人員可藉由圖形方式來呈現資料流程的結構，以方便深入瞭解資訊系統，事先確定邏輯上的資訊系統。資料流程圖（如圖3-9所示）可以清楚地表達資訊系統中的資料流程、資訊系統在何處轉換，以及資訊系統將資料儲存在何處等三部分。

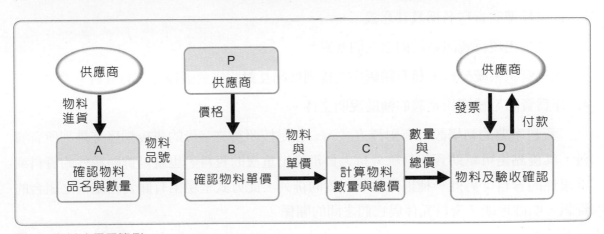

圖3-9 資料流程圖範例

資料流程圖的起源來自於概圖（Context Diagram），在製作概圖時，必須很確定所有輸入或輸出的資料流，以及所有資料流的源頭與終點，但是並不描述所有資訊系統的轉換動作。概圖中的源頭是資料的提供者，可以是人或是設備；而終點就是資料的接收者。概圖完成後，就可以進行第0層的資料流程圖。由於第0層的資料流程圖是用來描述資訊系統的主要功能和處理過程，因此在製作時，資訊系統分析人員務必先確定資訊系統的主要功能，然後再考慮如何連接起來，如此，方能組合成一個資料流程圖。資料流程圖雖然與功能分析圖極為相似，但卻是不可以隨意選用的，它必須與功能分析圖彼此配合使用，方能對尋求系統問題的解決有所助益。

▶ 資料字典

除了對資料流定義外，資訊系統分析人員還必須將它輸入資料字典內。這裡所說的資料字典並不像一般字典，只是一連串按照某種順序排列的字，它除了包含每個字的意義外，還必須藉由資訊系統分析人員的分析與設計來引導完成其所負責的資料參考工作。使用資料字典的狀況約有下述幾種：

1. 消除重複動作，避免不需要的資料或定義重複的資料。
2. 使資料流程圖更具完整性、正確性及邏輯性。
3. 在發展輸出、輸入畫面時提供一個很好的參考資訊。
4. 確認儲存在資料庫或一般檔案的資料內容。

一般而言，會使用資料字典的主要原因是：

1. 提供標準的資料名稱及其意義。
2. 協助找出現行資訊系統的潛在問題點。
3. 提供資訊系統分析人員有關順序性排列與相互對照排列兩種方式的資料。
4. 作為資訊系統邏輯定義的輔助說明文件。

資料字典的結構設計有兩種方式，一種是按照英文字母的先後順序來排列所有資料，其優點是可幫助資訊系統分析人員辨識出重複的資料，也就是排除額外的資料或重複性的資料；另外一種則是巢狀方式的排列，此方式呈現出有關資料結構之組合的資訊，明確地顯示資料元件與它們之間的關係。

3.2.2 資訊系統設計

在使用者與管理者確認邏輯規格之後，資訊系統開發過程便到了資訊系統設計的階段。資訊系統設計的主要任務是將邏輯設計的需求轉換成為軟體的過程，其包括輸出、輸入及資料庫管理等重點項目。由於資訊系統的最終結果是需要經過某些特定的處理過程，才能產生輸出，而傳統的輸出處理方式往往是利用報表列印、螢幕或播放媒體。因此，資訊系統分析人員必須盡可能地設計出最適用的輸出格式，並與使用者密切交換意見，直到能讓使用者滿意為止。以下是幾項設計考量的重點：

▶ 確認輸出的最終用途。

▶ 輸出的內容對使用者擔負的業務流程是有意義及實質幫助的。

▶ 提供適當的輸出品質、格式及媒體。

▶ 確認輸出的時效性。

▶ 選擇低成本且效率較佳的輸出方式。

🗐 成本效益分析

為了選出最佳的設計方案，通常還需要進行成本效益分析：成本收益、成本避免、改善的服務水準，以及改良的資訊。成本收益是對現存的行政與操作上成本的降低；成本避免是對未來的行政與操作上成本的降低；改善的服務水準是因為業務電腦化後而提升的行政效率；改良的資訊則是因為業務電腦化之後而能即時提供彙總的資訊或知識，以作為輔助決策的參考資訊。在評估新系統的效益和成本上，有下列兩種主要的方式：

▶ 損益平衡分析法：包括成本曲線及效益曲線，此方法是利用座標、圖形，來判斷未來幾年的成本與效益的變動情況。

▶ 淨現值法：淨現值法可以協助企業決策者得知，在考慮到通貨膨脹的因素下，評估新的資訊系統開發的成本與效益，若總淨現值愈大，則新的資訊系統愈有投資價值。資訊系統分析人員可以下列準則來決定淨現值：

1. 按專案的時程，列出專案的各項效益。

2. 列出專案的各項成本。

3. 淨值為全部效益與全部成本之差額。

4. 折扣值為考量通貨膨脹率、貨幣因時間而變動之值。

5. 淨現值為折扣值的總和。

⊟ 資料庫與檔案結構設計

資訊系統分析人員需要描述各資料的儲存處與內容。資料儲存處是資訊系統用來儲存資料的地方，其與資料流的描述及應用規則皆相似，也就是將資料項目從複雜到低階一一分解，而且直到能夠讓資訊系統分析人員清楚地定義為止。每一個紀錄都可以用一個主要鍵來識別，而且可以包含一個以上的外鍵。

資料庫的應用被某些人認為是資訊系統的心臟。應用資料庫的主要目的除了是讓資料的儲存更加有效率之外，也包括更新與取得效率化。資料的儲存與應用有兩種處理方式：第一種方式是以一種個別的檔案來儲存資料，讓一種資料類型面對一種應用方式；第二種方式則是以建立資料庫的方式來儲存資料，通常資料庫是扮演資料正式定義與中央儲存的角色。

▸ 檔案結構

在資料存取中，檔案結構最常用的組織方法有循序結構、隨機結構及索引循序結構三種。

1. 循序結構：是按照一定的順序規則，以循序的方式來儲存資料，具有容易建立及有效利用儲存空間的優點；但也有搜尋時間冗長、紀錄新增與刪除不便等缺點。

2. 隨機結構：是將資料的鍵值藉由赫序（Hashing）演算法決定紀錄儲存的位置。

3. 索引循序結構：是兼具循序與隨機的特點，也就是說，資料是依照一定的順序儲存，但是也能提供直接存取資料的功能；此一方式需要隨時更新與維護索引，以顯示資料儲存的正確位置。

▸ 實體關係圖與資料正規化

資訊系統分析人員需有能力將實體與相關屬性以實體關係圖（Entity-Relationship Diagram，E-R Diagram）表示，藉由實體關係圖可以建立資料的屬性與關係，也可以顯示出資料間的關係是一對一、多對多或是一對多？是直接相關或是間接相關？值得注意的是，在建立實體關係圖之後，會發現有資料關係重複建立的情況，因此需要消除重複性的資料，而這個過程稱之為正規化。藉由正規化的程序，可以減少不必要的資料量。

▸ 資料庫結構

資訊系統分析人員除了要建立實體關係圖及進行資料正規化之外，更重要的是要將資料實際儲存在資料庫或檔案中。資料庫是儲存一群相關的資料，並以最少的資料重複現象，提供給應用程式來存取。資料庫管理系統通常包含資料描述單元、資料處

理單元、查詢語言單元，以及資料庫公用程式單元四個部分。基本的資料庫結構則有五種，分別為階層式結構、網路式結構、關聯式結構、物件導向式結構及多維空間資料庫結構等。系統分析人員可以依照資料的特性，建立適當的資料庫。

3.2.3 資訊系統的程式撰寫

在完成資訊系統設計工作後，緊接著即進入資訊系統的程式撰寫階段，此階段的主要任務是完成電腦程式的撰寫。一般而言，電腦程式的撰寫就是將先前的資訊系統設計，轉換成可執行的電腦軟體；也就是說，是將設計規格翻譯成電腦可執行的程式的工作。在進行撰寫電腦程式時，應遵循下列幾項要點，以提升程式品質：

▶ 程式簡單容易閱讀，易於日後維護。

▶ 以結構化的方式撰寫程式，並且按結構圖設計規格來撰寫。

▶ 遵循由上至下的設計方式，先撰寫結構化設計的最頂層，再處理較下層的模組。

▶ 撰寫程式的說明文件，增加程式的可讀性。

▶ 簡單的程式測試與偵錯。

3.2.4 資訊系統測試

資訊系統測試的用意在於發現錯誤而後更正各軟體程式的過程，它無法證明一個資訊系統絕對沒有缺失，卻能證明一個資訊系統還有待改善的缺失或錯誤。

🔲 資訊系統測試方法

一般來說，測試的方法可以分為下列二項：

▶ 白箱測試技術：根據程式內部的控制結構來決定執行哪種測試個案，其用途包括：

1. 保證程式中每一條獨立路徑在測試時至少通過一次。

2. 每個邏輯判斷的語句都要執行過。

3. 所有迴圈的起始條件與終止條件及其內部程式都要被測試過。

4. 檢驗所有內部資料結構的正確性。

▶ 黑箱測試技術：無需瞭解程式內部的控制結構，僅確認輸入和輸出來決定執行哪種測試個案，其方法包括：

1. 等級分割法：將全部的資料分割成幾個不同的等級，然後再依據每個等級的資料去設計測試個案。

2. 邊際值分析法：瞭解邊際值周圍的測試情形是否有錯，不僅分析輸入值，也需分析輸出值。

⊟ 程式測試過程

程式測試是一種多步驟、多階段的工作，程式測試過程分為：

▶ 單元測試：測試對象為資訊系統中最小的單元。

▶ 整合測試：將各單元組合成程式再加以測試，其測試方式為由上往下，或由下往上測試。

▶ 系統測試：測試整體資訊系統的穩定度與資料的安全性。

▶ 驗收測試：確保資訊系統的品質與功能是否滿足企業需求，以作為資訊系統是否驗收的評斷標準。

» 3.3 資訊系統的品質管理

3.3.1 軟體品質

在對企業資訊系統的品質管理提出說明前，我們有必要先就軟體品質做出定義，因為軟體品質應與那些描述資訊系統優劣程度之特性息息相關。首先ANSI/IEEE STD 729-1983對軟體品質的定義為：對軟體產品滿意程度或與軟體隱含需求功能有關者特徵之全體，而相關文獻中對軟體品質的定義則有：

▶ 軟體產品能符合、滿足使用者需求功能與特性的程度。

▶ 使用者對軟體所期待的各種需求與特性之組合。

▶ 對客戶或使用者而言，軟體產品整體的特性，能滿足其需求之綜合程度。

▶ 評估軟體產品的功能與特性，以確定實際使用時能被使用者接受的程度。

除了以上的定義之外，當然也可以從另一觀點來定義軟體品質，但是由於軟體為一強調功能的邏輯元件，是永不耗損的，所以軟體品質與一般硬體產品的品質，實際上仍有部分差異。

3.3.2 系統品質保證

品質保證對於任何企業而言，攸關企業商譽與客戶信賴度，是一項非常重要的活動。在20世紀初期，品質保證是產品製造者的首要責任。美國貝爾實驗室在1916年引入第一個正式的系統品質保證功能，隨後並能廣泛、快速地應用於製造業中。系統品

質保證是一種具有完善規劃與系統化的活動，主要目的在於確保資訊系統的品質。且由於資訊系統的複雜，就在於一個組織中往往會有許多不同的機構，這些機構必須為整個系統品質保證負起個別的責任；系統品質保證是每一個參與軟體開發工作人員的責任，舉凡系統工程師、專案管理者、使用者及專責系統品質保證的成員，都須承擔系統品質保證的責任。

由於軟體需求分析規格與系統設計規格無法像程式般在電腦上實際進行操作性的測試，而須透過人工審核的方式來檢驗其品質。因此，系統品質保證實際上是包含軟體發展程序品質和軟體產品品質，協助資訊系統分析人員完成高品質的軟體發展程序，並幫助資訊系統開發人員開發高品質的軟體產品。當分析與設計階段完成後，必須對它們進行品質驗證。一般而言，可藉由會議來確認、檢視及追蹤在分析與設計階段的問題，並引導資訊系統開發人員進行錯誤修正。檢核紀錄主要是為了蒐集系統品質保證的相關資訊，其主要內容包括程式的測試安排、複審、修改控制及其他系統品質保證活動的結果。

組成系統品質保證的活動

歸納而言，系統品質保證主要由七個活動組成：

▶ 應用技術方法與工具來開發資訊系統。

▶ 實施正式的複審來發掘分析與設計階段的缺失。

▶ 執行資訊系統測試。

▶ 貫徹標準的遵循。

▶ 資訊系統之維護與變更的管理。

▶ 衡量資訊系統之品質。

▶ 記錄、追蹤與報告。

系統品質保證流程

系統品質保證的執行主要是透過需求的確認，再針對發展資訊系統的各階段活動進行品質的管理，進而達到系統品質保證的目標。圖3-10為系統品質保證流程的示意圖。

圖3-10 系統品質保證流程示意圖

3.3.3 系統品質保證組織的任務與角色

　　在資訊系統開發過程中，系統品質保證活動成功的要點有三項：一是建立「品質保證是每一個軟體專案人員的責任」的觀念；二是落實「品質保證是整個專案生命週期的工作，而不是在程式測試階段的任務」的工作；三是建立「品質保證組織」，且該組織最好是獨立於資訊系統開發組織之外，因為獨立的品質保證組織可有效地管理及實施系統品質保證的活動，並對資訊系統的品質負責。圖3-11為在專案組織中獨立品質保證組織的架構圖。

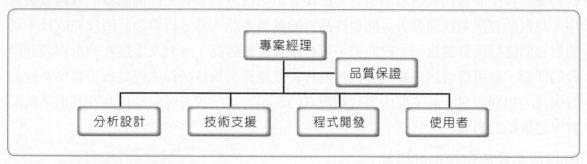

圖3-11　資訊系統開發組織圖

⊟ 系統品質保證組織的任務

▸ 建立衡量資訊系統品質的檢核點、方法及標準。

▸ 審核所有的測試任務，並確定每個測試階段的測試結果均能滿足該階段之需求。

▸ 溝通協調資訊系統發展各階段所產生之品質問題。

▸ 判斷品質問題所在，並指派解決問題之負責人員。

⊟ 系統品質保證組織的成員

　　系統品質管理人員一般包括專案經理、品質保證經理及品質保證人員，其主要的角色及工作內容如下：

▸ 專案經理

　　專案經理須宣達專案的目標，且須讓使用者與專案成員均能瞭解並達成共識，故專案經理應確實掌握使用者和組織的需求。專案經理在撰寫專案計劃時，必須協同系統品質保證安排每個子系統之測試人力與時程；確保在測試時所發覺的所有問題均已獲得解決，且使用者都實際參與測試工作之準備、執行及結果確認。

▶ 品質保證經理

　　品質保證經理主要工作在擬定測試計劃，並要求測試人員依計劃執行測試工作。此外，完成測試工作後，也必須審查測試結果，與使用者協調需求的變更，並解決測試過程中發生的所有問題，完成最終的測試報告。

▶ 品質保證人員

　　品質保證人員主要是負責上級所交付之品質測試任務。經由多個測試階段，品質保證人員找出資訊系統的缺陷與問題，並向上級報告與品質相關之問題。

3.3.4 資訊系統的品質需求

　　資訊系統的品質需求依三種角度檢核，分別為使用者需求、開發過程的需求、產品需求，而這些需求項目將會是資訊系統能否被驗收的關鍵。資訊系統是否能滿足使用者需求，可從功能、效率及管理等三個構面來探討，而這正是使用者在使用資訊系統時最直接的感受。表3-4依據功能、效率及管理三個構面，配合資訊系統的品質需求，來檢視使用者最關心的問題，其內容描述如下：

表3-4 資訊系統的品質需求

需求層面	考量要素	資訊系統的品質需求
功能面	容易使用及容易學習	使用性
	系統設計之安全性	真確性
	系統能夠精確執行	可靠性
效率面	符合需求及達到既定目標	正確性
	執行系統需要耗用的資源	效率性
管理面	容易維護、除錯及改良	維護性
	容易擴充功能	可擴充性
	系統容易再使用	可再利用性

☺ 使用性

　　所謂使用性，即對軟體功能的學習及使用的容易度。要提升軟體的使用性，可以藉由提供友善的使用者介面、線上問題查詢與解答、明確的錯誤訊息說明、書面文件之可讀性及功能鍵之運作等方式來達成。若達成使用性，表示該資訊系統的功能容易被使用者瞭解及使用。

⊡ 真確性

真確性為資料及應用程式免於被非法存取之安全保護程度。若達成真確性，表示資料庫中的資料具有完善的真確性保護措施，且應用程式僅限於具備使用權限者執行。

⊡ 可靠性

可靠性表示在既定的需求條件與操作環境下，軟體所能發揮的最大功能及其維持的穩定程度，不會發生輸出不準確之結果，也不會產生回應時間太慢或當機等情況。若達成可靠性，意味著失效率、平均失效期率、出錯率及待用率是可被接受的。

⊡ 正確性

所謂正確性，係指軟體設計是否滿足需求及達成既定目標之程度，檢視項目包括：是否具備所定義之功能？是否依據文件標準來撰寫文件？軟體之執行效率為何？若達成正確性，則表示所發展之軟體即是能達到使用者所定義及期望的產品。

⊡ 效率性

所謂效率性，係指在達到軟體功能的前提下，軟體耗用電腦資源之程度。這些電腦資源包括處理器、記憶體、磁碟、網路頻寬等。若達成效率性，表示所提供之資源充裕，不會造成瓶頸。

⊡ 維護性

維護性是指程式遇到錯誤時，尋找及修改的容易度、需求改變時的可調整程度。由於資訊人員必須花費許多時間在軟體的維護工作上，因此維護性是一個非常重要的品質需求項目。若達成維護性，表示可以容易地尋找及改正資訊系統中所存在的錯誤，大量節省維護人力。

⊡ 可擴充性

可擴充性係指增加原有軟體之功能，來滿足新的需求之程度。例如在人力資源管理系統內新增一些福利津貼程式、在門禁管理系統中增加考勤管理功能等。若達成可擴充性，表示所開發之軟體更易於維護、修改或是附加新功能。

⊡ 可再利用性

所謂可再利用性，係指軟體中之局部系統能被再利用於其他系統之程度。若達成可再利用性，表示所發展出的資訊系統有很多的程式可以大量地被其他的資訊系統再利用。

3.3.5 開發過程的品質需求

資訊系統開發過程的品質需求，其目的在於確保所開發完成的軟體產品能符合資訊系統需求，並能作為日後資訊系統維護與運作的基礎。其要點有資訊系統軟體文件化、檢視製造過程的品質、系統測試及標準的建立與遵循，內容如下所述：

回 資訊系統軟體文件化

資訊系統軟體文件化的目的在於說明資訊系統的整體架構，累積軟體開發過程之經驗與知識，以利於日後軟體維護工作的進行。藉由詳細的書面文件，使得軟體所發生的錯誤，能在最短的時間內被找出並立即修正，大幅節省維護的人力與成本，增加資訊系統的可維護性。因此，在進行程式修正時，亦須同步修正相關系統文件，以達到程式與文件一致性。

回 檢視製造過程的品質

品質是製造出來，而不是檢驗出來的。系統品質保證的方式之一是檢視軟體及軟體開發的每個過程，而不是在最後測試階段才做把關的動作，這樣的方式才能確保軟體的品質維持在某一水準之上。因此，確實地做好檢視開發過程中各項關卡的品質工作，將有助於品質的提升。

回 系統測試

成功的系統測試是指它發現一個尚未發現的錯誤，而沒有發現任何錯誤的系統測試，很可能是一個失敗的測試。因此，系統測試是系統品質保證中相當重要的環節，它代表了對資訊系統的分析、設計規格及程式撰寫等過程的整體評核。透過對測試工作完整的檢視，將可減少資訊系統隱藏的錯誤，進而獲得高品質的資訊系統產品。

回 標準的建立與遵循

在資訊系統的發展過程中，標準的建立與遵循之目的，在於確保所有的需求及系統開發的產出能夠一致，其建立的標準通常有五項：1.系統規劃標準；2.系統分析標準及系統設計標準；3.程式開發標準；4.系統測試標準；5.系統驗收標準。

沒有系統品質保證，也就沒有可靠、可用與可維護的系統。系統品質保證是一種應用於資訊系統開發過程中的品質正字標記，其包含對方法論的應用、工具的使用、測試工作的執行、資訊系統的變更管理及產生合乎標準化與一致性的文件報告。而擬定品質目標與方針的目標管理活動，目的在於指引資訊系統開發人員的工作方針，藉以確保資訊系統各項需求與品質的達成。為了提升資訊系統上線後的穩定度，在資訊

系統一開始的規劃階段就應該先針對開發時程、品質、人力和功能需求予以清楚的定義；其次，則要充分考慮未來資訊系統的維護性與擴充性，並遵循標準化方式來執行各項工作；同時，激發所有成員的品質意識，將品質管理的理念落實到資訊系統開發的每個階段。如此，資訊系統的品質才能真正符合使用者的需求。

»3.4 資訊系統的維護

　　資訊系統是可執行的，其允許使用者掌控操作介面、使用及評估的過程、稱之為執行。而在完成資訊系統分析及設計的階段任務之後，如何使資訊系統發揮出最大的效能，減少日後不必要的維護工作，則是每一位資訊人員努力達成的目標。但是，如何使資訊系統達到它最大的效能呢？以下幾項方式，可作為參考：

田 教育訓練

　　基於讓使用者增加新資訊系統實務經驗的構想，資訊人員對使用者施以教導，稱之為教育訓練。在完成整個資訊系統開發階段的任務後，在資訊系統實際上線前所應該進行的就是教育訓練。在整個教育訓練計劃的安排中，最重要的是須以使用者的需求來進行。資訊人員除了安排訓練的老師及被訓練的使用者之外，也要決定在這些使用者當中，由誰來擔任訓練工作是較有效率的？以及哪些使用者是最適合接受訓練的？

　　一個大型的資訊系統開發專案，應該要有不同專業領域的訓練人員來規劃各種不同類型的教育訓練。至於需要哪些訓練人員，則需視使用者的工作內容而定。一般而言，訓練人員可分成五種：廠商技術人員、資訊系統分析人員、外聘顧問公司、內聘講師及其他資訊系統人員，見表3-5。

表3-5 資訊系統開發專案需要的訓練人員與訓練對象

訓練人員	訓練對象	
	主要使用者	次要使用者
廠商技術人員	○	
資訊系統分析人員	○	
外聘顧問公司	○	
內聘講師		○
其他資訊系統人員		○

　　由於所有資訊系統的相關使用者都必須接受教育訓練，因此資訊人員必須掌握不同階級及不同工作內容的使用者，因為不同的使用者所應接受的教育訓練內容是不一樣的，如何安排訓練內容以適用於不同的使用者是非常重要的。教育訓練有四項準則可為依據（見表3-6），即：

1. 決定可量化的教育訓練目標。

2. 因材施教，選用適當的教育訓練方法。

3. 選擇合適的教育訓練場所。

4. 選用適當的教育訓練教材及輔助教具。

表3-6 訓練評估的相關因素

項目	訓練評估的相關因素
訓練目標	依使用者實際的工作需求，決定教育訓練的目標。
訓練方式	可以利用小組討論、演講、示範教學、實務操作及閱讀等方式。
訓練場所	依據訓練目的、訓練方式及成本來決定訓練的地點。
訓練教材	可以包含書本、講義、操作手冊、實際案例、資訊系統文件及技術報告等

系統轉換與資訊系統安全

　　系統轉換是指由舊的資訊系統轉換成新的資訊系統的過程。資訊系統人員在完成資訊系統的發展之後，必須接著進行資訊系統的轉換，但是有鑑於意外狀況的預防，在轉換時，就必須擬定轉換計劃及備份資料。電腦設備、儲存的資料及資訊的安全，也是成功轉換的重要條件。

　　通常資訊系統安全的程度可分為三種類型：實體上的安全、邏輯上的安全及行為上的安全。所謂實體上的安全，包含有電腦設備及軟體的安全，其具體的作法是將重要的電腦設備與軟體安置在安全的地方，同時也需要設置不斷電系統、消防設備等保安設備。至於邏輯上的安全，係指在軟體設計上採用帳號與密碼方式，而資訊系統除了會根據帳號與密碼來確定是否已授權外，還會據此給予適當的使用權限。現在已廣為企業所採用的防火牆，就是在企業的內部網路與外部的網際網路之間築起一道安全設施，以防止外界駭客進入到企業內部的資訊系統進行破壞或不當的資料存取。

　　在完成整個資訊系統開發生命週期的活動之後，資訊系統人員、管理者及使用者都必須回饋評估這個資訊系統的資訊，以作為日後其他資訊系統開發專案的參考。

總體而言，資訊系統人員可以使用先前的損益平衡分析法來評估效益，或是採用資訊系統效益方法中六項效益——所有權效益、形式效益、地點效益、時間效益、實現效益及角色效益等作為評估的準則。如果這些效益都能達成，就表示該資訊系統是成功的；如果其中有幾項未達成，則必須針對該項目進行修正的工作。

個案分析

⊟ 飯店業之資訊系統應用

多年來,F飯店已成為國內、外商務人士往來國內的最佳選擇。該飯店源起於商務飯店的經營,目前除了台北的商務飯店之外,還設置了台中、高雄及新竹等商務飯店。除了經營商務飯店之外,同時也多角化經營住宅飯店、休閒飯店、餐廳等相關餐飲業(見圖3-12)。該飯店的企業文化自然呈現濃郁的中國風情,再加上具有豐碩的產業經驗與細膩的個人化服務,在在都讓F飯店散發出獨特的親切感;而位處台北市的都會商圈、世貿中心及便捷的捷運交通,更讓每位來往嘉賓得以完全掌握商務契機,創造出F飯店的優勢。

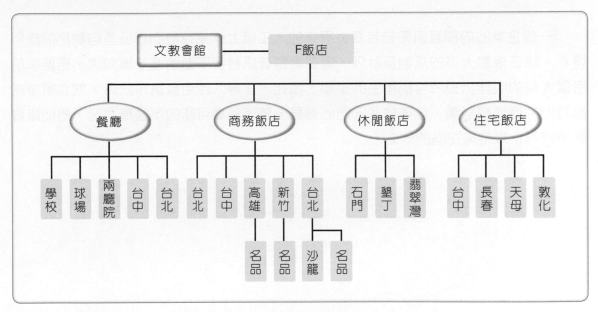

圖3-12 集團組織圖

此外,F飯店也在內部作業流程上獨具巧思,完全以提升客戶滿意度為導向,例如訂房業務的自動化:客戶利用電話或是網路訂房→取得訂房代號→安排預定的房間→印出訂房單→客戶確認;訂餐業務的自動化:客戶利用電話或是網路訂餐→取得訂餐代號→安排預定的用餐時間→印出訂餐單→客戶確認;退房業務的自動化:客戶到櫃檯結帳→開發票→結帳退房;用餐業務的自動化:客戶點餐→櫃檯結帳→開發票→結帳用餐。圖3-13則為F飯店訂房系統流程圖。

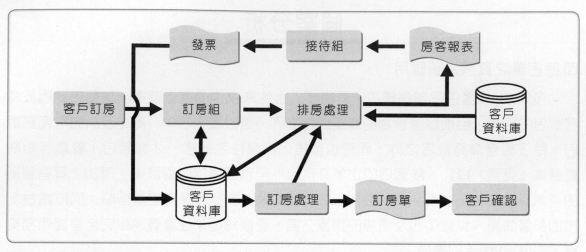

圖3-13 訂房系統流程圖

　　一個企業的內部資訊系統若要從原來的人工紙上作業進階到辦公室自動化的應用境界，除了規劃人員的規劃設計外，還要面臨資訊科技不斷地進步與淘汰，更要事前考量人員的心理抗拒所可能產生的衝擊。因此，在導入應用資訊系統時，就必須增加部門間的溝通與討論，並廣納各部門的意見，預防各種可能的不適應狀況，方能讓資訊系統為企業帶來正面的效益。

▶▶ 本章習題

1. 企業資訊系統規劃依各子系統優先順序建置時的參考有哪五大任務？

2. 何謂Nolan的階段成長理論？

3. 比較系統的效益和成本上，有哪兩種主要的方式？

4. 資訊系統分析與設計一般包括哪些範圍？

5. 資訊系統應採取如何的系統開發方法？

▶▶ 參考文獻

1. Alan Dennis, Barbara Haley Wixom, Systems Analysis and Design, John Wiley & Sons, 2000.

2. Alan L. Eliason, System Development-Analysis, design and implementation, Harper Collins Publishers, 1990, 2nd ed.

3. Anita Cassidy, A Practical Guide to Information Systems Strategic Planning, St. Lucie Press, 1998.

4. Anthony, Robert N., The Management Control Function, Harvard Business School Press, 1988.

5. Arthur M. Langer, Analysis and Design of Information Systems, Springer, 2001.

6. Charles Wiseman, Strategy and Computers: Information Systems as Competitive Weapons, Dow Jones-Irwin, 1985.

7. Computer Technology Research Corp., Information Systems Strategic Planning, 1994.

8. Gary B. Shelly, Thomas J. Cashman, Harry J. Rosenblatt, Systems Analysis and Design, Course Technology, 2001.

9. Graham Curtis & David Cobham, Business Information System: Analysis, Design and Practice, Prentice Hall, 2002.

10. James C. Wetherbe & Nicholas P. Vitalari, System Analysis and Design: Best Practices, West Publishing Company, 1994,4th ed.

11. Janet G, Butler, Strategic Planning for Enterprise Information Systems, Computer Technology Research Corp., 1996.

12. Jeffrey A. Hoffer, Joey F. George, Joseph S. Valacich, Modern Systems Analysis and Design, Prentice Hall, 2002.

13. Jeffrey L. Whitten, Lonnie D. Bentley, Systems Analysis and Design Methods, McGraw-Hill, 1998.

14. Joesph S. Valacich, Joey F. George, Jeffrey A. Hoffer, Essentials of Systems Analysis and Design, Prentice Hall, 2000.

15. John Ward & Joe Peppard, Strategic Planning for Information Systems, Wiley, 2002.

16. John Ward, Pat Griffiths & Paul Whitmore, Strategic Planning for Information Systems, John Wiley & Sons, 1990.

17. Kenneth E. Kendall & Julie E. Kendall, Systems Analysis and Design, Prentice Hall, 1994, 4th ed.

18. Lynda M Applegate, Robert D. Austin, F. Warren McFarlan, Corporate Information Strategy and Management: Text and Cases, McGraw-Hill Irwin, 2003.

19. Lynda M. Applegate, Robert D. Austin, F. Warren McFarlan, Corporate Information Strategy and Management: The Challenges of Managing in a Network Economy, McGraw-Hill, 2003.

20. R. D. Galliers, D. E. Leidner & B.S.H. Baker, Strategic Information Management: Challenges and Strategies in Managing Information Systems, Butterworth Heinemann, 1999.

21. Seev Neumann, Strategic Information Systems: Competition through Information Technologies, Macmillan College Publishing Company, 1994.

22. Simon Bennet, Steve McRobb, Ray Farmer, Object-oriented Systems Analysis and Design Using UML, McGraw-Hill, 2002.

23. Steven Alter, Information Systems-a management perspective, Addison-Wesley Publishing Company, 1999, 3rd ed.

24. Shelly, Gary B. & Cashman, Thomas J. & Rosenblatt, Harry J.原著，林國平、吳宗杉譯，系統分析與設計，東華書局，2003年。

25. Whitten, Jeffrey L. & Bentley, Lonnie D. & Dittman, Kevin C.原著，系統分析與設計，戴嬋玲譯，麥格羅希爾，2003年。

26. 吳仁和、林信惠，系統分析與設計：理論與實務應用，智勝文化，2001年。

27. 季延平、郭鴻志，系統分析與設計：由自動化到企業再造，華泰書局，1995年。

28. 林淑芬譯著，系統開發：分析、設計與製作，碁峰資訊，1991年。

29. 姚銀河、黃明官，系統分析與設計，高立圖書，1999年。

30. 國立中山大學資訊管理學系，專案管理與資訊系統開發——以聖州企業為例，中山管理評論，第七卷第二期，1999年。

31. 張豐雄，結構化系統分析與設計，全華圖書，2003年。

32. 莊宗岸、呂德財，系統分析與設計——實務與演練，滄海書局，1998年。

33. 許元，資訊系統分析、設計與製作，松崗圖書，1997年。

34. 許元、許丕忠，資訊系統：分析、設計與製作，松崗電腦，2000年。

35. 謝清佳、吳琮璠，資訊管理：理論與實務，智勝文化，2000年。

Chapter 4

專案管理

» 4.1 專案管理基本概念

4.1.1 專案管理之定義

已有愈來愈多現代化企業的活動，例如新產品開發、工廠製程的改善、軟硬體的評估引進、新建廠房或市場調查等，皆以專案（project）的方式進行規劃與管控。從專案管理的角度來看，專案必須具備以下幾個要件：

▶ 要在預先規劃的時間內、預先估算的預算內、特定的資源限制下，完成特定的目標與任務。

▶ 專案本身是由不同的階段性活動所組成，在每一個不同的階段性活動中，專案的工作必須具有特殊性及非重複性。

▶ 爲了某一特定目的而成立，有一定的開始與結束日期。

一般學者專家對專案所下的定義爲：「專案是一個組織爲了明確、可行的目標，在一特定時間與資源的限制下，運用管理的原則和方法，將金錢、時間、人力及物力等資源有計劃地妥善運用，以期在預設的條件下，達到預期的目標。」

在實際執行專案時，除了必須具備專業知識與豐富的實際經驗外，管理、溝通及協調的能力更是不可或缺。面對一個可能有多個工作任務必須執行與控管的專案，使用電腦來作爲專案管理者釐清工作任務間彼此複雜的關係，核算專案成本的幫手，是一個很好的選擇。

一般人可能會覺得，專案管理只有少數人需要，但事實上，規劃分析是職場工作中一項基本的能力要求，且有愈來愈多企業的活動皆以專案來進行，運用專案的管理方法，可避免專案常發生的時程延誤、預算超支、人員流動、品質不良等問題。因此，如果每個企業中的職場工作者都能瞭解如何去分析、規劃與控管專案的執行，必定可以增加其在職場上的競爭力。

綜合以上所述，我們可以爲專案管理下一個定義：「所謂的專案管理，就是應用知識、經驗、工具及技術，在專案活動中以PDCA循環（規劃、執行、檢核、回饋）爲基礎，有效運用人、時、地、物等各項資源，以達成該專案預期的策略與目標。」

4.1.2 專案具備之特性

茲將專案具有的特性分別敘述如下：

🔲 任務導向有明確定義的專案目標與方向

專案係指在一段時間內，為了完成特定目標、或執行特定任務、或解決特定問題的組織活動。因此在規劃時，首先應確立目標與方向。專案有了明確的目標與方向，專案成員便有了共同努力的願景；但如果專案的目標模糊、不夠明確，專案成員就容易迷惑而浪費時間及資源，最後影響專案的執行成效。

🔲 非例行性與非重複性的活動

專案是企業創新過程的全面性管理，往往是為了開創新的經營管理模式、解決重大企業問題，或開發新產品等任務而形成的活動。這些活動都有非常明顯的特色：那就是非例行性、非重複性。只要是重複別人做過的工作、解決單純問題或日常例行工作，就不能稱為專案。正因為專案常揹負著企業創新經營的使命，且無前例可循，因此事先必須做好嚴密的規劃，預測將來可能面臨的風險及困難，並預作因應措施。如此，專案成功的機會才會比較大。

🔲 整合多部門的不同專家

執行專案任務時，往往是藉由特殊的工具及技術，進行密集的規劃及控制，整合不同部門、不同專長的人員與知識來組成專案小組，在專案管理者的指揮下，共同達成該項任務。因此，其人員、技術及知識的整合必然較為複雜。

🔲 風險性及不確定性

由於專案所從事的活動經常是無前例可循的，因此自然有其風險性及各種變動因素的不確定性。儘管未來可獲得之成果無法確切掌握，但只要事前妥善規劃，降低不利因素，則專案仍能如期達成目標。

🔲 時間及成本限制

專案為了完成目標，首需投入人力、物力及資金等資源。但因為資源有限，所以必須善加控制。而其所需人力資源、設備、材料及費用等，統稱為專案的成本，任何專案都有固定的成本。同時專案也必須明確擬定開始與結束的日期，在一定的期間內完成。也就是專案成員必須在一定的時間與成本限制內，完成專案目標。

4.1.3 專案績效與成果

　　由於專案績效是以產出與投入的比值來衡量，因而專案成員共同努力之最終目的為「以最小的投入成本，獲得最大的專案成果」；換句話說，具體的專案績效為專案成員共同努力的重點。

⊟ 由階段性活動組成

　　人類經濟的歷史演進、資訊科技產品的開發等，都具有動態的階段性活動。專案也不例外。它所具有的階段性活動，從開始到結束，共分為定義、規劃、執行與控制、結案四個階段，在不同階段內，其活動重點亦不相同。茲分述如下：

1. 定義：(1)定義專案的目的、目標及範圍；(2)確立達成專案目標的策略。

2. 規劃：(1)專案規劃的撰寫；(2)安排專案時程；(3)預算編列；(4)品質的需求；(5)組織與人力的組成。

3. 執行與控制：(1)計劃追蹤；(2)執行檢討；(3)結果回饋；(4)專案績效考核。

4. 結案：(1)報告專案成果；(2)繳交相關文件；(3)專案的後續評估。

⊟ 專案類型的區分

　　專案類型依時程與範圍的不同可如下區分：

▶ 時程：依照時程，專案通常可區分為長期、中期及短期三種型態。茲分別說明：

1. 長期：通常為組織的最高經營方針，運用長期的願景擬定努力的目標與方向，此目標與方向為整個組織發展的整體性策略，且通常作為短期與中期專案之依據。

2. 中期：依長期專案的策略與目標而展開，將長期發展方向轉化為中期具體重點計劃，增大其可行性，並對短期專案之方向具有指引的作用。在短期與長期專案之間，擔任承上啟下的角色。

3. 短期：通常為年度計劃，其目標明確，且工作能被分解為各自獨立、可分別執行的工作項目。短期專案的時程預估須精確，程序及步驟之關聯性可詳細展開，權責劃分清楚。

▶ 範圍：專案依範圍大小，可分為小型專案及大型專案，茲分別說明如下：

1. 小型專案：為完成單一任務而組織的小型專案，其技術性與複雜性通常較低。該類型專案適合由研究或處理相關問題的專家來擔任專案經理。

2. 大型專案：其範圍較大，需集合較多不同的參與單位及專家，通常很難在短期內結束。由於這類型的專案涉及層面廣、參與人數眾多，因而必須整合各類專家與知識，因此宜由擅於溝通協調、具管理經驗之專家來擔任專案經理。

» 4.2 專案經理的任務

4.2.1 專案經理的意義

專案經理（project manager）係以任務為導向，被任命去達成一項具有原創性的特定任務、或解決具有非重複性之特殊問題的臨時性組織的主管。且因專案管理強調彈性、能迅速因應外部變化，當任務結束，專案也隨之結束，因此專案經理必須在一定期間內，整合各部門的人員，共同執行此特定專案，以達到專案目標。

然而，因應全球化與數位化的挑戰，如何提升機動競爭力來應對未來企業的短兵相接，以分秒為單位的競爭型態，專案管理對組織成敗有著關鍵性的影響。若僅靠傳統的功能性組織，根本無法有效地、彈性地面對外部瞬息萬變的情勢，來達成組織目標。因為傳統的功能性組織著重垂直關係，各部門間的協調與溝通極為費時，當遇到需要整個組織整體配合之專案時，企業往往無法因應專案的要求。因此，企業需要快速組織一個臨時性團隊，針對市場需要做出立即適切的回應；並需有一位管理者能站在專案整體的立場，超越傳統的功能性組織，完成各項資源整合、協調的工作。而能夠在這種高度臨時性、任務導向編制的環境下，妥善、適時地完成專案目標的管理者，即是所謂的專案經理。

4.2.2 專案經理扮演的角色

專案經理在管理專案時，所面臨的問題多且複雜，包括人事組織管理、溝通管理、外部的變化管理、風險管理、品質管理、成本管理、範疇管理、時間管理、採購管理及整合管理等。專案經理同時也必須跨出該專案組織，與其他功能部門的主管、上階層主管或機構外相關人士溝通協調，是專案資訊聯絡者，也是專案組織的重心。

大體上來說，一位成功的專案經理在專案計劃中必須要扮演的角色有：

回 領導統御者

專案經理必須具備對專案的基本認識，熟悉專案如何定義、規劃、執行、管控與領導。

一位好的領導統御者必須能：建立團隊、做好分工與溝通；做好工作分解與設置里程碑管理；利用工具做好有效的執行、領導與控制等。由於專案成員來自不同的單位或功能部門，專案經理必須扮演計劃領導者的角色，以領導能力來排解、仲裁衝突的發生，使成員發揮出最大的效率來完成專案目標。

🔲 決策核心人物

決策是計劃作業的核心，任何專案計劃在尚未做成決策之前，都不能視為一項計劃。專案經理全盤掌握專案，最瞭解專案狀況，知道什麼對專案有利，什麼對專案有害，並負專案成敗之責，其於行使計劃作業、組織作業、任用作業、指導作業及控制作業等管理職能中，經常必須做決策。決策為專案經理最重要的工作之一，因此專案經理可以稱為專案計劃的決策者。

🔲 溝通與協調者

通常專案的活動範圍並不侷限於組織當中，也會需要與組織外部的參與者溝通協調。溝通協調的目的在於因應變動，以促成有利於組織的行動。雖然專案經理的任務複雜繁多，仍必須花許多時間與各單位相關人員溝通，因為如果沒有溝通，便沒有人際的協調和交流，也沒有組織中人與人的相互聯絡，更沒有進行群體作業的可能。因此，為了能順利完成專案目的，專案經理必須具備良好的溝通協調能力。

🔲 資訊聯絡者

雖然專案經理因其身分、地位及職權的關係，可以輕易地獲得專案、組織內部及外部的資訊，但相對地，也應將適當資訊經由不同管道傳送給上層主管、各功能部門主管、專案成員及機構外部的參與者等。專案經理藉由溝通管道促進資訊流通，為專案之資訊聯絡者。

🔲 代表

專案經理是專案計劃的代表人物，肩負專案成敗之責，所以應該為專案爭取所需的各種資源，代表專案出席各種溝通協調會議，報告專案的執行情況及階段性成果，針對專案的問題提出說明，以期順利完成專案目標。

🔲 衝突的仲裁者

人際衝突或對立僵局，在整個專案執行過程中是不可避免的。因此身為專案管理者，重要的不是去規避衝突，而是要去了解衝突的發生原因，並發展出一套管理衝突的策略和方法。換言之，專案經理應事先進行周密的規劃，以系統觀念做全盤性的考量，整合與協調有關專案的各項工作，以減少衝突的產生。若在專案執行時發生衝突，正是重新思考流程、系統、策略的最佳時機，可趁此時凝聚全員共識，化阻力為助力，提升組織績效。此刻，專案經理應該立即透過協商過程與技巧的應用，達到雙方都接受的雙贏目標。

4.2.3 專案經理類型的區分

專案經理爲整個專案活動的主導者，其在組織中的授權程度及專職化程度，對專案之執行績效有著重大影響。通常專案經理的類型可依授權與專職化程度區分。

授權程度

專案經理可依授權程度分爲充分授權、半授權及幕僚三種類型。圖4-1顯示三種類型的專案經理需依賴授權程度來執行任務。介於兩者之間的是半授權式專案經理；往右移是授權程度加重的充分授權式專案經理，往左移是授權程度降低的幕僚式專案經理。

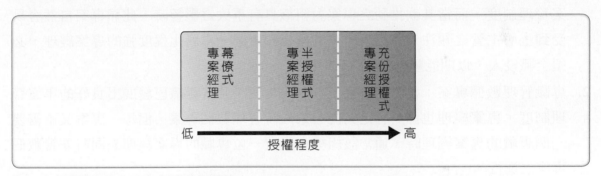

圖4-1　依授權程度區分專案經理之類型

充分授權、半授權及幕僚之專案經理類型的定義如下：

1. 充分授權：此類型之專案經理擁有充分的授權，職權與責任清楚且具一貫性。被充分授權的專案經理握有充分足夠的權力可直接管理各項資源，提供他迅速做出決策，以完成專案目標。

2. 半授權：半授權型專案經理之授權來自上層主管或其他部門主管。在半授權式專案經理下的成員，只是暫時借調、甚至僅是兼職人員而已，該成員所屬之部門主管對這些專案成員仍具有指揮權。

3. 幕僚：此類型的專案經理僅是一個幕僚角色。幕僚型的專案經理只能運用溝通協調的方式來執行專案的各項任務。

依專職化程度

專案經理可區分爲專職管理一個專案、專職管理數個專案及功能主管兼任及上級主管兼任等四種類型。圖4-2顯示專案管理專職化程度的變化，茲分別比較如下：

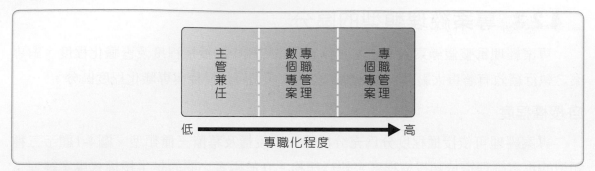

圖4-2 依專職化程度區分專案經理之類型

1. 專職管理一個專案：通常此專案為該組織的核心業務，且該組織已具備完善的專案管理制度，而當其欲推動之專案對組織具有重大之影響時，此類專案自然容易受到上層主管之關注，並獲得充分的授權和資源。專職化程度強的專案經理，必須全職投入，以期能順利達成專案目標。

2. 專職管理數個專案：當組織要進行許多的專案，且該組織已發展出良好的專案管理制度，專案經理也都具有足夠能力來同時管理數個專案，但每一專案又不需要一個專職的專案經理時，通常該組織會設置一位專職的專案經理來同時兼管數個專案之進行。

3. 功能主管兼任：倘若組織尚未建立完善的專案管理制度，又缺乏適當的專案經理人才，則當需要組成專案團隊去完成某一任務時，高階主管通常會臨時指派與任務相關之主管來兼任專案經理。

4. 上級主管兼任：為推動組織機構之重要業務所成立的專案，專案本身的規模龐大且複雜，所牽涉的範圍較廣，若組織中沒有適當的管理人才，冒然將權力下放給功能主管，可能會增加衝突的發生，此時通常會由上級主管兼任專案經理。

4.2.4 專案經理之權利、責任與內涵

　　為使專案經理能有效管理專案，並能在預定時程及相關資源的限制下順利完成專案任務，應在職務上授予專案經理適當之權利及責任：

🔲 權利

1. 要求人力與相關資源的支援，以順利組織專案團隊。

2. 管轄所有專案的資源。

3. 任用、領導及考核專案成員。

4. 依計劃時程整合專案各項活動。

5. 對專案之相關業務進行決策。

回 責任

1. 統籌專案之組織、領導統御、規劃控制等工作。

2. 擬定清楚的專案目標，明確地傳達給所有成員，以形成共識。

3. 考核專案的進度與階段性的成果。

4. 解決專案的策略性問題，同時需進行溝通與衝突管理，以化解成員間的衝突。

5. 負責專案的最後成敗。

　　專案經理負責的是一種非常多面向的管理工作。為了能有效管理專案，專案經理應具備該專案的專業知識與管理知識。專案經理必須具備該專案的專業知識與實務經驗，才能深入瞭解專案的工作內容，也才能與專案成員溝通，領導整個團隊，扮演好整體專案的管理者角色。

　　綜合上述，我們可以歸納出專案經理所必須具備的內涵：

▶ 具備基本的專業知識、管理知識，以及專案管理知識。

▶ 良好的團隊與個人領導能力、溝通協調能力、衝突化解能力、談判能力，以及部屬教導能力。

▶ 具有與專案相關的實務工作經驗，並能預測未來的發展趨勢。

▶ 具備完整的人格特質，如全方位的思考、果決的決斷力等。

» **4.3** 專案規劃

4.3.1 專案規劃的優點

　　假如專案毫無規劃，肯定會毫無所成。尤其當專案愈龐大，而複雜度也愈大時，其內在與外在的變動因素必然增多。任何專案都無法依賴某種方法來進行，此時，規劃便成為一種非常重要的方法。專案規劃的優點為：

▶ 降低專案在運作過程中之風險及不確定性。

▶ 有助於迅速因應各項變動因素，進而得以事先預防因變動而發生的潛在問題。

▶ 使各項專案工作計劃整合於一致性的架構中，促使專案成員有共同的遵循標準。

▶ 指引整個專案的工作計劃、目標與方向，提供給管理者作爲評估績效之依據，同時亦能避免迷失方向，順利達成專案的任務。

4.3.2 專案排程之工具

工欲善其事，必先利其器，專案規劃也是如此。由於專案規劃首重分解工作項目、安排工作程序與進度，因此，若想要將專案的工作與進度安排好，就應該要懂得運用專案排程之工具。以下介紹幾種專案排程之工具：

⊟ 甘特圖（Gantt Chart）

是由甘特所發展出來的管理工具，目前已被用來規劃和控制專案工作的時間與進度。甘特圖比較適用於短、中期之中小型專案，見圖4-3。

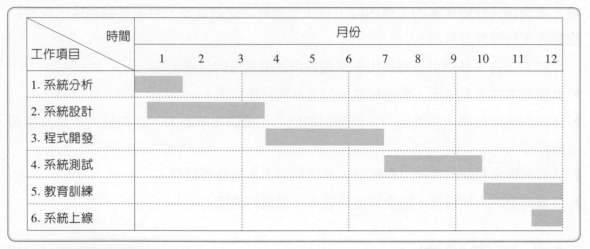

圖4-3 甘特圖之應用範例

⊟ 里程碑

在專案的日程計劃上記錄重要的事件及關鍵檢核點，以便檢視專案的進度，以及執行的成果。

⊟ 計劃評核術

計劃評核術主要用於專案之規劃，尤其是在安排工作順序、分配資源及找出關鍵工作路線等方面，非常有應用價值。計劃評核術比較適用於長期、大型、複雜性之專案，見圖4-4。

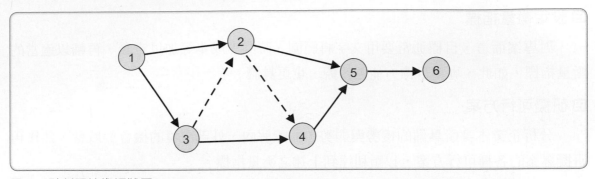

圖4-4 計劃評核術網狀圖

4.3.3 專案規劃的步驟

在專案目標確定後，必須著手進行規劃，圖4-5提示出完整的專案規劃應有的步驟：

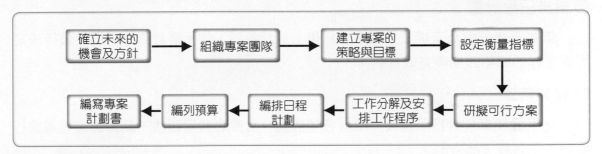

圖4-5 專案規劃之步驟

確立未來的機會及方針

規劃專案首要辨明未來可能的機會，以及確立專案的方向與目標。專案經理應研究企業的方針、上級主管與客戶之需求，以瞭解推動專案之目的，掌握正確方向。

組織專案團隊

一般而言，專案所涉及之層面非常廣泛且複雜，因而專案經理需要選用相關領域的專業人才，並組織成實力堅強的專案團隊，才能有效完成專案工作。

建立專案的策略與目標

專案經理應建立專案的策略與目標，其所建立之策略與目標應盡可能明確化並達成共識；專案的預期結果及達成此成果的策略，必須清楚地被定義，且應與客戶協商，方能符合客戶之需求。

⊟ 設定衡量指標

對專案而言，目標通常要用文字將範圍、時間、成本等加以定義，再輔以適當的衡量指標，如此，專案目標方能更客觀、也更具體。

⊟ 研擬可行方案

分析企業本身所具備的優勢與弱勢，並瞭解內、外部環境的機會與威脅，然後再研擬專案的各種可行方案，以順利達到上述之衡量指標。

⊟ 工作分解及安排工作程序

利用分解工作結構的方法，列出專案所有重要的工作項目，進而評估各工作項目的性質、相互依存關係與先後順序關係，並利用責任矩陣的方法，決定各項工作項目的負責人員。

⊟ 編排日程計劃

依照工作分解及安排工作程序的結果，估計各項工作所需耗費的時間，最後決定專案工作的起始日期與完成日期。

⊟ 編列預算

專案的預算包含為了達成專案與各項活動、資源之費用預估，此為將來專案進行過程中所需投入的資源。

⊟ 編寫專案計劃書

在專案規劃工作大致完成後，專案經理便必須著手編寫專案計劃書，呈送上級主管審閱，經審查通過後，方可正式執行專案。

一般而言，專案計劃書應具備之項目與內容，茲摘要說明如下：

1. 封面與目錄：封面通常會包括專案的主題名稱、主辦單位、協辦單位、執行單位、日期等。目錄則列出本計劃書的章節標題與頁次。

2. 摘要：將專案計劃書的內容，透過簡單扼要的重點式敘述，使上級主管能迅速瞭解計劃書的整體重點。通常摘要的篇幅以一頁為原則。

3. 背景：說明推動本專案之原因或背景，重點在於強調推動專案之理由。

4. 目的：說明專案所要完成之任務，或是所要解決的問題。

5. 目標：說明專案所要達成之目標，目標應清楚、具體且能數量化。

6. 可行方案與推動程序：比較分析專案之各種可行方案與推動程序，並對最佳的可行方案提出建議。

7. 預期效益：預期專案完成後，將可獲得之有形及無形的效益。

8. 實施計劃：說明專案各項工作之實施計劃，包括日期、負責人員及重要階段的查核點。

9. 專案預算：通常專案的預算編列，可分為經常性支出的一般費用、勞務費用及資本支出等。

10. 參考文獻：將編寫專案計劃書所參考之數據、資料等列入。

11. 附錄：將不適合編寫在計劃書內之輔助資料，統合列入附錄中。

» 4.4 專案管理的組織與人事規劃

4.4.1 組織與人事規劃之目的

組織是將一群人集合起來，在群體合作達成目標的過程中，明示其相互關係與職掌。而專案管理的組織就是負責主導專案計劃的權責單位，其成員多自各功能部門借調過來，所有成員透過分工合作，有效率地推動專案計劃的任務，以順利達成專案的目標。

專案管理的人事規劃是專案人力資源的取得、運用和一切管理的活動與過程。雖然專案可能是暫時性的，但也不能因此忽視了人力資源的重要性。人是推動專案的重要資產，唯有有效運用專案團隊裡所有與成員有關的資源，包括技能、知識、態度等，專案才能順利地推動。因此，專案管理的組織及人事規劃之目的，就在於最有效地運用人力資源，來參與專案的運作，使人與事能妥善配合，使事得其人、人盡其才，使人與人的關係和諧，以增進合作，有效率地達成專案目標。

4.4.2 專案管理組織的類型

專案管理組織的種類包含：

臨時性的專案管理部門

一般而言，專案的進行方式常屬於臨時性專案管理部門的型態。組織內各部門的成員平時皆有其負責的業務，而一旦專案有人力資源的需求時，各部門就必須派出代表來兼任專案工作。此種組織型態的優點是人力運用較具彈性；缺點則是參與人員過多且屬於跨部門性質，因而較難以達成共識。

⊟ 專責的專案管理部門

　　係獨立的常態性單位，負責統籌專案計劃的推動。此種組織型態的優點是成員熟悉專案管理所需的知識和技能，且由專業的專案管理者做規劃，較能促使專案的成功；缺點則是與實際的業務單位人員分離，可能導致閉門造車。

⊟ 混合型的專案管理部門

　　各部門遴選有經驗的專業人員，以借調方式組成專案管理部門，各成員於專案期間只專任處理專案工作，在專案完成後才返回原單位。此種組織形態的優點是由具實際經驗之專業人員來參與，較能符合專案原本設定的目的與目標；缺點則是組織人力資源的調度較為困難。

4.4.3 專案管理的組織架構

　　欲使專案有效率地被執行，需要仰賴專案成員的專業分工與合作。在專案團隊裡的每個成員都有其專業的知識、經驗、技能等。為達到專業分工之目的，就要瞭解專案管理的組織架構。專案管理的組織架構大致分為七種角色，如圖4-6所示。

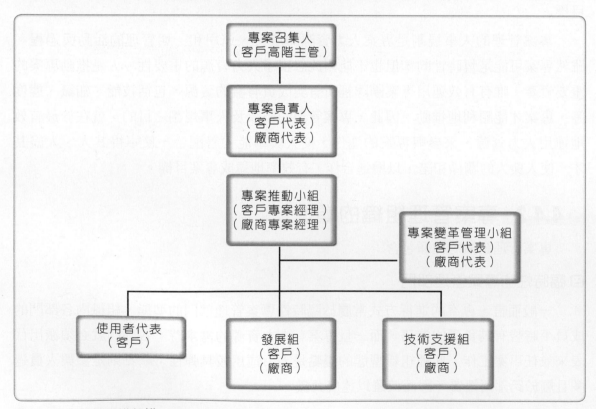

圖4-6　專案管理組織架構

專案管理組織中各成員的職責分別為：

▣ 專案召集人

1. 指示組織的願景、目標與策略：專案召集人通常由高階主管來擔任，其能夠對組織的願景、目標與策略等，提出具體的方向，而此方向將可作為規劃專案的依據。

2. 資源的協助與衝突的仲裁：專案所需的資源若涉及專案組織本身以外的部門，就必須藉由專案召集人的協助，以取得所需的資源。而若是面臨組織內部無法化解的衝突，也必須借助專案召集人的仲裁，使組織內部達成共識，順利推動專案計劃。

3. 充分授權與全力支持：專案召集人必須賦予專案管理組織在核准範圍內的充分權力，該專案才能夠順利地被推動。另外，專案召集人也需尊重及全力支持所提出的專案計劃，才能提升組織整體向心力，取得各支援單位的全力配合。

▣ 專案負責人

1. 計劃職能：將工作計劃及資源做妥善的規劃，並預防可能發生的問題，及早因應減少其危害。

2. 組織職能：進行適當的任務編組且職掌清楚明確，在專案發展的各個生命週期中由不同的專業人員來發揮，使人力資源能被最佳的運用。

3. 指導職能：指導職能的實施，包括對部屬的領導、統御、溝通、協調，以及激勵等作業。進行專案工作時會不斷地面對瞬息萬變的環境，且必須在很短的時間內做出重要的決定，因此專案負責人要能慎思果決，激勵專案成員承受各種壓力，並給予明確的領導方向。專案工作是以群體組織中的「人」為中心，所以人際關係良好、意見充分溝通，將可促進共識，化解各種歧見。

4. 控制職能：確實掌握專案之時程、進度、資源、成本、品質，以及階段性成果之各種情況，才能使專案順利在計劃範圍內完成預定目標。

▣ 專案推動小組

1. 工作的展開、派任與執行：專案推動小組負責展開各項細部的工作項目與程序，依照專案成員的專業能力來分配工作，並按照原先所制定的衡量指標來進行專案計劃。

2. 階段性的進度報告：對專案負責人報告專案執行的進度，使其能迅速掌握階段性的進度和成果，並有充裕的時間做工作調整或是例外狀況的應變。

3. 維持專案內容的品質：專案的執行除了考量速度之外，也要兼具良好的品質內容，才能減少事後的變更、重置與維護的時間。

4. 操作教導與移交：專案小組應安排教育訓練的工作，共同教導與訓練使用者，確定使用者已瞭解內容並能應付例外狀況時，再進行移交工作。

🔲 專案變革管理小組

1. 溝通協調，建立團隊共識：對於組織而言，溝通協調已是不可間斷的工作。例如在專案的計劃、決策、執行，以及資訊回饋等時期，均需仰賴組織內、外部的有效溝通，因此組織內、外部人員傳遞思想、交換情報、意見交流的過程非常重要。

2. 衝突管理凝聚團隊向心力：由於在組織中每個成員的個性、角色、價值觀等均不同，若未達成共識，很容易會產生衝突。而衝突若處理得當，可凝聚組織的團隊精神與向心力，並建立良好的人際關係，使工作更有效率。

🔲 使用者代表

1. 提供需求：專案之目的在於解決使用者的問題或滿足使用者的需求，以為組織增進價值。使用者代表會先藉由訪談、蒐集，以及討論等方式來確認使用者的需求；專案推動小組則將使用者的需求更進一步地過濾與分析，然後再規劃各種可行方案，以符合使用者實際的需求。

2. 測試與確認功能：專案進行至某一階段時，就必須驗證是否符合原先設計的規格。若未達規格，則應立即反應給專案推動小組處理。

3. 完成上線前的準備工作：由於使用者代表最瞭解本身的環境狀況，因而若能配合專案上線前的宣導，將可讓使用者更瞭解專案的內容與成果，減少日後實際上線時的衝擊與調適。

4. 協助導入專案成果：使用者代表會比一般使用者更熟悉專案的內容與成果，也會比專案推動小組更瞭解使用者的實際業務，因此由其擔任使用者的諮詢顧問與溝通橋樑的角色，將可協助專案更順利地導入。

🔲 發展組

1. 使用者的顧問諮詢及專案計劃工作的發展：協助分析使用者的需求，並進行可行方案的規劃、評估、以及執行。

2. 測試與品質驗證：對於專案計劃中各階段的任務、細部的計劃內容，應配合實際的業務流程做整體性的測試，以驗證專案計劃的品質。

3. 提供使用者教育訓練：針對使用者必備之知識提供教育訓練，使專案的成果能更為使用者瞭解。

□ 技術支援組

1. 科技技術的研究、導入應用，以及顧問諮詢：技術支援組的成員熟悉科技技術的特性與功能，能提供使用者科技知識的諮詢與服務；支援專案組織所需使用的資訊資源與科技應用；瞭解企業的環境與需要，研究及導入應用可能使用的科技技術，並替使用者解決科技技術使用上的問題。

2. 安全環境的規劃與建立：制定安全服務的管理政策，製作緊急應變計劃、備援計劃或復原程序，以及支援上線時的過渡計劃。

3. 協助使用者訓練及技術移轉：對於專案成果所使用到的技術，必須製作完整的操作手冊，以作爲爾後維護時的參考；並需對使用者教導相關的技術，使其能夠獨立自主。

» 4.5 專案管理的評估與考核方法

專案管理的評估大致上可包括人力資源評估、成本評估、品質評估、時間評估，以及風險管理等。以下即以成本評估與風險管理爲例，進行相關評估技術的討論與分析。

4.5.1 成本評估

以軟體開發專案爲例，其工作量與成本的估計，經常會出現高估或低估的情形。因爲其中有太多的影響因素，例如人員、技術、規模、環境、產品、策略等，都會直接或間接地影響軟體開發專案最終的成本及工作量。在今天，軟體開發成本已成爲許多資訊系統中昂貴的支出，因此爲了獲得可靠的軟體開發成本及工作量評估，可有以下幾種方式：

□ 專案的最後再進行評估作業

雖然這種方式較能精確評估，但卻緩不濟急，因爲軟體開發成本的評估必須預先提出。

□ 參酌成功的專案實例，或是以相似的專案作爲評估的基礎

如果能獲得以往成功的專案實例，或是目前的專案與以往的專案很類似，則可以運用這種方式；但需要特別注意的是，過去的成功經驗並不一定能適用於未來所想得到的結果。

⊡ 利用分解技術將專案分割成許多細項，然後再逐項評估

　　這種方式是採取分解技術，它是使用個個擊破的方法，將整個專案分解成為幾個主要的細項功能或活動，如此，開發成本及工作量便可以逐項評估。

⊡ 應用根據經驗而得的經驗模型

　　根據經驗而得的評估模型，它可提供潛在有價值的評估方法，可以下式來表示：

$$E = f(Vi)$$

　　其中，E是可能的評估值，例如工作量、成本、時間等；Vi是選出的評估參數，例如程式列碼數（Line of Code，LOC）。

　　利用程式列碼數可以計算出生產力的度量值，其資料在軟體開發專案的評估中有兩種使用方法：

1. 以一個評估變數來決定每個軟體功能項目的大小。
2. 利用過去所使用到的基準線度量，並結合評估變數，以評估成本及工作量。

　　專案規劃者先將該軟體開發專案分解為數個可個別評估的功能項目；接著以程式列碼數評估每個功能項目，決定該功能項的評估值；再將基準線度量（如LOC/p.m.）用於合適的評估變數，則成本及工作量便可評估出來。

　　不論使用哪一種評估變數，專案規劃者都可利用三點估計法為每個功能項目評估出一個樂觀值、最可能值及悲觀值；接著依下列公式計算期望值（Expected Value）。

$$EV = (L + 4M + H)/6$$

　　其中，L代表樂觀值的平均；M代表最可能值的平均，H代表悲觀值的平均。此種方法亦可以應用於軟體開發時程的估計，它是一個簡單易用的經驗法則。

　　以下以一個為電腦輔助設計所開發的軟體系統為例，進一步說明軟體開發專案的成本與工作量評估。首先，我們將其分解出幾項主要軟體功能項目：(1)使用者介面。(2)二維圖形分析。(3)三維圖形分析。(4)外部資料介面。(5)圖形顯示。(6)報表製作。(7)系統整合。

　　以下的三點估計法則用以評估「使用者介面」的程式列碼數評估值：

樂觀：2400　　　　最可能：4200　　　　悲觀：5400

$$EV = (2400 + 4 \times 4200 + 5400) / 6 = 4100$$

我們可以計算出「使用者介面」的期望值為4100列，依此方式計算所有功能項目的期望值，再將此數字輸入表4-1，並加總程式列碼數評估值，則對此專案的程式列碼數評估值為33100列。

表4-1 電腦輔助設計所需之程式列碼數評估值

功能項目	程式列碼數評估值
使用者介面	4100列
二維圖形分析	4800列
三維圖形分析	5600列
外部資料介面	3900列
圖形顯示	4500列
報表製作	3300列
系統整合	6900列
合計	33100列

參考以往的經驗值，假如此種類型的軟體開發，其平均生產力為每人月600列；假如以每月12000元的勞動工資限制計算，則每列程式碼的開發成本為12000 / 600 = 20元。結合程式列碼數評估值與以往的生產力經驗值，可知整體的專案開發成本為662,000元，且評估的每月工作量為662,000 / 12,000 = 55人力 / p.m.。

4.5.2 風險管理

在專案管理的過程中，皆存在一定程度的風險，這些風險都有可能對專案產生影響，例如無法達成所預定的目標、中途變更計劃或放棄發展、預算超支等。專案經理倘若未能於專案發展的過程中，預測到可能產生的風險，並採取適當的預防措施，專案就有可能無法順利完成。大體上來說，風險管理必須經歷下列兩種活動：

🔲 風險評估

1. 風險的辨識與確認：辨識與確認專案管理過程中，可能遭遇的潛在風險。
   (1) 風險分類。一般而言，風險可以分成：①成本風險；②品質風險；③時程風險；④人員風險；⑤技術風險。
   (2) 風險項目。一般將風險項目分成：①人力不足或人員技術不夠；②不切實際的日程計劃及預算編列；③在規劃、分析、設計或開發階段發生錯誤；④未能掌握需求，或是需求的改變過於頻繁；⑤外購的軟硬體產生不適用的情況；⑥外包廠商無法配合完成。

2. 風險分析：為每個風險項目評估其可能造成的衝擊程度及發生的機率。

3. 排定風險處理的優先順序：依據風險評估所獲得的資料，排定需要解決風險的優
   先順序。

🙁 風險控制

1. 風險計劃：為每個已納入風險管理的風險項目擬定各種解決辦法、防範措施與監
   控方案，進而建立一份執行風險管理的藍圖與準則，以利於管理專案進行過程中
   的各種風險。

2. 風險解決：在專案進行過程中，排除各種風險項目。

3. 風險監督：在專案進行過程中，持續地監督每個風險項目是否瀕臨發生，衡量風
   險計劃的執行成效，甚至於再評估原有的風險項目。

   軟體風險管理的活動，如圖4-7所示。

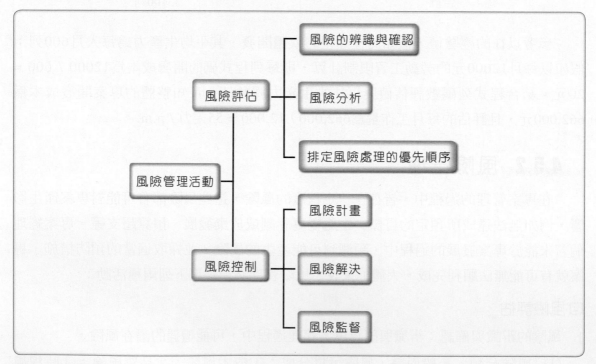

圖4-7　軟體風險管理的活動

資料來源：Barry W. Boehm, Software Risk Management, IEEE Computer Society Press, 1989.

❖個案分析❖

🙂 研究機構專案管理之應用

　　T研究院為因應國際品質、環境、安全衛生之發展趨勢，以及提升本身低成本與優質客戶服務之競爭優勢，因而推動ISO品質環境安全衛生系統導入專案計劃，希望藉由採取ISO 9001與ISO 14001，並邁向全員品質管理與客戶滿意度之策略行動方案得以具體落實，以取得標竿企業之卓越經營績效。

　　國際標準組織（International Organization for Standardization, ISO）於1946年成立於日內瓦，目的是致力於推動各類一致性的國際標準，其制定標準之工作通常是透過各會員國所組成的技術委員會來執行。任一會員國對技術委員會已建立之主題有興趣者，皆有權利參加該委員會，同時，與ISO有聯繫之國際組織，無論是官方或非官方，亦可參與此項工作。當技術委員會完成建立各項國際標準草案之後，將分發至各會員國表決，該草案至少須經參與投票之會員國的75%贊成，始得公布為正式的國際標準。

　　ISO 9001品質管理系統係由ISO下設TC 176品質管理與品質保證技術委員會，SC2品質系統分組委員會所制定。ISO 9001 2000年版係取代1994年版的ISO 9001、ISO 9002及ISO 9003而訂，並成為唯一可驗證之標準。原先使用1994年版的ISO 9002與ISO 9003之組織，可藉由依據其標準之內容排除某些要求而使用ISO 9001國際標準。ISO 9001品質管理系統之名稱在本版次已經改訂，不再存在品質保證模式，此乃在強調本版次之品質管理系統要求，除了產品品質保證外，亦朝向全面品質管理與提高客戶滿意度目標。也就是說，當發展、實施及改進品質管理系統的有效性時，應符合客戶的要求，以提高客戶滿意度，如圖4-8所示。

　　品質環境安全衛生系統乃是指實施品質、環境、安全衛生管理所需之組織制度、責任、流程與資源等，如圖4-9、圖4-10、圖4-11所示，目的是使其達成公司品質、環境、安全衛生之政策及目標。本品質環境安全衛生系統係採用ISO 9001為品質管理系統標準、ISO 14001為環境管理系統標準、BS 8800為安全衛生管理系統標準，訂定最終的品質環境安全衛生系統。其中，品質是指為達到客戶之品質要求所擬定的系統，包含品質目標、職責、流程、制度及資源等；環境安全衛生則是為了達到企業之環境安全衛生要求所擬定的系統，包含環境政策、管理執行、進度及工作指派等。品質系統的長期改善目標為落實全員品質管理、提升品質以符合國際水平，並能滿足客戶的需求，計劃以三年的時間逐步提升品質系統之整體水平。

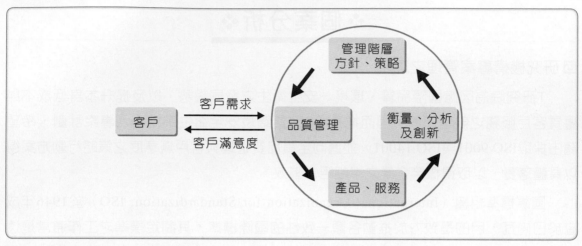

圖4-8 品質管理系統之要求與目標

階段	任務
1.品質規劃階段	•評估技術與資源 •評估各項品質作業文件之適用度 •評估品質管制技術與設備 •規劃品質驗證制度 •設計符合品質之標準 •規劃品質紀錄之管理制度
2.品質計劃階段	品質計劃方案之研擬
3.執行與檢討階段	品質作業之執行與檢討
4.結案階段	結案報告

圖4-9 品質管理系統架構

階段	任務
1.規劃階段	•評估環境安全衛生風險程度 •掌握相關法律規定 •需求與目標的確認 •規劃環境安全衛生管理制度
2.計劃階段	環境安全衛生計畫方案之研擬
3.實施階段	環境安全衛生作業方案之執行
4.檢討與回饋階段	環境安全衛生作業之檢討、修正與回饋
5.結案階段	結案報告

圖4-10 環境安全衛生系統架構

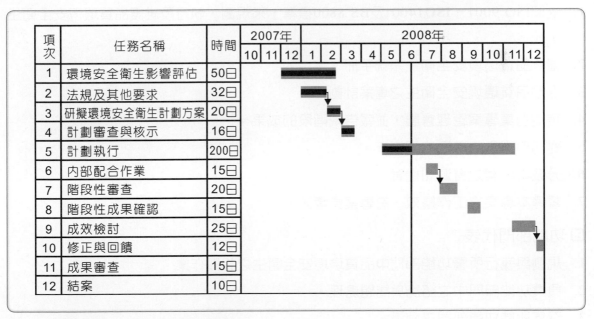

項次	任務名稱	時間	2007年			2008年										
			10	11	12	1	2	3	4	5	6	7	8	9	10	11	12
1	環境安全衛生影響評估	50日														
2	法規及其他要求	32日														
3	研擬環境安全衛生計劃方案	20日														
4	計劃審查與核示	16日														
5	計劃執行	200日														
6	內部配合作業	15日														
7	階段性審查	20日														
8	階段性成果確認	15日														
9	成效檢討	25日														
10	修正與回饋	12日														
11	成果審查	15日														
12	結案	10日														

圖4-11 品質環境安全衛生系統時程規劃表

T研究院將未來三年之品質、環境、安全衛生系統目標，訂定如下：

▶ 落實品質、環境、安全衛生管理。

▶ 改善品質管理系統及環境安全衛生系統之效益。

▶ 提升品質、環境、安全衛生人員之能力與知識。

　　凡落實並執行提供客戶之產品、服務等客戶合約，所依據之各種書面化程序均屬於該專案計劃之內容。由於各項提供給客戶之產品，均應考量品質、環境及安全衛生之要求，以做好環境保護的工作，並符合環保法規及污染減廢之規定，因此其所需之組織、制度、職責、流程等，自然均為本品質環境安全衛生系統之範疇。

　　整個專案組織之成員可區分為專案召集人、專案經理及功能部門代表，其所負責之職責說明如下：

專案召集人

1. 指示品質環境安全衛生系統之策略與目標。
2. 核定專案所需之資源。
3. 定期主持專案會議。
4. 督導品質環境安全衛生系統之計劃。

專案經理

1. 依照ISO 9001、ISO14001及BS 8800標準，來規劃、執行及維護品質環境安全衛生系統。
2. 審查品質環境安全衛生系統手冊。
3. 推動品質環境安全衛生之專案計劃。
4. 定期召集專案管理會議，並報告現階段的成果。
5. 對內與對外之溝通協調工作。
6. 分派本專案之資源和權責。
7. 督導本專案之工作績效，為專案負責人。

功能部門代表

1. 規劃與執行所屬功能部門中品質環境安全衛生之相關作業。
2. 負責功能部門中之諮詢與問題處理。
3. 召集所屬功能部門之會議。

▶▶ 本章習題

1. 專案管理流程的特性包含哪些工作項目與步驟？

2. 專案的風險可分為哪些類型？

3. 專案經理會扮演哪些不同的角色？

4. 試述在專案發展的初期，專案經理主要的工作有哪些？

5. 專案經理如何選擇？

6. 專案的Team Leader需具備哪些功能？

▶▶ 參考文獻

1. Barry W. Boehm et al., Software Cost Estimation with Cocomo II, Prentice Hall, 2000.

2. Barry W. Boehm, Software Risk Management, IEEE Computer Society Press, 1989.

3. Bierschwale, Denise., Project Management a Blueprint for Bizsuccess, Austin Business Journal, Vol. 18 Issue 7, p.9, 1998.

4. Bob Hughes & Mike Cotterell, Software Project Management, McGraw-Hill, 2002.

5. Cleland David I., and William R. King, Project Management Handbook, New York: Van Nostrand Reinhold, 1983.

6. Cleland, D. I. And W. R. King, System Analysis and Project, 1983.

7. Daniel J. Paulish, Architecture-centric Software Project Management: A Practical Guide, Addison-Wesley, 2002.

8. David Garmus & David Herron, Function Point Analysis: Measurement Practices for Successful Software Projects, Addison-Wesley, 2001.

9. E. M. Bennatan, On Time within Budget: Software Project Management Practices and Techniques, John Wiley & Sons, 2000.

10. Goodman, Lous J., and Ralph N. Love, Project Planning and Management: An Integrated Approach, New York: Pergamon Press, 1980.

11. Harold Kerzner, Ph.D.; Project Management, Sept. 10, 1987.

12. Harold Kerzner, Project Management: A Systems Approach to Planning, Scheduling, and Controlling, John Wiley, 2003.

13. Harvey A. Levine, Practical Project Management: Tips, Tactics and Tools, John Wiley, 2002.

14. Joel Henry, Software Project Management: A Real-world Guide to Success, Pearson Addison Wesley, 2004.

15. John M. Nicholas, Project Management for Business and Technology: Principles and Practice, Prentice Hall, 2001.

16. John McManus & Trevor Wood-Harper, Information Systems Project Management: Methods, Tools and Techniques, Financial Times Prentice Hall, 2003.

17. Kerzner, Harold, Project Management for Executives, New York: Van Nostrand Reinhold, 1984.

18. L. Valadares Tavares, Advanced Models for Project Management, Kluwer Academic Publishers, 1999.

19. Milton D. Rosenau, Jr.; Successful Project Management, 01, 1998.

20. Pankaj Jalote, Software Project Management in Practice, Addison-Wesley, 2002.

21. Paul C. Tinnirello, Project Management, Auerbach, 1999.

22. Paul E. McMahon, Virtual Project Management: Software Solutions for Today and the Future, St. Lucie Press, 2001.

23. Richard H. Clough, Glenn A. Sears & S. Keoki Sears, Construction Project Management, John Wiley & Sons, 2000.

24. Richard Whitehead, Leading a Software Development Team: A Developer's Guide to Successfully Leading People and Projects, Addison-Wesley, 2001.

25. Robert T. Futrell, Donald F. Shafer & Linda I. Shafer, Quality Software Project Management, prentice Hall, 2002.

26. Roger S. Pressman, Ph.D. Software Engineering A Practitioner's Approach, 4/e, McGraw-Hill Companies, Inc., 1998.

27. Roger S. Pressman; Software Engineering, 08, 1997.

28. Sanjiv Purba, Dave Sawh & Bharat Shah, How to Manage a Successful Software Project: Methodologies, Techniques, Tools, John Wiley, 1995.

29. Scott Donaldson & Stanley Siegel, Cultivating Successful Software Systems Development Projects: A Practitioners View, Prentice Hall, 1997.

30. Steve McConnell, Professional Software Development: Shorter Schedules, Higher Quality Products, More Successful Projects, Better Software Careers, Addison-Wesley, 2004.

31. Cobb, Nancy B. 原著,林宜萱譯,專案管理溝通協調工作手冊,麥格羅希爾,2003年。

32. Eliyahu M. Goldratt 原著,羅嘉穎譯,關鍵鏈:突破專案管理的瓶頸,天下遠見,2002年。

33. Gido, Jack & Clements, James P. 原著,宋文娟、黃振國譯,專案管理,滄海書局,2001年。

34. Heerkens, Gary R. 原著,丁惠民譯,專案管理立即上手,麥格羅希爾,2002年。

35. Murch, Richard 原著,胡瑋珊譯,專案管理最佳實務,藍鯨,2002年。

36. Schmaltz, David A. 原著,魏郁如譯,瞎子也能摸大象:如何讓模糊不清的專案管理開花結果,小知堂,2003年。

37. Tobis, Irene P. & Tobis, Michael 原著,丁惠民譯,進階專案管理立即上手,麥格羅希爾,2003年。

38. 方世榮編譯,生產與作業管理,五南圖書,1996年。

39. 王慶富,專案管理,聯經出版,1996年。

40. 朱志華,專案管理,企管顧問公司,1996年。

41. 吳茂根，管理科學概論，華泰書局，1998年。

42. 周文賢、柯國慶，工程專案管理，華泰書局，1994年。

43. 林信惠、黃明祥、王文良，軟體專案管理，智勝文化，2002年。

44. 信懷南，不確定年代的專案管理，聯經出版，1998年。

45. 國際專案管理學會原著，熊培霖、蘇佳慧、吳俊德譯，專案管理知識體系導讀指南，博頡策略顧問公司，2002年。

46. 張文富，論專案管理，立法院院聞，第二十六卷第三期，1998年。

47. 許士軍，管理學，東華書局，1982年。

48. 許元，資訊系統分析、設計與製作，松崗電腦，1997年。

49. 許光華、何文榮，專案管理：理論與實務，華泰書局，1998年。

50. 許光華、龔旭元、沈肇基，專案管理，國立空中人學，2003年。

51. 許榮榕，系統方法專案管理，天一書局，1995年。

52. 經濟部商業司，商業電子化專案管理，經濟部，2003年。

53. 廖平、白馨堂，資訊管理突破暨總整理，1996年。

54. 榮泰生，專案管理，自動化科技，1996年。

55. 趙善中、顏宗賢、李芳忠，需求導向系統開發方法論：軟體工程與專案管理，松崗電腦，1995年。

56. 劉水深，生產管理——系統方法，華泰書局，1997年。

Chapter 5

企業資源規劃

» **5.1** 企業資源規劃簡介

5.1.1 企業資源規劃的定義

依據美國生產與存貨控制協會（American Production and Inventory Control Society，APICS）的定義，將企業資源規劃（Enterprise Resource Planning，ERP）解釋為：「是一個財務會計導向（accounting-oriented）的資訊系統，將企業用來接受、製造、運送及滿足客戶訂單所需的整個企業資源進行有效的整合和規劃。ERP系統和傳統的MRP II系統的差異在於技術上的需求──例如圖形化使用者介面（Graphic User Interface，GUI）、關聯式資料庫（Relational Database）、第四代語言的使用、支援多平台的開放式系統架構，以及在開發上使用Web-based架構等。」

根據定義，我們可以說：ERP系統係指活用最新的資訊科技之技術，支援從接到訂單到出貨的一連串企業價值鏈的活動，協助企業決策者掌握企業內、外環境，充分而有效地整合企業的各項資源做最佳化的規劃與配置，進而取得競爭優勢的企業資訊系統。而此處所謂的資源，泛指人力、物力、資本、行銷通路等。

然而，開發ERP系統的軟體廠商與使用者，對ERP的認知卻有些差異，其原因為：

▶ ERP系統並非標準制式的系統：各家軟體廠商所開發的ERP系統，與其他軟體廠商所開發的ERP系統，不論在應用領域與功能上皆有許多不同之處，因此在對ERP下定義時，容易傾向於強調本身已開發的功能與系統的特點。

▶ 使用者的需求不同：對於大型企業的使用者而言，不論其作業流程、組織規模、業務功能、資源等，皆比小型企業的使用者大得多，因此兩家公司對ERP系統的需求也會有所不同。

▶ ERP系統的演進：隨著時代的變遷及資訊科技的進步，ERP系統會擴增許多新的功能，例如與客戶關係管理和供應鏈管理相結合；或應用已成熟的資訊科技，例如三層式（Three Tier）架構和網頁技術的應用。因此，目前已經有人稱下一代的ERP系統為延伸型企業資源規劃（Extended ERP，EERP）。

5.1.2 企業資源規劃的演進

90年代的ERP並不是一個全新發展的系統，而是由1970年代的物料需求計劃（MRP）、1980年代的製造資源規劃（MRP II）所演進而來的，如表5-1所示。這三者的特點與差異之處是：

▶ MRP：企業面對生產者導向的市場，以規劃生產所需要的物料為主，包括原料和半成品的採購與生產計劃系統。

▶ MRP II：以規劃製造過程中所需的各種資源為主的系統。除了物料需求計劃以外，還更進一步整合人力資源、設備產能、製造、行銷及財務等。

▶ ERP：除了規劃製造過程中所需的各種資源之外，並整合企業內部各種資源與功能，而外部也與下游的客戶和上游的供應商進行緊密的整合，並提供跨地區、跨國別、強調全球運籌管理的即時資訊系統。

表5-1 ERP的演進與特性

時期	ERP的發展	特性
1970年代	物料需求計劃	▶ 由工廠端之生產管理與物料管理組合而成 ▶ 降低成本
1980年代	製造資源規劃	▶ 涵蓋企業的物料需求計劃、人力資源、設備產能、製造、行銷及財務 ▶ 生產的效率化
1990年代	企業資源規劃	▶ 整合企業內部各種資源與功能 ▶ 企業組織的重新整合 ▶ 快速回應市場
2000年代	延伸型企業資源規劃	▶ 整合企業外部的下游客戶和上游供應商 ▶ 全球運籌管理的即時資訊系統

5.1.3 ERP系統的效益

導入ERP後，對企業會產生什麼優勢？會有哪些效益？Deloitte & Touche針對企業實際進行調查研究，以瞭解ERP的企業預期效益，其結果如圖5-1所示。一般來說，企業對ERP系統效益的期望有：

▶ 增加營收，降低營運成本。

▶ 加強上、下游廠商的整合與合作。

▶ 縮短採購週期，控制生產時程。

▶ 縮短訂單的交貨時期，準時配銷產品。

▶ 跨地區、跨國別、不受時空限制的系統支援。

▶ 降低庫存量，提升庫存周轉率。

▶ 改善企業流程，建立客戶信心。

▶ 即時提供高階主管所需的決策資訊。

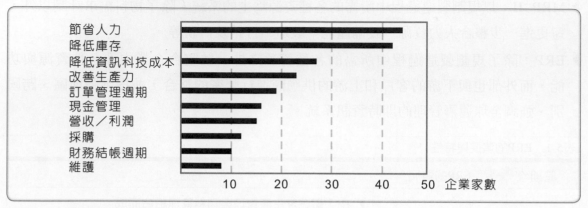

圖5-1 ERP的企業預期效益

資料來源：Daniel E. O'Leary, Enterprise Resource Planning Systems, Cambridge University Press, 2000.

▰ **5.1.4** 企業資源規劃的最新發展趨勢

企業e化必須要將企業的組織及管理與資訊技術相融合，而企業的組織及管理引導企業的經營方向和營運目標；資訊技術則是為了達成企業的目標所使用的發展執行工具，這兩大思維的融合，將可形成企業e化的應用領域。

為滿足企業面對市場全球化與組織扁平化的需求，ERP的最新發展趨勢就是增加整合企業外部需求的功能，而在這些新增的功能模組中，主要是加入了供應鏈管理、客戶關係管理及電子商務的整合應用。

各功能模組之間的關係，如圖5-2所示。分別說明如下：

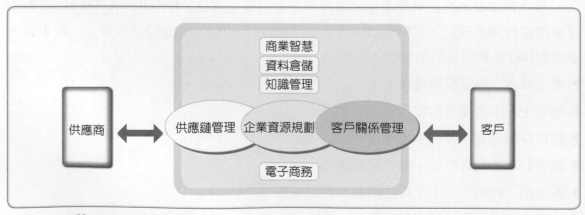

圖5-2 ERP與CRM、SCM之關係

⊟ 供應鏈管理

「供應鏈管理」（SCM）是一種企業價值鏈整體思考的概念，透過企業內部和外部的網路，將上游供應商、物流中心、下游零售商及客戶視為一個密切相關的企業流程。其目的在透過流程的整合、即時的資訊流動和資訊分享，以及所有供應鏈成員之間協調一致的行動，提升客戶滿意度。

⊟ 客戶關係管理

「客戶關係管理」（CRM）是指利用資訊科技協助企業進行行銷、銷售及服務等活動，像是蒐集、分析及探勘相關的客戶資料，以發現有價值的客戶資訊，由此發掘潛在的目標客群，掌握對公司利潤最有貢獻的客戶，強化既有客戶的忠誠度，讓以往交易導向的關係，轉化為關係導向的客戶服務。

⊟ 電子商務的整合應用

ERP可整合企業各部門作業流程與資源，並讓企業資源做全方位的統籌規劃與管理；而電子商務（EC）則是一種應用網際網路技術的商業交易自動化方式；此二者係用以協助企業提高營收、降低成本、提高產品品質及加速資訊傳遞的工具。

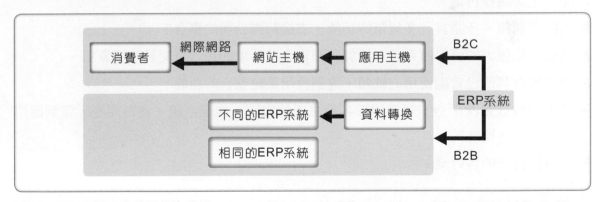

圖5-3　ERP與電子商務的整合運用

圖5-3便表現出ERP與電子商務之間的關係。例如，當企業進行B2C的電子商務時，必須將其產品或服務的相關資訊儲存於網站主機中，再以網頁的形式提供消費者線上訂購的功能。當消費者的訂單資料產生後，資料會經由應用主機傳送到ERP系統。

又如，當企業進行B2B的電子商務時，若是雙方的ERP系統並不相同，則須先轉換資料的格式，雙方才能進行電子商務；如果雙方的ERP系統皆相同，則可以直接進行電子商務。

因此我們可以清楚瞭解到：企業可利用電子商務的方式，在最短時間內完成商業交易，前題是企業內部資源必須充分整合，方能達到此目的。因此，ERP系統可被視為電子商務的基礎。

在電子商務的時代中，一切的商業活動都講求速度，所以必須將來自於B2C或B2B的資料連結到企業內部的資訊系統中，將交易自動排入企業作業流程，成為ERP的一部分，如此才能真正發揮自動化的功效。

▓ 5.1.5 企業資源規劃系統的特性

ERP是以電腦為基礎的系統，目的為處理組織的交易，促進企業資源整合與即時的規劃、改善產品製造流程、迅速反應客戶的詢問及問題。為解決企業所面臨之運作環境的挑戰，ERP系統應具有以下的特性：

▶ 整合交易處理與規劃活動，具備決策支援能力。

▶ 整合大多數的企業流程，提升流程自動化。

▶ 處理大量的、多數的企業交易，並能支援分散式組織管理。

▶ 配合企業流程再造。

▶ 以網際網路、多語言及多貨幣的功能，支援跨國公司的整合。

▶ 具備功能強大的資料庫系統，能儲存來自全球各地的每一筆交易明細資料。

▶ 可以整合其他已普遍使用的軟體，達到應用系統整合的功能。

▶ 使用開放式系統平台，可適用於各種主要的電腦、作業系統、資料庫等，達到應用系統的可移植性。

▶ 適用於特定的各行業。

▓ 5.1.6 ERP與ASP之間的差異

所謂的應用系統服務供應商（Application Service Provider，ASP）是委外服務（Outsourcing）觀念的延伸，係指廠商在網際網路上安裝各式企業所需的應用系統，以租賃的方式提供客戶所需要的軟體功能，藉以降低客戶在軟、硬體設備的投資費用，以及節省軟體維護和訓練的成本，進而降低客戶的總體擁有成本；其收費依使用功能、主機硬體是共享或獨立使用等方式而有不同。ASP與ERP之間的差異如表5-2所示。

表5-2　ASP與ERP的差異

	ERP	ASP
系統擁有權	買方一次買斷或自行開發居多，因而買方具有所有權與使用權。	以租賃方式提供，買方僅有使用權。
維護管理	買方自行維護系統，並管理各種主機硬體，自行管理使用者的資料。	由廠商負責系統、硬體、網路、資料庫等資料的建置與管理。
資料傳輸	大部分是在企業內部的網路上來傳輸。	以網際網路為媒介來傳輸資料。
資訊安全	通常於內部網路使用，不用擔心外部駭客入侵的資訊安全問題。	於開放性的網際網路中使用，在網際網路上進行交易處理的資訊安全自然會比較低。
存取效率	視自己企業內部主機與網路等資源的效能而定。	除了受限於外部網際網路的效能，還取決於ASP廠商本身所提供的設備的稼動率。

» **5.2 企業資源規劃導入前的認知**

5.2.1 企業資源規劃導入前的策略性思考方向

以下提供企業經營階層主管在選購及導入ERP系統之前應有的策略性思考方向，有助於該企業未來成功地導入ERP系統：

▶ 成本：公司願意投資在ERP系統的費用，該費用包括首次購置成本，以及未來系統升級或維護的成本及預算。

▶ 願景：ERP系統是否有助於達成公司未來的願景？例如公司營運規模的擴展、新產品與服務的經營、未來邁向國際化的策略等。

▶ 效益：導入ERP系統預期可為公司的經營帶來何種效益？例如提升員工生產力、增加員工的產值、降低成本、減少存貨、縮短新產品的開發與上市的時間、提升財務與會計的精確度等有形或無形的效益。

▶ 專案組織：成立一個導入ERP系統的專案小組，並決定這個專案小組要由哪些部門派代表組織起來。一般而言，導入ERP系統的專案小組應由各功能部門挑選合適的成員參加，包括財務、會計、生管、採購、人力資源、行銷、研發及資訊等部門，其所必須負責的任務有：確認各功能部門之需求；進行企業流程再造的規劃與執行；評估及選擇適用的ERP系統；導入ERP系統的成本與效益分析；ERP系統的導入與實施。

▶ 取得方式：ERP系統的取得方式，可依公司的實際現況與未來需求，從以下三種方向考量：(1)購置ERP軟體廠商所開發的套裝軟體；(2)由公司內部人員自行開發；(3)委外設計開發。

▶ 導入順序：決定ERP系統各個功能模組導入的優先順序，ERP系統大致可分為銷售管理與訂單管理、庫存管理、生產管理和物料管理、產品開發管理、財務管理、會計管理與成本管理、人力資源管理、品質管理、採購管理等主要模組，但不同的ERP軟體廠商有不同的導入策略，其優先順序也有所不同。

▶ 企業流程再造：在導入ERP系統時，評估是否要先進行企業流程再造。

1. 如果在導入ERP系統之前先進行企業流程再造，可將ERP系統所提供的最佳實務與管理理念納入考慮。

2. 倘若為了縮短ERP系統上線的時間，避免對現行作業產生衝擊，而決定先依照現行作業流程導入，則可在ERP系統上線之後再伺機修改流程。

▶ 績效評估：做好ERP系統導入後之績效評估，以確定ERP導入之成效。一般而言，進行績效評估的主要項目有下列幾項：

1. 資料的正確性：例如庫存資料、銷售資料、財務會計資料。

2. 資料的即時性：例如資料的更新時效。

3. 資料的整合性：例如資料的一致性，減少人工重複輸入資料。

4. 部門績效：例如結帳時間的縮短、生產計劃的達成、供應商交貨的準確性、成本降低的實績等。

5.2.2 企業資源規劃導入的啟示

　　很顯然地，ERP除了以企業流程為導向外，更強調即時、正確、整合的觀念，ERP超越了僅是單純融入資訊技術的傳統看法，以另一種全新的觀點來思考組織的定位與策略。藉由ERP系統的導入，確實可以協助企業達到企業流程再造的目標。由前述的觀念可得出以下的啟示：

🔲 融合企業最佳實務，協助企業流程再造

　　ERP融合了企業最佳實務，是一種企業再造的解決方案，藉由資訊科技的協助，可將企業的經營管理理念導入以ERP系統為核心的企業體之中。ERP系統與傳統的管理資訊系統間的差異，在於它絕不只是資訊科技應用上的改變，它還牽涉到組織內部所有關於人員、資金、物流、製造等整個運作流程的變革管理。

總之，ERP系統能夠有效地規劃、整合與配置企業內的相關資源，協助經營者迅速地掌握市場環境的變化，瞭解產品銷售趨勢，即時地採取因應策略。

彈性的擴充模組，因應不同企業需求

一般ERP系統所提供的模組，主要有銷售與運籌管理、財務管理、生產管理、物料管理及人力資源管理等，但因為產業特性與企業規模的差異，因而在導入ERP系統時，可能只會局部導入部分模組，也可能選擇性地增加部分外掛的模組，藉以提升整體的效能。

資源整合運用，達成經營效率化

ERP系統含括了組織的運作、管理、溝通及決策等數個相當關鍵的流程，它是以經營資源最佳化的觀點，達成經營效率化的技術及概念。另外，它也整合了以往物料需求計劃、製造資源規劃等既有的架構，更強調跨地區與跨國別的全球運籌管理能力。

完整的ERP導入程序

在導入ERP系統時，必須進行風險／績效評估。表5-3是以S公司為例的企業現有資訊系統的評估。

表5-3 S公司現有資訊系統的評估表格

項次	項目	文件	負責人	備註
1	資訊基礎建設			
2	群組軟體系統			
3	原物料及成品的編碼	ISO文件		
4	組織職掌	Notes資料庫		
5	系統文件	Notes資料庫		
6	程式寫作標準	管理規章		
7	手冊	手冊		
8	應用系統環境	系統文件		
9	應用系統架構	系統文件		
10	公用函數			
11	現有應用系統關聯	系統文件		
12	編輯程式			
13	報表程式			

項次	項目	文件	負責人	備註
14	會計總帳系統			
15	生產管理系統			
16	訂單管理系統			
17	應付帳款管理系統			
18	應收帳款管理系統			
19	採購管理系統			
20	產品結構管理系統			
21	庫存管理系統			
22	固定資產管理系統			
23	成本管理系統			
24	其他系統			

　　為了要成功地達到ERP導入的目標，一開始，企業應先與協助導入的軟體廠商及顧問團隊共同組成一個跨部門的專案團隊，完成企業內部的流程再造，並將ERP系統導入整個組織當中。在導入過程中，若是遇到規劃時期沒有完整考慮到的狀況，則需要再重新思考整體架構，並做出合適的調整。此外，如何從傳統管理資訊系統的工作模式轉換為ERP系統的工作環境，也是ERP系統導入階段的重點。

　　在完成導入ERP系統後，企業的經營主管必須要有前瞻性的眼光，持續不斷地替企業帶來良性的變革，建構企業再造的藍圖，讓企業更能面對未來的挑戰。當ERP系統正式上線運作時，專案團隊必須要密切觀察，並提供適當的建議與必要的援助，以使轉換的工作能夠順利進行。

» 5.3 企業資源規劃的模組

5.3.1 ERP、MRP及MRP II的功能

　　ERP系統是由MRP與MRP II的領域，延伸至人力資源管理、財務管理、製造管理，最後並整合企業內所有的業務活動。因此，ERP系統除了MRP、MRP II的功能之外，還包括銷售管理、工程管理、先進的排程系統、製造執行系統、配銷管理、品質管理、維修管理、客戶服務管理、整合財務功能、企業人力資源及供應鏈管理等功能（見圖5-4）。

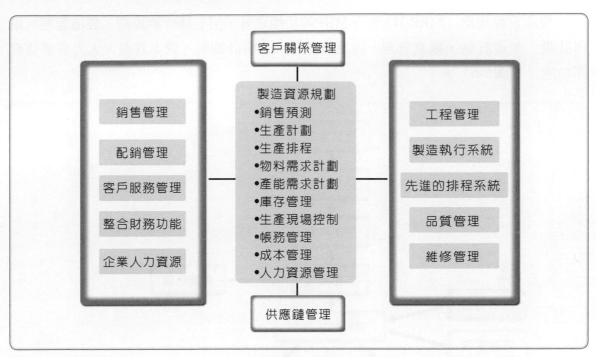

圖5-4 ERP功能示意圖

　　而物料需求計劃（MRP）則包含了訂單管理、生產排程、物料清單、庫存管理、採購管理、生產現場控制、產能需求規畫等子功能系統（見圖5-5）。

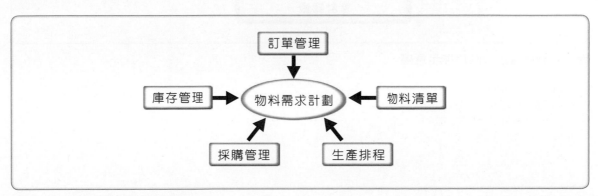

圖5-5 物料需求計劃功能示意圖

　　製造資源規劃（MRP II）除了MRP的功能之外，另包括行銷規劃、製造管理、銷售計劃、生產計劃、帳款管理、固定資產管理、會計總帳、成本管理、人力資源管理等功能（見圖5-6）。

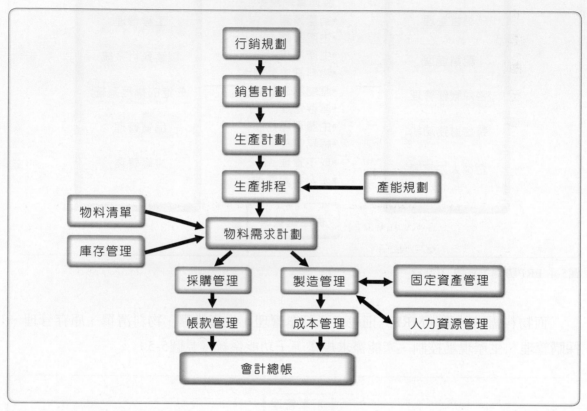

圖5-6　製造資源規劃功能示意圖

5.3.2 企業資源規劃系統選擇方案

當企業在決定推動電腦化時，都會遇到究竟是採取自行開發、委外開發或是直接引進現成的套裝軟體比較好的難題。此時，經營者必須在這三種方案中選擇一項，而此一決策將會是影響公司經營成敗的重大決策之一。表5-4將這三種方案做了綜合的比較。

表5-4 ERP系統選擇方案

方案	直接引進	自行開發	委外開發
軟體成本	次之	最低	最高
導入的時間	最短	最長	次之
符合需求程度	較低	較高	較高
導入的成功機會	較高	次之	較低
人力成本	最少	最多	次之
綜合比較	最佳	最差	次之

5.3.3 企業資源規劃系統的評估重點

ERP系統扮演著企業基礎資訊平台的角色，同時它也包含許多商業流程與企業最佳管理實務，因此評估一個ERP系統，不應該只是符合現階段的需要，更應該考量未來的發展需求，規劃一個有前景、有發展、可持續升級的全方位解決方案，才是上策。以下為常見的評估重點：

▶ ERP系統廠商：選擇的ERP系統廠商應該是一家強調永續經營、長期誠信合作的軟體廠商。

▶ ERP系統功能：真正成功的ERP系統是可充分客製化、具備模組化功能、經過驗證的套裝軟體發展模式。

▶ ERP系統的導入模式：一套完整的ERP系統都會搭配一套標準化的導入模式，以充分保證ERP系統得以成功地上線。

▶ ERP系統的導入時程：由於投入ERP系統的費用、時間與人力等相當龐大，一旦失敗，不僅之前的投資付諸流水，還會影響企業的競爭力。

▶ ERP系統的發展前景：ERP系統應該具有長期的發展藍圖，可期待新版本的功能更完備、系統延續性更好。

▶ ERP系統維護轉移的難易度：企業內部資訊人員必須容易獲得完整的維護轉移，瞭解ERP系統內部的運作邏輯，才有能力去維護這套系統，確保ERP系統運作的穩定度。

▶ 導入的整體擁有成本：ERP系統的購置成本通常只占整體擁有成本的一小部分，後續潛在的成本則占大部分，包括上線前所投入的人力成本、顧問及客製化成本、上線後的維護人力成本、每年軟硬體的維護費用等。

▶ 標竿學習：現有ERP系統客戶的實地參訪是很重要的，因爲可以藉此學習他人的成功經驗，避免重蹈覆轍。

▶ 與商業智慧、供應鏈管理及電子商務的整合程度：ERP可結合資料倉儲技術將儲存在ERP系統中的龐大資料進行轉化，以作爲後續線上分析處理、探勘深層資訊之用；也可以和供應鏈管理及電子商務整合，將企業資訊和企業流程整合到上游的供應商與下游的客戶，拓展企業之間的往來關係。

5.3.4 企業資源規劃系統導入過程的注意事項

　　ERP系統導入的過程決定了上線的時程和品質，而上線的品質會影響後續的系統維護工作。以下是從決定導入ERP系統開始，到正式上線前的導入過程中，所應該注意的事項：

▶ 擬定專案計劃：由高階主管宣示決心並達成全員共識，確定專案組織與專案計劃。

▶ 分析現行作業需求及差異分析：透過與使用者的溝通、意見交換、瞭解企業現行作業流程與需求，同時也需掌握現有作業的問題點，最後並整理出與ERP系統的差異點，做成差異分析報告。

▶ 使用者的教育訓練：透過實際展示和操作ERP系統的方式，讓使用者熟悉系統的操作方式，以及瞭解系統新的功能與新的作業流程。

▶ 對應ERP系統功能，擬定未來電腦化作業流程：確定未來電腦化作業流程與ERP系統功能的對應關係，並予以文件化。此文件包括未來作業建議、資料轉換計劃及客製化計劃等。

▶ 客製化程式：將分析出的差異部分做更進一步的分析及確定是否要客製化，而客製化程式的計劃應納入整體上線時程的計劃中。

▶ 上線準備：可以採用新舊系統並行上線一段時期，待新系統穩定後再停止舊系統的運作；或是採取新系統一次完全上線，立即完全取代舊系統的方式。

▶ 系統正式上線：上線初期可視狀況請求必要的支援，若發現問題應立即解決，直到整體作業流程順暢爲止。

5.3.5 企業資源規劃系統成功的關鍵因素

　　企業從高階主管宣示決定導入ERP系統，到成立專案組織進行評估工作，再到最後的專案計劃執行及上線後的系統維護，是一連串複雜的企業活動。面對這種強調將公司的經營資源一元化的ERP潮流，我們應該思考如何為企業導入一套可行的ERP系統，才能提升企業的競爭力。

　　基本上，ERP系統上線成功的關鍵因素，可以下列幾點說明：

▶ 高階主管的決心與高度的支持：高階主管若對導入ERP系統抱持著只許成功不許失敗的決心，將可奠定系統成功的基礎，因為高階主管的充分支持往往是鼓舞所有專案成員士氣的最大動力。

▶ 有效的控制專案時程：專案的時間拖得愈長，其所花費的成本愈高，專案成功的機率也愈低。這些相關的成本包括人力與金錢的投入，以及一些無形的成本支出。

▶ 專案成員的積極投入：專案成員以積極的態度面對所引進的新系統，同時在整個專案的過程中扮演好對外及對內的溝通角色，如此將可提升ERP系統的導入成效。

▶ 使用者的積極配合：使用者長久累積的習慣常是造成導入新系統的最大阻力，因此如何有效地改變使用者的觀念與習慣，使他們願意認真學習及接受新的變革，事前的溝通宣導與教育訓練是很重要的關鍵。

5.3.6 企業資源規劃系統模組

　　ERP系統是一個整合性的系統架構，其所包含的系統模組既多且廣，如圖5-7所示。我們可以將ERP系統概略分成財務會計管理系統、人力資源管理系統、進銷存管理系統、生產製造系統與相關的輔助系統等幾個主要的系統，以下即就這些主要的系統模組分別說明之。

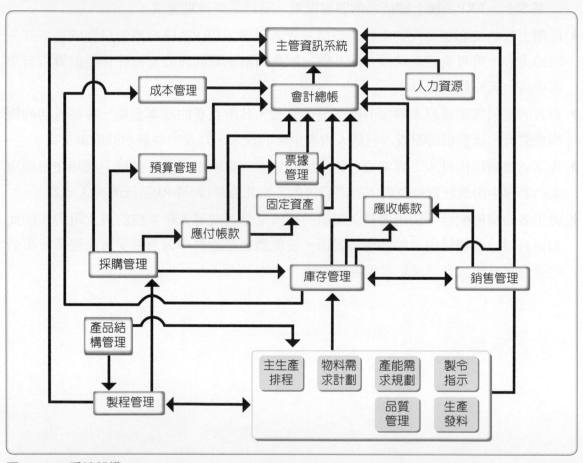

圖5-7　ERP系統架構

財務會計管理系統

▶ 總帳管理系統：總帳管理系統除了處理傳票、過帳、結帳及產生財務報表等功能外，也包含相關的績效評估報表，例如損益分析報表、財務比率分析報表、費用分攤報表等功能。透過圖5-8之交易分錄結帳作業流程圖，即可清楚瞭解其功能。

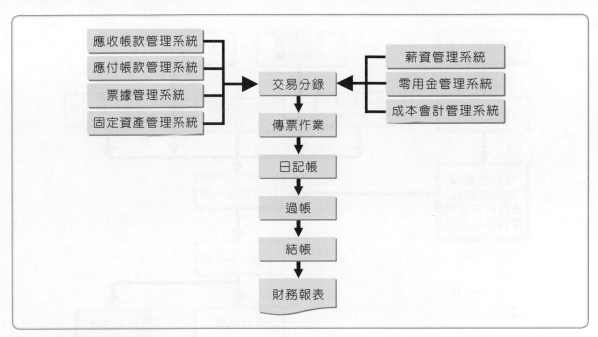

圖5-8 交易分錄結帳作業流程圖

▶ 應收帳款管理系統：大部分的公司都不是以現金交易方式來銷貨給客戶；也就是說，在貨物送達客戶後，公司本身存貨減少，並產生一筆應收帳款。而應收帳款金額的大小是由銷售額度與平均收款期間決定。

由於應收帳款政策的改變會影響到公司銷售額的增減、應收帳款持有成本的多寡、壞帳損失風險的大小，因此在公司決定是否改變應收帳政策時，必須先衡量可能產生的成本、風險和利益。例如，公司若採取放寬客戶信用標準的應收帳款政策，雖然該公司的銷售額會隨之增加，但成本的投入也會相對提高，必須承擔更多的壞帳損失風險。

▶ 應付帳款管理系統：所謂應付帳款，是企業在短期內必須支付的帳款，屬於流動負債的一種。由於應付帳款必須在短期之內支付，因此如何控管資金周轉能力，就成為管理應付帳款中很重要的一環。所謂控管資金周轉能力，乃是在企業的收入與支出之間取得平衡，而且在不影響公司的付款信用下，使資金的調度達到最合理、最

有利的程度。應付帳款涵蓋的範圍很廣,舉凡購買原料、土地、廠房、設備、勞務及各種一般費用等都屬之。一般而言,企業不論是購買產品或是服務,其流程大多包括請購、採購、合約、交貨、驗收、請款、付款等步驟,而只要完成驗收後,公司就會增加一筆應付帳款。有關應付帳款的作業流程,詳見圖5-9。

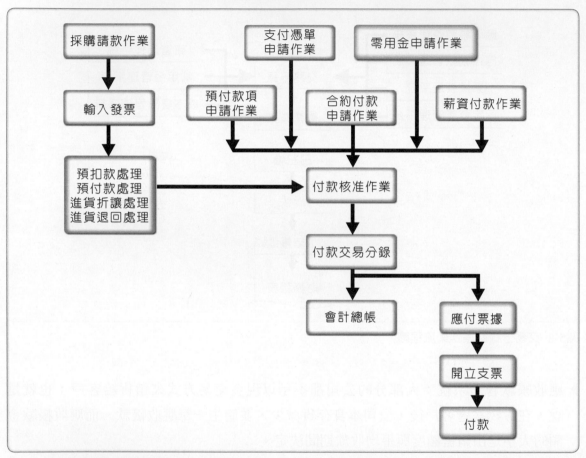

圖5-9 應付帳款作業流程圖

▶ 成本會計管理系統:成本會計管理系統的主要功能在於確定產品在製造與銷售過程中的相關成本資訊,藉以計算損益,同時也提供成本規劃與控制的功能,亦可提供相關成本資訊以供管理部門決策,與業務部門銷售成本之依據。因此,成本會計管理系統的主要任務有二項:1.提供正確的成本資訊,作為財務會計編製對外的財務報告;2.蒐集各種成本資訊,作為對內的管理決策之依據。

成本依產生的性質可分為標準成本、實際成本、正常成本及估計成本。而各成本又可按其特性細分為材料、人工、製造費用等。而在成本的應用上,可視需要設定標準成本及預計成本;並能進一步地與實際成本相互衡量和比較,求得差異成本,進

而分析差異原因，提供管理決策者參考，藉以擬定改善措施，使實際成本能接近標準成本，獲得最經濟的產品成本。在成本會計管理系統中，成本會計制度可選擇標準成本會計制度與實際成本會計制度，且其計算基礎亦可採用分批成本會計制度或分步成本會計制度。

▶ 預算管理系統：預算管理系統主要目的是管理企業整年度的收入與支出。在新的會計年度來臨前，企業必須事先妥善規劃下一年度的各項預算，例如勞務費用、操業費用、設備費用、材料費用、一般費用及資本支出等，並預估下一年度企業所要達到的營收目標，以估算下一年度的損益狀況。藉由預算的嚴格控管與修正，可使整個企業的營運方向不致有所偏誤。

人力資源管理系統

人力資源為企業內最重要的資源之一，要使人力資源的規劃更有效率，必須從人員招募、教育訓練的規劃、激勵性的薪資制度、暢通的升遷管道、公平的考核與獎懲制度、人力是否適才適所等層面加以考量。人力資源管理系統的功能通常依據各個公司的人事制度而有所不同，這些制度包含組織結構、考核、薪資、考勤、教育訓練等，且會依照各家公司的需求而做修改。圖5-10是人力資源管理系統的架構圖。

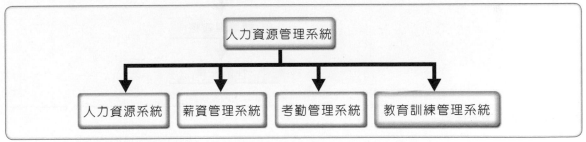

圖5-10 人力資源管理系統架構圖

進銷存管理系統

顧名思義，進銷存管理系統包含採購管理系統、銷售管理系統、庫存管理系統三個子系統，以下分別說明之（有關請購作業的流程，請參看圖5-11，如何決定廠商及產品價格的作業流程，請參看圖5-12；有關採購作業的流程，請參看圖5-13）：

▶ 採購管理系統：採購管理系統的主要功能有——

1. 提供原物料、材料、設備、零件及各種資產等的請購和採購功能。
2. 提供請購單資料之建立、修正、列印及查詢功能，並能將請購單結轉至採購作業。
3. 提供採購單資料之建立、修正、列印及查詢功能。

4. 提供採購單資料之簽核流程功能。

5. 可連結國外採購之信用狀管理系統功能。

6. 提供採購驗收及採購退貨資料之管理功能。

7. 提供廠商管理功能，例如交貨準時性、交貨品質與價格比較。

8. 提供專案採購功能。

9. 提供採購合約資料之管理功能。

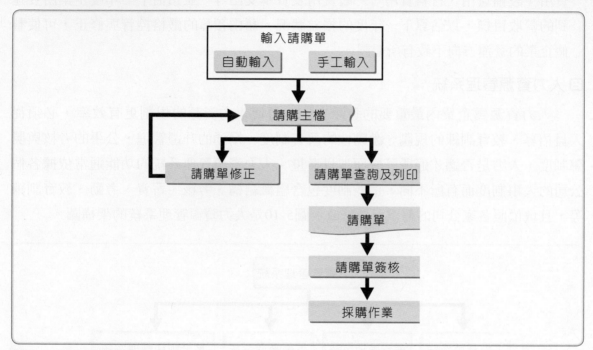

圖5-11 請購作業流程圖

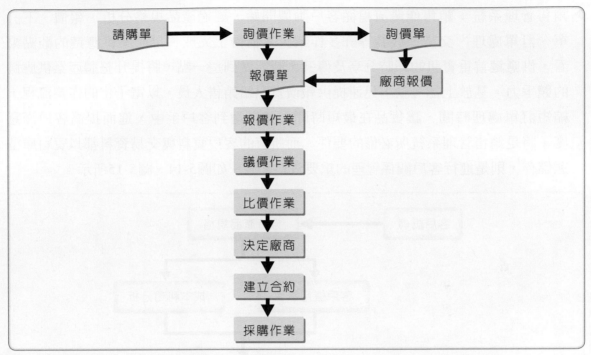

圖5-12 決定廠商與價格作業流程圖

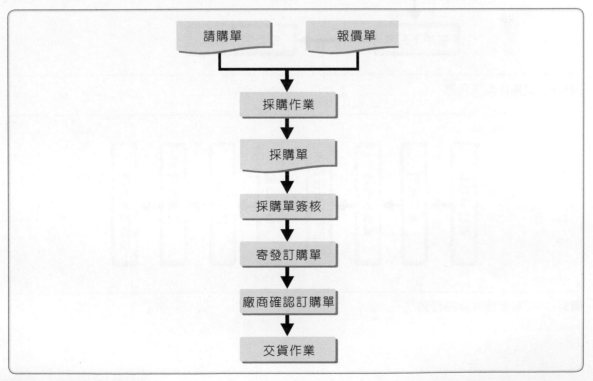

圖5-13 採購作業流程圖

▸ 銷售管理系統：銷售作業流程從客戶詢價開始，經過產品規格分析、報價、下訂
單、訂單處理、交貨、收款等許多作業，才稱得上完成。以產業供應鏈的觀點來
看，供應鏈首重資訊的即時分享及傳遞，若能做到這一點，將提升整體產業供應鏈
的競爭力。基於上述考量，迅速提供報價資訊給銷售人員，以電子化的作業流程，
縮短訂單處理時間，讓貨品在最短時間內如期送到客戶手中，進而提高客戶滿意
度，將是銷售管理系統所必備的要件。而所有的客戶資料與交易資料都以資料庫型
態儲存，則是進行客戶關係管理的重要資料來源。如圖5-14、圖5-15所示。

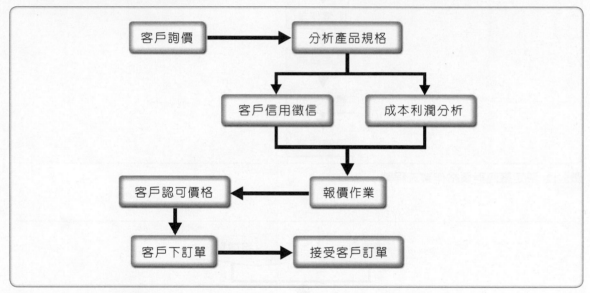

圖5-14 銷售作業流程圖

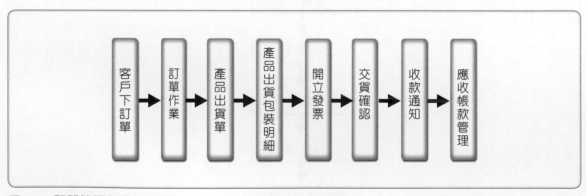

圖5-15 訂單管理作業流程圖

▶ 庫存管理系統：庫存管理的對象包括原物料、成品、半成品、加工品、零件備品等，其能支援的作業流程包括倉儲作業、生產領料退料、產品出貨退貨、報廢、盤點及庫存等基本資料的管理（以上各作業之相關流程，分別如圖5-16、圖5-17、圖5-18、圖5-19及圖5-20所示），才能隨時掌控正確的庫存狀況，藉以降低庫存成本。因此，一個功能完整的庫存管理系統，必須能達成六項目標：(1)滿足生產過程中所有的物料需求；(2)使生產程序順暢；(3)預防呆料；(4)預防缺貨；(5)支援自動倉儲管理系統，節省人工作業；(6)降低公司的庫存成本。

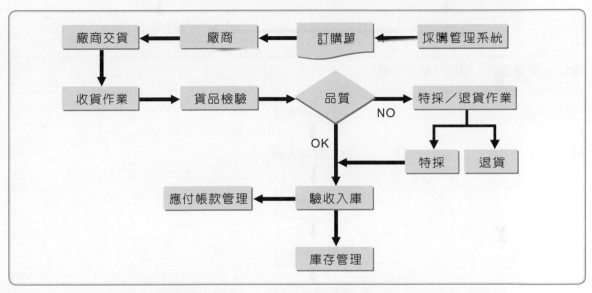

圖5-16　廠商交貨與驗收入庫作業流程圖

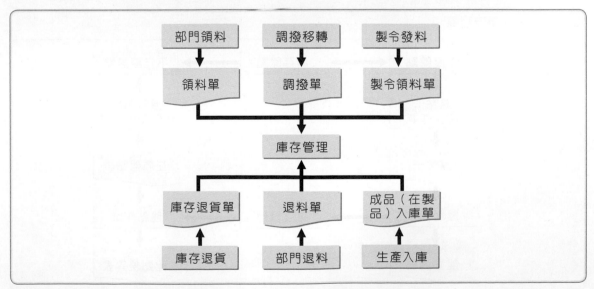

圖5-17　庫存出庫、入庫作業流程圖

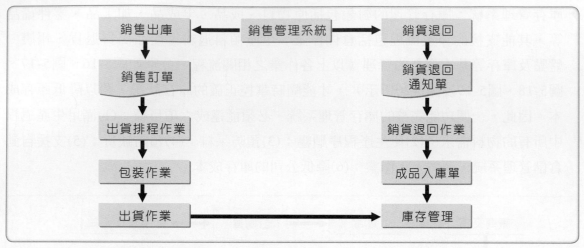

圖5-18 銷售出庫、退回作業流程圖

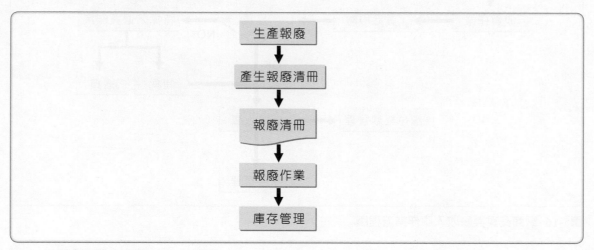

圖5-19 報廢作業流程圖

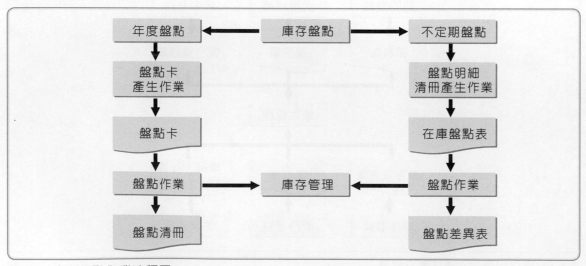

圖5-20 庫存盤點作業流程圖

⊞ 生產製造系統

所謂製程是指從投入原料到最後完成產出製成品所經過之生產途程，亦即描述產品的製造程序。製程包含產品製造流程、作業方法、人員配置、機器設備、工具、作業所需的標準工時等產品製造資訊。此外，製程必須依據標準工時，方得以排定工作時程、產能負載及確認交貨日期。

工作中心是個資料主檔，提供製造、規劃、控制所需的資訊，藉由工作中心可以得知工廠可用的產能、操作人員、機器設備、操作條件、工作時間等資訊。所謂工廠可用的產能是指在一特定期間內，機器與人工所能提供的作業量；而生產率是衡量產能是否充分利用的指標，藉由產能與產能需求的比較，以掌握工廠製程的瓶頸所在，並做有效的改善。而依據產品製程來計算生產作業的時間，可將作業時間區分為設定時間、操作時間、搬運時間、等待時間等，依照生產作業時間則可決定生產作業的產能，並得以與工廠的可用產能做一比較。

品質管理系統可將複雜的數據分析、公式計算及圖表的產生等，化為有系統的處理，讓品管人員能輕易利用這些資訊，來解決品質管理所面臨的各種問題。品管作業可分為進料檢驗（IQC）、製程檢驗（PQC）、成品檢驗（FQC），如圖5-21所示。

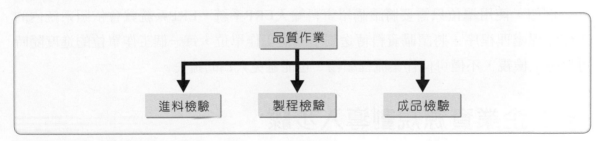

圖5-21 品管作業架構圖

⊞ 相關的輔助系統

ERP系統相關的安全管理功能，例如存取控制可詳細規範使用者是否被核准進入ERP系統，以及該授權給使用者哪些權限。一般而言，資訊系統的安全管理至少要具備三種功能（見圖5-22）：

1. 個體鑑別：鑑別使用者的身分。
2. 權限控管：通過鑑別的使用者在授權的權限範圍內進行資料的存取。
3. 稽查審核：稽查電腦系統中是否有未被授權的事情發生。

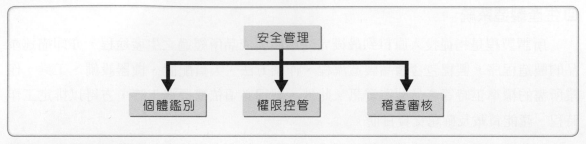

圖5-22 安全管理架構圖

主管資訊系統（Executive Information System，EIS）是一套以ERP資料庫為基礎，協助企業進行績效衡量、管理企業資源及改善企業經營的決策輔助工具。通常它會結合銷售、財務、人事、生產、庫存等資訊，以作為企業經營者策略性經營決策的參考，也可以作為控制各部門的工作績效，進而有效分配企業資源，使公司在制定政策時，更具彈性和效率的依據。

ERP系統如何結合工作流程系統呢？例如利用電子郵件來處理各種單據的流程管理，如訂單、採購單、製令、檢驗單、銷貨單、請假卡等皆以電子郵件方式傳送，以達到辦公室無紙化的境界；並藉由線上即時監控，協助企業落實內部作業流程的控管。

例如，使用單位只需要將請購單資料輸入ERP系統，ERP系統就會依照系統內的工作流程處理程序，將請購資料傳送到下一個工作單位，每一個工作單位的進度隨時可於線上檢視，不僅可使作業流程順暢，也能避免人為的疏失。

» 5.4 企業資源規劃導入步驟

本節以S公司為例，來描述企業導入ERP的方法。其步驟包括檢討現行系統架構、ERP系統導入策略、ERP系統細項功能評估、ERP系統初期導入、中期導入、整體導入、技術移轉、差異修改、資料轉檔、系統測試等，茲分別說明如下：

5.4.1 檢討現行系統架構

▶ 現行主作業系統仍然採用DOS、Win95、Novell的架構，相較於目前市場上的主流架構，似乎落後了許多。

▶ 含括財務總帳、應收／應付帳款、財務管理、現金管理、一般費用、預算、成本、人事薪資、考核、教育訓練、生產、工程、品管、生管、物管、成品、零／備件、行銷與客戶服務、採購、福委會、進出口等三十個應用系統。

▶ 現有系統計有下列缺點：

1. 作業系統使用時間有限，不符多工作業的需求。DOS模式的應用系統早已被時代潮流所淘汰，甚至不再提供支援，取而代之的是視窗作業系統，其多工的處理機制能夠提供更多的支援，以及更好的效能。

2. 對網際網路及電子郵件整合的Web-based功能支援不足。現有應用系統與網際網路及電子郵件，尤其是Web-based功能的整合性相當不足。因此，為了達到效率的提升與方便性，必須將應用系統與網際網路及電子郵件整合，並經由瀏覽器功能下載資料。

各項應用系統功能的檢討。經過一段時間的統計，資訊部門總結現今所使用的應用系統，其缺點或功能待加強的地方有：查詢功能、報表列印功能不足；出貨條碼作業系統支援性差；資料搜尋效率不佳；缺乏Web-based功能。

5.4.2 企業資源規劃系統的導入策略

⊞ 自建、委外、自行引進ERP的爭議

對於建置ERP系統究竟應採取自建、委外或自行引進的方式，在公司內引來不小且為期不短、熱烈的爭議。經過評估，這三種方式各有其優缺點，例如：自建較省錢、合用，但耗時、費力；委外似乎是不錯的選擇，但變數仍大；自行引進則昂貴、需修改，但快速。

⊞ 相關配合廠商的選定

評選將來有可能搭配公司發展ERP系統的合作廠商，以下是該公司對幾家廠商的接觸與評估：

1. H科技公司：以Infomix為主要發展工具，因為普及率的問題，可能造成將來系統維護上的困難。

2. T資訊公司：以Delphi搭配SQL為主，但系統流程與公司現有流程之差異性大，公司內使用者的反應不佳。

3. H資訊公司：以Delphi搭配Oracle為主，但沒有一套較為完整的ERP系統，公司內使用者的反應不佳。

4. D資訊公司：以Delphi搭配SQL為主，系統流程與公司現有流程差異性較小，公司內使用者的反應較佳。

🔲 評估、展示、測試與報價

　　經過審慎評估與多次接觸，S公司最後決定以D資訊公司爲優先配合廠商。在價格與付款方式方面，不同於以往購買軟體產品一次付清的作法，而是採用分期付款的模式。如此，軟體便像是租賃而非買斷，無形中減少了固定資產的折舊。對公司來說，是一項有利的決定。

5.4.3 企業資源規劃系統細項功能評估

　　ERP系統的好壞很難評論，事實上，只要是依照正規方法開發、功能完整且具備標準架構的系統，都值得企業加以考慮選用。但是，對某公司而言是好的ERP系統，但對其他公司不見得一定好，因此重點不是在於如何選擇好的ERP系統，而是如何選擇「適合」的ERP系統。此處將分爲一般綜合評估及細部功能評估兩部分來進行探討。

🔲 一般綜合評估

▶ 具備標準架構

　　ERP系統若不具備標準架構，或許在一般情況下仍可正常使用，但在特殊情況下卻可能會出現問題；又或者現在可適用，但在公司經營規模擴大後便可能不再適用。所以選擇ERP系統要掌握它的實質內涵而非炫麗的外觀，通常財務會計系統的標準較無問題，因爲財務會計已在企業界建立了共同的標準作法與制度；然而，製造系統的標準不是所有ERP系統都能含括的。

　　所謂「標準」，是經過實際驗證並廣爲眾人採用的觀念或作法。例如，物料需求計劃的計算邏輯，從總需求到淨需求，其間的批量法則、安全時間、前置時間等功能有一定的標準。數十年來，學術界與企業界已經將相關知識和經驗累積成一個標準，ERP系統若未遵照此標準，或許可以用土法煉鋼的方式計算出基本的物料需求計劃結果，但只要環境稍有改變，可能就無法處理了。

▶ 客製化程度

　　所謂的「客製化」係指當企業有特殊需求時，可在套裝系統上修改或新增功能。由於每一家企業都有自己獨特的作業流程，每一個部門也都有不同的業務需求，除非ERP套裝軟體所提供的功能遠優於使用者的現況，否則ERP系統還是需要進行適度地客製化。一般而言，客製化的費用皆是相當昂貴的，在這種情況下，使用ERP的企業必須秉持避免過度客製化原則，但合理的客製化是可接受的。

　　什麼是合理的客製化呢？舉例來說，如果企業堅持爲了能符合法律的規定而要求修改ERP系統的功能，或堅持參考過去極好的典範而要求修改ERP系統缺乏的類似功能，則這種修改對企業及ERP廠商而言，都是合理可接受的。既然合理的客製化可能是需要的，那麼企業在選擇ERP系統時，就不能只比較軟體授權金額，也要比較客製化的費用。在評估階段，企業若能事先估計客製化的費用，到了導入階段就不必擔心預算不足的問題了。

▶ 具備完整的功能且容易學習使用

　　功能完整的ERP系統其所需的客製化程度應該不高，但是隨著公司的經營規模愈大，客製化的需求程度就愈高。導入ERP系統最大的費用除了客製化之外，就是顧問費。此處因而衍生出另一個重點，那就是ERP系統是否容易學習與使用；愈容易學習使用的系統，顧問費就愈低。儘管功能完整與容易學習使用常是互斥的，但也有解決之道，例如一個功能完整的ERP系統藉由提供足夠的線上文件——標準作業程序、作業說明、欄位說明、展示系統等，也可以達到容易學習與使用的境界。

▶ 擁有成本

　　在評估ERP系統的成本時，不能只考慮軟體的授權費用，也要考慮擁有成本。所謂擁有成本，包括了軟體授權費、客製化費用、顧問費、硬體成本及維護成本；其中，維護成本包括每年的人事費用、軟體維護費、硬體維護費、使用者教育訓練費等，其花費相當可觀。由此可見，軟體授權費並非決策的重點，眞正決策的重點在於要投入多少成本才能維持ERP系統的運作。

▶ 現有用戶的使用經驗

　　參訪現有ERP系統用戶的重點，除了瞭解系統實際的功能外，還應包括使用階段所投注的成本。要注意的是，即使該ERP系統銷售績效卓越，不一定就代表比較好，就算系統不錯，也不一定適合自己，因此企業應該要審愼評估，選擇眞正適合本身使用需求的ERP系統。

▶ 未來升級能力

　　系統升級能力包括提供新功能與現有系統問題的修補能力。由於資訊科技日新月異，若ERP系統無法持續升級，很可能在系統使用後不久就落伍了；況且每一家ERP系統都會潛藏一些問題，若不能透過持續升級的方式來解決，只有註定永遠擱置該問題了。許多企業因爲修改ERP系統導致無法升級，造成一般認爲升級與客製化互相矛盾的錯誤印象，因此企業應在評選ERP系統時，選擇可以同時客製化與升級的系統。

四 細部功能評估

　　以下的系統細部功能評估係綜合國內、外ERP系統之優點而成，使用者在評估比較ERP系統時，應自行參酌重要且需要的部分。

▶ 系統平台及環境

1. 系統平台：Microsoft Windows系統、UNIX、Linux。

2. 系統環境：N-Tier系統架構、瀏覽器。

▶ 結合電子商務的應用

1. XML：客戶訂單以XML轉入，採購單以XML轉出。

2. 網際網路：支援在網際網路進行下單、客戶訂單進度查詢、廠商訂單與貨款查詢等功能。

3. 傳遞報表：可設定傳遞群組；報表可預設傳遞本文、主旨、正本、副本、密件副本收件者；傳遞接收方可以瀏覽器閱讀報表。

4. 傳遞通知：透過電子郵件提供支援，即時通知異常狀況。

▶ 使用者介面

1. 使用者介面：圖形化使用者介面。

2. 線上使用者文件：標準作業程序書、作業流程圖、功能說明、系統操作介面文件。

3. 多樣化目錄：下拉式目錄、使用者個人權限目錄、個人常用作業表快速串接目錄、目錄可任意調整順序或做凍結。

4. 多媒體資料：資料庫可存放多媒體資料。

5. 統計分析圖表：以圖表方式來表示統計分析資料，以及以Excel呈現統計報表。

6. 資料鎖定通知：當同筆資料同時被修改而形成鎖定時，系統會自動告知對方之工作站代號。

▶ 系統安全機制

1. 使用權限：高階主管可以就其本身權限範圍內之功能，自行授權給部屬權限，能對使用者或程式設定權限功能。

2. 密碼控管：資訊人員可分系統來管控密碼，使用者可隨時修改本身之密碼。

3. 資料控管：可管制資訊人員以程式或軟體工具讀取資料庫的資料。

▶ 系統文件及資料備份

1. 系統文件：提供程式對欄位，以及程式對索引之系統文件。

2. 資料備份：可設定各檔案資料之保留時間；提供歷史資料庫。

▶ 文件列印及作業排程管理

1. 文件列印管理：列印文件可以透過列印管理工作，直接發送電子郵件及傳真；使用者僅能查詢或列印自己所產生之報表；可設定各使用者存於系統中之報表數目；列印報表工作可視狀況而決定馬上執行或批次執行；使用者可自訂報表之頁尾格式。

2. 作業排程管理：可預做排程；批次作業可以設定於特定日期執行；可查詢每一批次作業之實際啟動／結束時間及執行狀況。

▶ 營運管理架構

1. 多公司營運：多公司財務報表合併；不同幣別、多公司營銷資料之合併分析。

2. 多據點運作：各生產地點可獨立執行生產及物料規劃、計算成本及相互調撥。

3. 支援多幣別：多幣別銷售、採購、外包；沖帳時自動使用原始匯率。

4. 利潤中心管理：可設立事業部別或部門別利潤中心、產品線或次產品線利潤中心。

5. 工作流程管理：可以自行設定在各種條件與狀況下之流程，也可以自行設定在審核單據時執行之程式；使用者可自行控制某一單據提出簽核之時機；遭駁回之單據於修改後，重新展開新的流程時，系統可以提供遭駁回之原單據資料及簽核意見；提供管理及異常資訊自動分派的功能。

▶ 銷售管理

1. 訂價：訂價方式可依幣別、報價條件、交運地點、銷售計量單位等條件訂定；單價可設定生效及失效日期。

2. 促銷與折扣：可依產品類別或個別料項設定產品折扣；可設定數量折扣；提供特定促銷價格及折扣管理。

3. 單價管理：可依訂單控制單價，評估是否可調整低於設定之單價；系統自動追蹤報價。

4. 報價及訂單之管理：報價及訂單須經工作流程或線上審核後，才變成有效單據；若不經工作流程或線上審核，報價單及訂單也可以運用權限控制。

5. 費用管理：費用對應之會計科目可預先設定，系統自動拋轉傳票；分批出貨時，可分批分攤費用。

6. 報價作業流程：提供即時歷史報價及成交價格之資訊，以作為報價時之參考；提供報價之毛利預估。

7. 訂單作業流程：預估訂單之成本及毛利；客戶信用額度管理；可針對訂單品項來管理交期；訂單可轉採購單、調撥單及製令單；提供客戶多交貨地址；不同類別之訂單，自動產生對應之成本傳票，包含銷貨成本及費用。

8. 產銷協調：提供不同接單型態之生產計劃的規劃；提供緊急訂單插單之產能及材料需求模擬。

9. 發票管理：電子發票可設定成電腦給號或人工選號，可與人工發票並存；可選擇出貨同時開立發票或分別開立；可針對不同的客戶設定應稅發票之稅額計算方式；不同品項可以於傳票產生時，做不同之銷貨收入科目。

10. 收款管理：收款處理時，系統自動尋找應收帳款沖抵，系統亦可以處理收款幣別不同於應收帳款原幣之狀況；若為外幣之收款，系統會自動計算匯兌收益或損失；列印客戶對帳單；若收款金額大於應收帳款時，系統會自動將多出之金額轉入預收貨款；預收款餘額可以沖抵應收帳款。

11. 銷貨退回與銷貨折讓：提供銷貨退回及銷貨折讓傳票功能；現金折讓及銷貨折讓可以分別產生不同會計科目傳票；提供換貨處理及不良品處理功能。

12. 出貨管理：提供產品製造及銷售之整批追蹤管理；提供包裝清單列印；可以不經訂單而做直接出庫。

13. 統計分析：支援使用者自訂報表及查詢；提供多種圖表表示之統計分析；提供預算與實績之比較；提供簡易報表功能；資料之彙集可以月、季、半年、一年為單位。

▸ 生產及製程管理

1. 產品結構：件號與材料結構之關聯可為一對多或是多對一；提供子件使用之版本碼，可查詢不同期間所使用之子件；提供子件使用之備料代號，滿足不同送料的地點、時段、方式之備料管理；提供接單組裝使用的計劃材料表；支援設計變更管理。

2. 製程管理：件號與製程之關聯可為一對多或是多對一；提供多組工作曆，如部門別工作曆、生產線別工作曆、物料需求計劃使用之工作曆。相同製程工時資料可設定不同作業人數及其效率之換算比率，以反映正確之工時績效。

▸ 生產排程管理

　　提供主生產排程整合，計算各期庫存、可承諾數、發出計劃訂單；支援各種不同之生產及接單模式，並提供多樣之計劃策略；提供主生產排程模擬、零組件需求模擬、產能負荷模擬；提供安全時間，以有效解決遲交問題。

▶ 物料需求計劃

　　提供再生法及淨變法；先將在途訂單載入後，才依不足量發新單；內部計算程度精細到日，外部審視提供日、週、月；記錄毛需求及計劃收料的資料來源；提供安全存量、最小訂購量、固定訂購數量；提供安全時間，以有效解決遲交問題。

▶ 採購管理

1. 採購作業流程：支援請購和訂購之作業流程；支援人工、物料需求計劃、合約、再訂購點等多種請購方式；依據物料需求計劃提供之訊息，對在途訂單重新計算，建議交期及數量，再依此資訊進行催料；請購可區分類別，如生產用料、費用、固定資產。

2. 採購單價：單價可設定至廠商、幣別、報價條件、訂購批量。

3. 作業流程輔助：訂購資料可依設定條件，自動彙整採購訂單；採購訂單可以利用電子郵件或轉成XML格式，透過網際網路發給廠商；記錄採購過程中，經過修改之單價、數量、交期、廠商的資料，提供給主管追蹤。

▶ 庫存管理

1. 庫存作業：提供庫存量、待報廢量、調整量、待驗量等庫存資訊；提供庫存分類、庫存自訂分類等功能；提供單料之統計；提供報廢作業、待報廢料之統計；提供ABC分類作業表；提供料帳不合之調整功能。

2. 收貨作業：可依作業單位控制其可入庫之庫別；可利用數量及金額，做允許超交之限制；可依據收貨時所鍵入之發票資料，於應付帳款傳票產生時，自動更新申報用發票資料。

3. 盤點作業：提供庫存盤點、在製品盤點；可做費用類庫存盤點，自動提供用品盤存金額。

4. 調撥作業：調撥可視為物料需求計劃之來源別，系統可建議由他廠調撥件號、數量及交期；可將調撥需求視為獨立需求，納入物料需求計劃之需求，調撥當成物料需求計劃之在途量考慮。

▶ 製令管理

1. 開立製令：提供物料需求計劃之催料訊息；可以生產排程方式產生製令，或是由銷售訂單、物料需求計劃和排程計劃轉開製令。

2. 發料：多張製令可同時發放物料，並對缺料資訊提供相關訊息，包括庫存量、保留量、在途量。

3. 備料：查詢備料狀況，提示領料不足，提示實領數量、不良數量及應領數量；多張製令同時備料，可顯示物料的總數。

4. 領料：可提供製令間之領料轉移；可設定領料量是否要考慮損耗率；可管制超領物料。

5. 入庫管制：提供批號管理；可設定領料不足入庫管制；完工入庫量不足管制；製程工時資料管制；不良品管制。

6. 稽核：稽核不符合結案條件的製令；依製令別產生不良品統計；可利用批號追蹤不良元件之來源及去處，以追蹤產品品質問題。

▶ 重複性生產管理

1. 排程輔助：可依重複性生產中心之工作曆作為排程的輔助。

2. 備料及入庫：提示滿足排程之需求量及物料之庫存量；自動更新該料項之排程的完工入庫數量，以方便追蹤排程之執行狀況。

▶ 在製品管理

1. 流程卡：流程卡使用條碼來蒐集生產現場資料；製程中有拆批時，可以分批或整批產生新的流程卡；異常狀況發生時，可決定是否產生新的流程卡；可顯示製令之流程卡結構及每一流程卡之製程歷史。

2. 異常管理：可記錄在製品的不良狀況及投入與產出的異常差異數量；異常狀況發生時，可以透過群組管理軟體，發出流程中異常狀況的警訊。

▶ 製程外包管理

1. 開立外包單：提供物料需求計劃之催料訊息；物料需求計劃和排程計劃轉開外包單。

2. 發料：多張外包單可同時發料；對缺料資料提供明細，包括庫存量、保留量及在途量等。

3. 備料：備料查詢，多張外包單可同時備料，並顯示物料總數資訊。

4. 領料：可提供外包單間之領料移轉；可設定領料量是否應考慮損耗率；可查詢外包單中，已領料在單數量和庫存量。

5. 入庫管制：提供批號管理；可設定領料不足入庫管制；可將外包完工量轉回製令製程；完工入庫量不足管制；不良品管制。

6. 稽核：稽核不符合結案條件的外包單；依外包單別產生不良品統計；可利用批號追蹤不良元件之來源及去處，以追蹤產品品質問題。

▶ 工時管理

以標準工時作爲實際工時的比較基礎；可維護全廠之例行性非工作時間，這些例行性非工作時間可自動被扣除。

▶ 成本管理

1. 標準成本：提供多組標準成本，不同組之標準成本可作爲預計成本的模擬和比較之用；提供成本資料之建立及管理功能；可依件號對其物料、人工分別訂定直接歸屬成本；透過模擬產量及相對投入之直接人工及製造費用金額，以標準直接人工率及製造費用率計算；調整標準單價之模擬。

2. 實際成本：提供工單及外包單別的成本計算；計算實際成本時，若同時有自製、請購、外包及調撥等多種之實際成本來源時，系統會計算其加權平均成本；製造費用及直接人工可依不同基準做分攤；提供成本資料異常的資訊，自動結轉成本傳票，銷貨成本及費用可歸屬至各利潤中心。

▶ 品質管理

自動建議取樣量及判定允收或拒收；提供使用者自訂檢驗項目及檢驗規範；可記錄在製不良及庫存不良的數據、不良狀況及責任歸屬；提供多種品質管制圖；品質問題可透過電子郵件發出異常狀況的警訊。

▶ 生產管制

可自行定義以成本觀點及實際產出觀點爲基準之分析報表；分析報表可以試算表顯示，也可利用各種標準統計圖來表現。

▶ 供應鏈管理

1. 電子化之資料傳遞：客戶可透過XML格式來傳遞訂單；可透過XML格式來傳遞採購單及外包單給合作夥伴。

2. 客戶可透過網際網路，以網頁方式來存取資料庫中的相關資料：直接鍵入訂購單、查詢訂單進度、查詢出貨狀況及查詢應付貨款等。

3. 廠商可透過網際網路，以網頁方式來存取資料庫中的相關資料：查詢採購單或外包單、查詢應收貨款、查詢庫存等。

▶ 會計總帳管理

1. 帳簿架構：支援多公司及多地點之管理。

2. 帳務處理：各公司可有不同之會計年度；提供多公司財務報表之彙整。

3. 多國幣別：支援多國幣別，包括銷售、採購及外包等帳務處理；自動進行匯率重估；外幣之交易可以查詢外幣之餘額，沖轉時自動使用原始匯率。

4. 多層次利潤中心管理：提供利潤中心別之各式財務報表及比較報表。

5. 自訂明細帳管理：使用者可自訂各明細帳科目應蒐集及鍵入之參考資訊，並能自訂各明細帳之報表內容及格式；自動產生攤銷傳票，可指定以月或日為單位來計算攤銷金額。

6. 預算控管：可做各科目及子科目之明細預算及科目彙總預算；提供各種使用者自訂之預算與實際的比較報表。

7. 稅務作業：提供進銷項媒體申報功能，並自動產生申報媒體；可列印發票明細表；提供統一編號自動檢查功能。

8. 財務報表：提供固定格式及使用者自訂之報表；提供總帳報表、比較報表、明細帳報表及費用報表；報表資料可整合到試算表，以供進一步分析及處理；財務報表格式，可設定當期、年度累計、不同年度之同期別比較、相同年度之不同期別比較、差異金額、差異百分比等。

9. 資金需求預測：可將各種未來應收與應付之長短期債權及債務，納入資金需求預測報表中；使用者可自行設定資金需求預測報表之預測時間長短。

10. 傳票及過帳：可自行設定傳票類別；提供摘要欄常用語的維護功能；可選擇自動過帳或人工過帳；提供已過帳傳票之回復功能，將總帳及明細帳還原成未過帳狀態；可查詢過帳失敗之明細原因；保存完整之交易稽核資料。

11. 結帳：上個月份尚未結帳，下個月份傳票已可鍵入；可控制跨年傳票之過帳；年度結帳前，下年度傳票已可鍵入。

12. 銀行往來作業：提供銀行往來對帳功能；提供銀行總行分行代碼；提供銀行存款管理功能。

▶ 應付帳款管理

1. 應付傳票：可依據驗收資料及發票，自動產生存貨與應付帳款之分錄傳票；收貨時輸入之進貨發票資料自動產生進項媒體申報資料。

2. 開立票據：票期的決定可依據與廠商議定之天數或金額大小；自動開票同時產生付款傳票；自動列印支票。

3. 匯款：匯款期的決定可依據與廠商議定之天數或金額大小；自動匯款同時產生付款傳票。

4. 應付票據管理：提供應付票據整批或單張之結轉功能。

5. 報表：提供應付帳款、應付票據相關報表，包括分析表、彙總表及明細表等；
   提供廠商對帳單。

▶ 應收帳款管理

1. 應收傳票：系統可自動拋轉應收傳票、預收傳票、退回及折讓傳票；提供系統
   開立電腦發票，以作為媒體申報。

2. 應收票據管理：提供整批及單張結轉功能；提供換票及退票處理功能，退票時
   可沖回應收帳款。

3. 報表：可自訂應收帳款之帳齡分析區間，並提供應收帳款之帳齡分析報表；提
   供客戶對帳單；提供應收帳款和應收票據之明細表，彙總表及分析表等；提供
   客戶別應收帳款明細表；提供銀行代收票據明細表。

▶ 固定資產管理

1. 折舊作業：提供定律遞減及直線折舊方法；固定資產改良、重估後，自動依新
   基準提列折舊；自動開立折舊傳票。

2. 資產管理：一個固定資產編號可以包含多個子資產；對於主財產取得後陸續增
   加之附加設備，可歸屬於主財產一併管理；記錄詳細之改良及重估歷史資料；
   提供固定資產盤點清冊、記錄保管卡及財產標籤之列印功能。

3. 報表作業：列印報表時可依類別排序；提供的報表功能，例如折舊費用月報、
   管理財產目錄、稅務財產目錄及固定資產附屬設備明細表。

5.4.4 企業資源規劃系統初期導入

▣ 擴充與升級電腦硬體

1. 考量現有主機與網路架構，必須擴充兩台伺服器，以作為ERP系統使用。

2. 在擴充ERP主機之後，另一個考量的部分即為作業人員的個人電腦是否需要升級。
   經過適當的評估後，S公司決定將作業人員使用的個人電腦全面升級。

表5-5　S公司ERP導入第一階段進度表

項目	內容	進度	一月	二月	三月	四月	五月	顧問時間	擔當	注意事項
◎	第一階段計劃	生產管理、產品結構、訂單、庫存、採購、應收、應付、會計總帳、固定資產						105		
1	軟硬體安裝	預計						3	軟體公司 S公司	系統穩定度與執行效能
		實際								
2	上線計劃討論	預計						5	軟體公司 S公司	成立專案小組
		實際								
3	應用系統教育訓練	預計						2	軟體公司 S公司	系統標準功能的解析
		實際								
4	確立系統編碼原則	預計						3	軟體公司 S公司	編碼原則檢討及確立
		實際								
5	蒐集基本資料	預計						2	軟體公司 S公司	
		實際								
6	產品結構原則	預計						5	軟體公司 S公司	確立BOM分階原則
		實際								
7	輸入基本資料	預計						2	S公司	
		實際								
8	查核及修正基本資料	預計						5	軟體公司 S公司	確保資料之正確性
		實際								
9 解析系統流程	產品結構管理	預計						5	軟體公司 研發、生管	
		實際								
	訂單、應收帳款管理	預計						5	軟體公司 營業、財務	
		實際								
	採購、應付帳款管理	預計						5	軟體公司 採購、財務、資材	
		實際								
	生產管理	預計						5	軟體公司 生管、資管	
		實際								
	庫存管理	預計						5	軟體公司 生管、倉管	
		實際								
	會計總帳、固定資產	預計						5	軟體公司 財務、會計	
		實際								
10	流程標準化	預計						3	S公司	符合ISO制度
		實際								
11 實務演練	營業部門	預計						5	S公司	
		實際								
	採購部門	預計						5	S公司	
		實際								
	生管、倉管單位	預計						5	S公司	
		實際								
	研發部門	預計						5	S公司	
		實際								
	財務、會計部門	預計						5	S公司	
		實際								
12	調整系統	預計						3	軟體公司 S公司	
		實際								

項目	日期＼內容	進度	一月	二月	三月	四月	五月	顧問時間	擔當	注意事項
13	修正系統功能與流程	預計						2	S公司	流程與系統功能之差異分析
		實際								
14	確立各系統之期初餘額	預計						5	S公司	資料之正確性
		實際								
15	輸入各系統之期初餘額	預計						2	S公司	
		實際								
16	系統並行作業	預計						3	S公司	縮短並行作業時間
		實際								
17	系統上線及檢討	預計						5	軟體公司 S公司	資料之完整性、正確性
		實際								
◎	第二階段計劃		第二階段實際上線日，視第一階段上線狀況而定							
備註										

⊟ 升級作業系統

▶ 在個人電腦硬體架構升級完成之後，緊接著就是作業系統的升級。為了因應ERP系統的效率與穩定，經評估後，S公司決定將個人電腦的作業系統升級至最新版的Windows系統。

▶ 在新的作業系統升級完成之後，另一個能夠影響ERP系統效率的因素就是網路的通訊協定。因此，不論是ERP主機或個人電腦都全數規劃使用TCP/IP通訊協定。

⊟ 教育訓練

　　此階段的教育訓練主要為基本操作、資料流程、報表產生及憑證處理，參加人員以ERP系統的操作人員、資訊人員、部門主管為主，分別由各部門指派種子人員參加，結訓之後再各自舉辦內部訓練來教導其他同仁，以達到全員學習的目的。

5.4.5 企業資源規劃系統中期導入

⊟ 各模組之安裝

▶ 安裝系統管理模組：包含資料管理、權限設定、程式代號管理、參數設定等系統。

▶ 安裝各大系統模組：包含總帳、固定資產、應收帳款、應付帳款、票據管理、營業稅等財務會計模組；訂單、銷貨、銷售預測等行銷模組；採購模組、庫存模組。

▸ 疑難排解：ERP各模組安裝完成之後，卻在電子郵件系統出現一些難以理解的問題，那就是附加檔案在傳送時，速度非常緩慢。這個問題在S公司資訊人員與軟體廠商技術人員的多方努力之下終於找出，原來是TCP/IP通訊協定的問題，經了解後將問題排除。

確定編碼原則

編碼原則的確認是一項相當重要的工作，舉凡作業流程必須使用表單者，都與編碼原則有相當密切的關係。尤其是表單種類繁多、作業流程多樣化，多半都能夠從編碼原則中清楚地辨識。

▸ 物料編碼：物料編碼原則需要考量到不影響現有人員對物料編碼的習慣性，並且要能兼顧公司未來發展彈性。

▸ 各系統之單據編碼：除了物料編碼的確認之外，其餘需要做確認的編碼原則大概就剩下各項單據的編碼。

建立基本檔

各項編碼原則確定之後，便需著手建立基本資料。經過初步檢視的結果，S公司決定用兩種方式來建立基本檔：

▸ 手動輸入：針對資料量較少、資料欄位差異性大或是新增加的基本資料檔，採取手動輸入的方式來建檔。其優點為不易出錯、有彈性；缺點為速度慢、不易重新產生資料。

▸ 轉檔：針對資料量多、資料欄位差異性不大或是新、舊資料庫皆有的資料檔，採取轉檔的方式來建檔。其優點為速度快、容易重新產生資料；而其缺點則為易出錯、沒有彈性。

建立測試資料

在基本資料檔建立完成之後，接著便是測試資料的建立。在此一階段，採用兩種方式同時進行：

▸ 由ERP各小組負責人依照每天的工作內容，同時將資料輸入在舊系統以及ERP系統當中。

▸ 針對ERP系統中新增加的欄位以模擬的情況輸入資料，以期達到與真實情況相符合的境界。

⊟ 檢討作業流程

由ERP推行小組擬定一套檢討的方案，藉著不同的會議來進行功能面的檢視。依照討論範圍的大小與程度來區分，可分為兩種會議：

▶ 小組會議：由小組成員每週召開一次，針對單一模組測試之結果提出討論。

▶ 協調會議：由各小組組長、資訊人員與軟體公司顧問師每月召開一次，針對各模組資料連結測試之結果提出討論。

5.4.6 ERP系統整體導入

⊟ 跨模組資料之整合測試

在完成中期導入的工作項目之後，緊接著便是針對行銷、採購、庫存、財務四個模組擬定整合測試方案，由於這四大模組是ERP系統最核心的模組，因此整合性的測試便顯得相當重要。以下便是進行整合測試的步驟：

▶ 安排線上測試：排定每週進行三次測試工作，將ERP系統相關作業流程的人員集合起來，分別進行資料的輸入與實地操作，務求達到操作順暢的目標。

▶ 協調與記錄：在測試的過程中，資訊人員必須隨時協助作業人員，並將測試過程中所發生之疑問與注意事項加以記錄，以作為檢討成果之參考。

⊟ 結帳作業之正確性

這個階段的工作重點即是針對輸入之資料做一個結果檢視，而檢視的項目有：月結資料、盤點資料、分析報表、預測資料。而這四項資料的正確性，關係著ERP系統的主要功能是否能符合公司的需求。

⊟ 程式修改原則

從系統輸出的結果來看，ERP系統的主要功能都符合公司的作業流程，但是在小部分的操作畫面及資料流程卻有相當程度的差異。經過將所有的問題整理過後，在程式修改方面，訂定了三項原則。這三項原則分別是：

▶ 功能需求有急迫性，須與主系統一併上線的，列為高度優先。

▶ 功能需求有急迫性，在主系統上線後三個月之內即可修改完成的，列為中度優先。

▶ 功能需求無急迫性，在主系統上線後六個月內即可修改完成的，列為低度優先。

5.4.7 技術移轉

技術移轉是針對ERP系統功能與公司作業流程不同之處的程式修改；目的是要培養資訊人員修改程式的能力，提升ERP系統自主維護的能力。

◙ 訓練課程之規劃

技術移轉的對象主要以資訊部門的系統分析師、程式設計師為主，而訓練課程的安排則包含程式語言、資料庫、系統基本架構，以及報表、憑證等實例的解說。

◙ 訓練課程的實施

技術移轉的訓練課程共分成八大項目，目的在於訓練參與課程的人員皆能獨當一面地進行系統的修改工作。表5-6即為公司技術移轉訓練課程內容。

表5-6 技術移轉訓練課程內容

項次	訓練課程（一）	訓練課程（二）
1	系統基本架構	系統關聯
2	程式語言	資料庫檔案結構
3	建檔	建檔
4	查詢	查詢
5	報表	報表
6	權限控管	資料備份
7	系統文件	系統文件
8	實務演練	實務演練

5.4.8 差異修改

◙ 差異之定義與檢討

所謂差異，即是ERP系統之作業流程或報表，其與公司現行作業流程有衝突的地方。藉由跨部門會議來討論需要進行改善的重大差異，並經過整理列出所需修改的程式清單。

◙ 差異修改

選定具有急迫性的需求且會影響ERP系統上線者，作為差異修改之首要系統。初步估計如下：

▶ 採購系統：兩岸三地貿易作業。

▶ 訂單系統：出貨通知單。

自行修改

選定不具有急迫性且可分批修改者，作為自行修改之系統。初步統計如下：

▶ 採購系統：修改確認動作之執行流程。

▶ 財會系統：新增多種結帳報表。

▶ 進出口系統：修改作業流程與訂單及採購系統之衝突。

5.4.9 資料轉檔

在測試工作展開之前，當然要有測試資料，而這些測試資料可利用下列兩種方式來轉入：

基本資料轉檔

基本資料檔中的欄位通常非常多，資料量也不少，若是將原有的基本資料以人工重新輸入，必然曠日費時。因此，基本資料轉檔作業可利用軟體廠商所提供的工具來協助資料的轉檔。接著再針對原有資料檔與新資料檔的欄位長度進行比較，適當地調整舊有資料檔的資料與欄位，讓轉檔作業更加順利。最後，便是將所有基本資料檔轉換到新的資料庫中，總計轉入的基本資料檔包括廠商檔、客戶檔、會計科目檔、品號檔等。

期初餘額資料轉檔

在執行期初餘額資料導入之前有一個非常重要的前置動作，便是完成各項結帳作業。為了提高期初餘額資料的準確性，在結帳作業完成後，便須立即將最後的數據導入ERP系統中。另一項重要的資料、也是必須在期初餘額資料導入階段一併導入ERP系統的，就是舊系統中所有未結案的資料。

5.4.10 系統測試

在完成資料轉檔之後，接下來便是實際的系統測試。測試階段可分為三個部分來加以說明：

🖭 各模組單體測試

　　針對各模組之獨立功能逐步測試，例如建檔、查詢、憑證、報表等功能，並將修改後的程式與導入的資料進行整體的測試，以掌握系統有無潛藏的缺陷或錯誤，作為再次修改的參考。測試結果如表5-7所述。

表5-7　各模組單體測試結果

系統名稱	測試結果		
	查詢	報表	建檔
採購系統	完整	完整	需修正
訂單系統	完整	完整	完整
進出口系統	完整	需修正	需修正
固定資產系統	完整	完整	完整
應收帳款	完整	完整	需修正
應付帳款	完整	完整	需修正
庫存管理系統	完整	需修正	需修正

🖭 整合測試

　　這個階段有兩個重點：修正各模組的缺陷與錯誤；模組間資料串聯運作之正確性。進行整合測試時，必須集合資料流程上下游相關的作業人員，以密集而多樣化的作業流程案例，實際輸入相關資料，以達到有效率的測試作業。此一階段的測試結果，可以表5-8來說明。

表5-8　整合測試結果

相關系統	測試結果		
	連結性	資料正確性	流程
訂單與生產	中	正確	可再簡化
庫存與銷貨	高	正確	可再簡化
訂單與採購	中	正確	可再簡化
訂單與應收帳款	高	正確	可再簡化
採購與應付帳款	高	正確	可再簡化

　　由表5-8可知,在整合測試的結果中,相關系統間之資料處理都沒問題,且資料的正確性也無誤,只是處理的流程可以再簡化。例如客戶信用額度的管理,可以在訂單輸入或出貨時進行控管;但事實上,流程可以簡化為在訂單輸入時,便控管客戶的信用額度,而不需所有的作業流程都進行重複的信用控管。

⊟ 檢視結帳資料

　　系統測試的最後階段為結帳資料的檢視,結帳資料的重點包括日結、月結、年結與盤點。經過反覆的測試,並比對舊有系統的結帳資料,只要結帳資料正確無誤,這套ERP系統即可正式上線。

個案分析

🖃 電機業導入ERP系統之案例介紹

　　F電機公司是一個典型的傳統產業,雖然產業是傳統的,但是經營階層的觀念卻不傳統保守,相反地,他們深信,唯有不斷地改善及變革,才能使企業維持不敗的競爭力。早年,該公司就聘請顧問著手合理化及電腦化的工作;當時是以租用電腦做批次資料處理;然後,再引進線上即時資料處理,發展管理資訊系統;幾年前,該公司開始導入ERP系統。雖然正值經濟不景氣,百業蕭條,該公司卻在這個時期營收再創新高。該公司之所以能創造出如此亮眼的成績,除了正確的經營理念外,成功的電腦化也是原因之一。

　　F電機公司的高階主管體認到導入ERP系統是公司階段性的大變革,必須趁機讓管理制度及內部作業流程進一步合理化。而經營階層對公司的指示,則只要求新的ERP系統須能配合公司未來十年的發展。因此在實事求是及務實的企業文化薰陶,以及數次的溝通之後,對於即將導入的ERP系統,獲得了以下的共識:

▶ 不迷信ERP品牌,實質內涵與功能最重要。

▶ ERP系統必須可以修改及客製化,以保有現有企業的長處,而且未來要能順利地繼續升級。

▶ 善加擷取利用ERP系統優於公司原有作業流程之處,以便藉由導入ERP系統達到內部作業流程合理化的效果。

▶ 用最有效率的方法導入ERP系統。

▶ 上線前做好萬全準備,避免上線之後才出現問題,反而需要更多的人力去補救。

▶ 要選對功能完整的ERP系統,成功的關鍵在於使用者如何應用這套工具來輔助其所負責的業務。

　　這些共識影響到日後的導入活動。例如在選擇ERP系統時,只關心實際功能,而不以品牌為考慮因素;再如,為了不影響員工日常作業,先由資訊單位與軟體公司進行初步差異分析,再邀集使用者討論細部的差異,由資訊單位扮演軟體公司與使用者間的橋樑。在ERP系統的客製化方面,以程式數量的比例計算,客製化程度不高,系統上線之後還是能繼續升級。另外,F電機公司的ERP系統上線日期有些許延後,主要的原因是希望系統功能測試及使用者的教育訓練已具相當萬全的準備。

　　為了要配合公司未來十年的發展，F電機公司對ERP系統廠商提出了以下的需求：

▶ 符合開放式系統平台。

▶ 具備關聯式資料庫及第四代語言。

▶ 具備網際網路化的ERP系統和群組軟體系統。

▶ 整合群組軟體系統和ERP系統。

▶ 所有表單皆須透過群組軟體系統簽核，並與ERP系統整合。

▶ ERP系統須能支援以各種電子化方式來發出訂單給供應商，也必須能接受客戶XML 格式的訂單。

▶ 整合ERP系統、辦公室自動化系統及工廠自動化系統。

▶ 能處理各種不同格式的資料，如圖形、影像、聲音等。

▶ 能根據個人需求建立個人化介面。

　　根據上述需求，該公司先後評估過包括國外及國內的多家軟體廠商，並在比較系統架構、功能及價格後，由國內的廠商脫穎而出。F電機公司將整個ERP系統的導入重點放在教育訓練上，並把整個導入過程分成數個教育訓練階段。

　　ERP軟體廠商向各單位主管、使用者代表及資訊單位介紹ERP系統的這個階段，只有部分核心人員參加，而且以重點介紹為主。在進階的訓練階段中，則討論出ERP系統與現行作業流程的差異，決定必須客製化的模組，並做出客戶需求確認書。

　　該公司和ERP軟體廠商達成共識：若功能相近，則採用ERP系統的作法；除非是因為公司特殊作業所需，但仍儘量不要修改。在這個原則下，系統修改幅度不大，且均依軟體廠商的規定來修改，這對未來系統的穩定性及升級有很大的幫助。這個階段必須注意的是，客製化的系統絕不能影響標準系統，未來新版的標準系統也絕不能影響現有客製化系統的功能。

　　為進行差異分析及修改後的測試工作，該公司先行安裝一部主機及數部個人電腦，來模擬實際的使用環境，並測試ERP系統功能。在重點差異的客製化工作完成後，緊接著展開正式的教育訓練，讓使用者瞭解系統架構、作業流程、操作介面及以實作為主的教育訓練。為此，該公司擴充訓練教室的設備，安裝客製化後的系統，轉入實際的基本資料，讓使用者以日常資料實際操作系統。因為唯有使用者徹底熟悉作業流程及系統操作，ERP系統的導入才能成功。

在資料轉換時，由資訊單位以ERP軟體廠商提供的轉換程式做實體資料轉換。舉凡歷史資料與基本資料，皆借助工具自動轉換；而變動性較大的未結案資料，則由使用者重新輸入。資料轉換後，立即展開平行作業。在此期間內，所有資料均須分別輸入新、舊系統，再由資訊人員比較兩系統的結果報表，找出差異原因。平行作業初期，許多從未發生過的資料錯誤和程式錯誤紛紛發生，而且因為已經上線，全都必須立刻解決。所幸，到了最後關頭，兩系統主要報表資料總算一致，新系統全面上線，包括製造、財務會計、人力資源、客戶服務等系統全都正常運作。

導入ERP系統只要有妥善的規劃、優秀的專案團隊及專案管理，在不同的時期投入不同的人力，以及高階主管全力支持，便可成功地導入ERP系統。該公司在導入ERP系統的初期，除了投入少數專業人員外，並沒有影響到日常業務；一直到系統測試時，全體同仁才開始感受到較大的壓力；而到了平行作業，則是全體總動員。

在ERP系統的導入過程中，最重要的是教育訓練，它能讓使用者充分暸解系統；另外，ERP系統功能必須要完整，能針對使用者需求進行客製化，但又必須維持未來可以不斷地升級。F電機公司導入ERP系統的過程雖然艱辛，但在有限人力下，該公司能夠克服萬難，其關鍵的成功因素則在於堅強的專案團隊和使用者豐富的經驗。

▶▶ 本章習題

1. 何謂ERP？ERP與SCM有何關係？
2. 簡述MIS與ERP的差異？
3. 企業對ERP系統效益的期望包括哪些？
4. ERP應具有哪些特性？
5. ERP除了MRP、MRP II的功能之外，還包括哪些功能？
6. 導入ERP常見的評估重點為何？
7. 何謂ASP？ASP與ERP有何不同？
8. 試述ERP導入成功的關鍵因素。
9. 何謂XML？XML與電子商務有何關係？
10. 企業資源規劃（ERP）系統建置大多數不成功，如果貴公司要引進ERP，試問有哪些準備工作可以提升成功的機率？

▶▶ 參考文獻

1. Avraham Shtub, Enterprise Resource Planning: The Dynamics of Operations Management, Kluwer Academic Publishers, 1999.
2. Brian J. Carroll, Lean Performance ERP Project Management: Implementing the Virtual Supply Chain, St. Lucie Press, 2002.
3. Carol A. Ptak, ERP: Tools, Techniques, and Applications for Integrating the Supply Chain, St. Lucie Press, 2000.
4. Cindy M. Jutras, ERP Optimization: Using Your Existing System to Support Profitable E-business Initiatives, St. Lucie Press, 2003.
5. Daniel E. O'Leary, Enterprise Resource Planning Systems: Systems, Life Cycle, Electronic Commerce, and Risk, Cambridge University Press, 2000.
6. Dimitris N. Chorafas, Integrating ERP, CRM, Supply Chain Management, and Smart Materials, Auerbach, 2001.
7. Erin Callaway, Enterprise Resource Planning: Integrating Applications and Business Processes across the Enterprise, Computer Technology Research Corp., 1999.
8. Gary A. Langenwalter, Enterprise Resources Planning and Beyond: Integrating Your Entire Organization, St. Lucie Press, 2000.
9. Gerald Grant, ERP & Data Warehousing in Organizations: Issues and Challenges, IRM Press, 2003.

10. Grant Norris & James R. Hurley, E-Business and ERP, John Wiley & Sons, Inc.

11. Karl M. Kapp, Integrated Learning for ERP Success: A Learning Requirements Planning Approach, St. Lucie Press, 2001.

12. Norbert Welti, Successful SAP R/3 Implementation: Practical Management of ERP Projects, Addison- Wesley, 1999.

13. Coopers & Lybrand L. L. P. 原著，陳錦烽譯，企業資源規劃系統使用、控制與稽核：以SAP R/3為例，中華民國內部稽核協會，2001年。

14. e時代企業網路雜誌，資訊與電腦，224期，2000年。

15. Grant Norris原著，劉世平譯，ERP與電子化：企業強化競爭力的致勝武器，商周文化，2001年。

16. 中央大學ERP中心，ERP企業資源規劃（上／下），2000年。

17. 中央大學管理學院ERP中心，ERP：企業資源規劃導論，旗標。 2002年。

18. 中華企業資源規劃學會，ERP學術與實務研討會暨年會論文集，2004年。

19. 日本ERP研究會原著，謝明弘譯，ERP革命大競爭時代的頂級利器，迪茂， 2001年。

20. 王立志，系統化運籌與供應鏈管理，滄海書局，1999年。

21. 企業通雜誌，鼎新專刊，2000年。

22. 林豪鏘，電子商務：從ERP.SCM.CRM到協同商務，旗標，2003年。

23. 徐茂陽，電腦化生產管理與物料管理資訊系統：理論與實務，松崗電腦，1993年。

24. 畢普達科技，ERP入門（上）（下），健峰出版社。

25. 游啟聰，自動化工程系統：ERP專題研究，工業技術研究院機械工業研究所，1999年。

26. 華茂科技股份有限公司，製造業ERP系統，1999年。

27. 楊金福，企業資源規劃（ERP）理論與實務，滄海書局，2001年。

28. 葉宏謨，企業資源規劃製造業管理篇，松崗電腦，2001年。

29. 鼎新電腦（Workflow ERP）教育訓練手冊，鼎新電腦公司， http://www.dsc.com.tw/

30. 鼎新電腦股份有限公司，TIPTOP系統， 2000年。

31. 管理雜誌，314期，2001年。

32. 謝清佳、吳琮璠，資訊管理：理論與實務，智勝文化，2000年。

33. http://www.123go.com.tw

34. http://www.anser.com.tw/（安瑟管理顧問公司）

35. http://www.apics.org

36. http://www.attn.com.tw/（天心資訊公司）

37. http://www.erp.ncu.edu.tw（中央大學企業資源規劃中心）

38. http://www.erp.org.tw/（中原大學ERP研究中心）

39. http://www.erpworld.org

40. http://www.fast.com.tw/（漢康資訊公司）

41. http://www.istec.iii.org.tw

42. http://www.psitech.com.tw/（慧盟資訊公司）

Chapter

6

供應鏈管理

» 6.1 供應鏈管理之基本概念

6.1.1 供應鏈管理的定義

供應鏈（Supply Chain）可以定義為企業間跨功能部門間，運作程序整合協調之合作策略，是用來支持企業永續經營，包含企業內部與外部所有實體設備與運作流程的集合。近幾年來，供應鏈的概念經歷了快速的變革，而其變革的動力來自於客戶的要求，因為客戶要求更好的產品品質、更低的價格、更好的服務，於是企業必須致力於降低成本、縮短交貨時間，以及提供更好的產品品質與客戶服務。因此，如何運用資訊科技來提升整體供應鏈的效率，就成為企業維持競爭優勢的關鍵。

早期的供應鏈管理（Supply Chain Management，SCM）乃針對企業內部運作流程之整合，包括研發及設計、物料採購及運籌、工廠製造、產品儲存及配送、行銷與銷售及售後維修與服務等。然而，現代的供應鏈管理其層面涵蓋更廣，是在企業流程中與其他企業共同合作的過程，企業不但要將內部運作流程最佳化，還必須整合上游供應商與下游客戶的運作流程與資訊，將企業內部與外部資源做最佳化安排。資訊科技是改善供應鏈最首要的條件，目前已有許多供應鏈管理軟體可以幫助企業快速整合供應鏈的資訊，藉由這些軟體，不僅可減少資料的重複輸入，又可去除不必要的流程，再加上透過對資訊流、金流、物流的控制，讓整個供應鏈流程得以有效率地整合，將成本降到最低，並滿足客戶之要求。

6.1.2 供應鏈模式

以下，我們介紹三種不同的供應鏈模式。第一種模式是指從上游供應商到下游客戶之間，並未明顯存在主導廠商，而各廠商擁有自己獨立的資料庫；在此模式中，除了物流以外，其他的資訊流動都是相當有限的，見圖6-1所示。目前多數供應鏈模式都屬於此類。

第二種模式是指以合作夥伴為導向的供應鏈關係。在此模式中，所有廠商都共享同一個資料庫，並將自己產生之資料回饋給這個共享系統，使得該系統之資料具有互動能力與再利用的價值。例如美國威名百貨（Wal-Mart）就因為擁有良好的上架、補貨系統，而成美國零售業的領導廠商。見圖6-2。

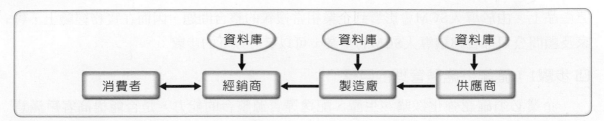

圖6-1 各廠商擁有自己獨立資料庫的供應鏈模式

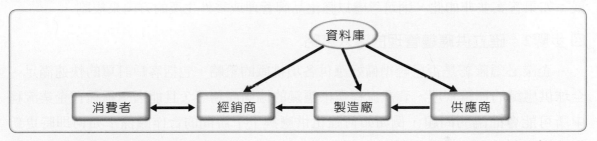

圖6-2 各廠商共享資料庫的供應鏈模式

　　第三種模式是指透過資料的高度互動與緊密的連結，達成大量客製化與客戶需求導向的生產能力。例如戴爾（Dell）電腦利用訂單組裝方式直接銷售電腦給客戶，即屬於此類的模式。如圖6-3。

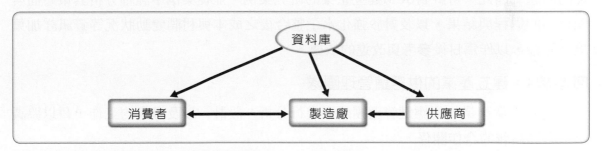

圖6-3 資料高度互動與緊密連結的供應鏈模式

6.1.3 導入供應鏈管理的步驟

　　供應鏈管理是企業流程改造中重要的任務之一，而其應用面更是被討論的重點。在供應鏈管理的規劃流程中，需求預測、採購、庫存管理、配銷、生產，以及服務等都是重要的焦點。供應鏈管理整合了供應商、製造商、配銷商及客戶的需求，進入一個緊密連結與協調活動的流程，而其目的是爲了增加預測的精確度、生產排程的最佳化、降低採購與庫存的成本、強化客戶服務等，其活動則專注在採購、製造，以及搬

運產品上。由於導入SCM會影響到企業相當複雜的整合問題，因而在實務經驗上，專家及顧問公司都會建議導入SCM的企業，可以參考以下的步驟：

步驟1：確認供應鏈管理的目標

企業必須確認強化採購、生產、配送等資源整合的能力，是否能提高客戶滿意度？如果答案是肯定的，則企業在導入SCM時，便應朝向以生產流程導向的模式來發展；如果答案並非如此，則可考慮以強化品牌管理或委外生產的方向來規劃。

步驟2：確立供應鏈管理的導入策略

企業必須確認是否已經準備好應付各項挑戰的策略，包括客戶訂單的快速滿足、全球供應鏈的運籌管理、資訊流程與供應鏈的協同商務等，且能因應種種在企業流程中所可能會面臨的問題，例如如何強化供應鏈上下游間的合作關係？如何即時更新與分享資訊？如何強化供應鏈規劃與供應鏈執行的能力？唯有如此，才能成功導入SCM。

步驟3：研究成功的企業個案

導入SCM後，能對企業做出多少貢獻，以及帶來多少利潤，是最令企業關切及懷疑的問題。因此，可針對SCM建立企業的研究案例，並從案例中詳細分析其策略面與執行面的過程與結果，以及對於強化水平整合後之成本與利潤變動狀況等資訊詳加蒐集、記錄，以作為日後參考與改進的依據。

步驟4：建立產業的供應鏈管理團隊

建立一個產業的供應鏈管理團隊來進行分析、設計，以及導入的工作，藉以協調上下游間複雜的合作關係。

步驟5：整合產業供應鏈中的廠商

企業特別注重合作夥伴關係的管理，如果沒有其他戰略合作夥伴的加入，導入SCM對於企業而言，是無法順利整合外部供應鏈的。因此，成功的關鍵因素之一就在於建立一個互信的環境，使所有成員同意一起合作，並尊重彼此間做出的承諾，以說服上游供應商、下游配銷商與客戶，加入以產業為範圍的供應鏈中。

步驟6：建立績效評估制度

導入SCM後，能不能為企業的營運帶來實質的績效和創造出利潤，才是企業最關心的重點。因此，與合作夥伴共同發展出一套績效考核準則，並確保合作夥伴之間可以協同合作，如此一來，才能在有制度的管理運作下，提升績效和利潤。

⊟ 步驟7：強化教育訓練

　　企業在導入SCM後，必須強化員工對SCM的認知，因為員工在SCM的管理和運作上扮演著重要的角色，所以企業應強化教育訓練的工作，以提升員工的本質學能。

6.1.4 長鞭效應

　　在供應鏈體系中，長鞭效應（Bullwhip Effect）問題一直深深困擾著廠商。所謂長鞭效應係指在一個供應鏈體系中，若下游的產品需求資訊有些許的變動，當這個需求在供應鏈中層層轉移時，該產品需求的資訊會變得扭曲而失真，並對上游供應商的需求造成較大幅度的變動。由於下游的零售商常會為了因應產品需求的小幅調升及快速的客戶回應，而導致批發商、製造商、供應商的需求放大，並囤積大量的存貨，以避免不時之需，最後引發製造過多的產品及產生無謂的生產倉儲成本等情況。此現象一直深深困擾著上游供應商，並造成他們的收益損失。

　　總體而言，導致長鞭效應的原因可歸納為下列幾項：

⊟ 需求預測的不一致

　　因為從供應商、製造商到客戶端是一長串的供應鏈體系，層層的需求預測常造成最後相當程度的失真。供應鏈上的各家廠商如何改善此一現象，並對下游的實際需求做出正確的預測，是非常重要的。

⊟ 整批訂貨

　　在產品售出後，廠商常為了考慮訂貨的處理成本，不一定會立刻訂貨，而是累積到某一固定量或時間後才會訂貨。例如，訂貨時間固定在每月月初，則有可能出現在其他時間訂貨為零，到了每月月初時訂貨量卻突然大增的情況。

⊟ 價格波動

　　價格的波動常會影響到消費者的需求。例如，民生用品在促銷期間，消費者購買的數量通常會超過實際的需求量；而在非促銷時期，購買量則大幅減少。

⊟ 預期心理

　　當企業預期供給有問題時，為解決供應問題，企業往往會將訂貨量提高，而在供給恢復平穩時，訂貨量則又大減，以致於造成訂貨量的大幅波動。這種預期心理，往往會造成各廠商過度爭取貨源，而產生誇大不實的需求，最後也增強了長鞭效應。

　　長鞭效應可能促使整個供應鏈由一開始需求的小改變，最後擴大到造成從供應商、製造商到批發商存貨與成本都增加。因此，企業如果能瞭解其發生的原因，便能清楚地辨識非市場性的需求，以避免發生營運損失。

　　以下提供幾個解決長鞭效應的方法，任何改善的方案只要往這方面著手，就能避開長鞭效應的影響：

▸ 資訊分享

　　下游的客戶需求資訊可以快速地與上游供應商分享，而上游供應商的供應能力也能快速地讓下游的客戶瞭解。

▸ 順暢的配銷通路

　　加強上下游的合作關係，明定庫存與配銷的關係，使供應鏈的各個環節運作順暢。

▸ 提升供應鏈的運作效率

　　提升整體供應鏈流程的運作效率，並縮短前置時間。

▸ 避免需求預測不一致

　　在供應鏈體系裡的每個廠商，都會預測其下游廠商的需求，然而，各廠商所用資訊的不一致卻可能導致完全不同的預測結果。此時可藉由要求下游廠商利用EDI或網際網路提供貨物銷售及庫存的情況，或是由上游廠商直接監督、控制下游的庫存水準，甚至進一步採用直銷的方式來解決這個問題。如此，製造商就能大幅提升預測的品質，且能準確地掌握庫存量，甚至達到零庫存。

▸ 改變訂貨模式

　　可引進持續補貨規劃，鼓勵下游廠商改用較小量但頻繁的訂貨模式。但這種模式會導致訂貨成本的提高，因此，必須同時搭配配套方案：

1. 同時導入EDI或網際網路，降低訂貨人力需求及節省人工紙上作業時間。

2. 由於整車運送的成本較低，使得下游廠商不願少量訂貨，此時，可將配銷工作外包或利用複合配銷的方式，在一整車上同時運送不同貨物。另外，亦可採取先將各分店的需求彙總至總公司，再由總公司依據每日的訂單，統籌下單給供應商，由供應商直接透過物流體系將貨品送達各分店，以降低每家分店的庫存量。

▸ 穩定價格

　　由於下游廠商經常會被各種促銷活動吸引而導致超額購買，因此要解決長鞭效應最簡單的方式，就是取消數量折扣，而對需求固定的下游廠商給予獎勵；甚至還可以

利用成本會計制度來讓下游廠商明瞭超額成本，例如存貨成本、倉儲費用、運輸費用等。透過成本會計制度的分析，廠商可以看出小額訂貨可能是比較經濟的。

▶ 避免廠商之間過度爭取貨源的競爭

當上游供應商的生產不足時，應該根據下游廠商過去的訂單需求，依比例來供貨，而不是根據現有的訂單供貨，同時也應提高下游廠商取消訂單的門檻。如此，下游廠商才不會誇大訂單，造成大量的假性需求，並可促使下游廠商根據實際的需求來訂貨。

» 6.2 導入供應鏈管理系統

SCM具有快速回應需求變化的敏捷性，可將企業的產製型態轉化成客製化生產模式，依照客戶個別的需求，完成適時、適地、適量的產品與服務，其主要任務便是整合開發、物料供應、生產、行銷、服務等活動，包括生產線自動化系統、企業資源規劃系統、供應鏈管理系統，甚至延伸至包括電子商務在內的對外整合。在真正落實SCM的執行面時，有四個主要步驟：

🔲 步驟1：形成供應鏈合作關係體

由於供應鏈是由所有上下游廠商的跨組織聯盟所組成，因此管理者必須要特別注重合作夥伴關係的管理，管理的焦點包括組織成員間的溝通與協調，實現資訊分享與共用，以形成供應鏈合作關係體。然後，再提出一個正確的方向，使整個供應鏈往共同的目標邁進，並藉由簽訂合約的方式，形成所有成員皆具共識的行動計劃與責任規範。

🔲 步驟2：企業流程規劃

進行企業流程規劃時，首先必須知道供應鏈的三個重點，即：(1)客戶的需求是什麼？(2)客戶何時有需求？(3)客戶指定的交貨地點在哪裡？而在規劃跨組織作業流程的過程中，企業可利用配銷需求規劃、銷售商的進銷存管理，以及持續補貨規劃等工具，來有效地進行市場銷售預測與訂單的整合，並能藉此協助客戶調整其需求，改善庫存過多或不及的問題。

🔲 步驟3：導入供應鏈管理系統

透過整合跨組織與跨部門流程的供應鏈管理系統，才能以最低的成本、最短的週期生產最好的產品，快速滿足客戶的需求，使供應鏈的整體運作效率達到最佳化的境

界；換言之，透過供應鏈管理系統，將訂單、採購、銷售、製造，以及配銷整合在一起時，才能提高供應鏈的協同運作與快速回應性。

🔲 步驟4：績效評估

　　爲了確保金流、物流及資訊流都能依其所規劃的流程來實施，以及能快速回應瞬息萬變的市場，供應鏈管理系統必須能有效地管理與營運。在導入供應鏈管理系統之後，SCM系統應具備有效的衡量機制，以檢視供應鏈是否達成階段性的目標。

» **6.3** 資訊科技與供應鏈管理

　　以下針對各種不同的供應鏈軟體，進行深入的探討。

6.3.1 I2之電子商業流程最佳化軟體

　　I2是目前全球許多大型企業所採用的軟體，其功能在於供應鏈的整合，注重的是工廠內機台的排程，以及客戶的訂單是否可以接受及準時交貨。I2對機台的利用率可以進行最佳化計算，其中電子商業流程最佳化軟體（Electronic Business Process Optimization，EBPO）爲企業提供決策智慧、企業核心程序最佳化，以及整合的解決方案。在其架構下，企業核心程序可以分爲：

▶ 產品生命週期管理。

▶ 供應鏈管理。

▶ 客戶管理。

▶ 企業程序規劃。

▶ 企業策略規劃。

　　一般認爲，供應鏈管理是在原料採購、計劃、生產製造、運輸配送、倉儲，以及產品銷售的流程中，在最少的時間與成本下，將原料轉變成產品，並交付到客戶手上。而由此定義則衍生出在供應鏈裡的每個成員都會執行五個基本活動：生產、銷售、運輸、採購、倉儲，且這五個基本活動依據決策的時間點又可分爲近程決策與遠程決策。見表6-1。

表6-1 各種企業活動的近程決策和遠程決策

企業活動	近程決策	遠程決策
生產	安排生產排程,充分利用生產資源。	建立全球化的生產據點,並決定最佳的生產組合,以快速回應客戶需求。
銷售	排定客戶訂單,並為企業帶來利潤。	因應客戶需求量增加,決定現有的產量與配銷管道的因應之道。
運輸	單位運輸量的最佳化。	規劃運輸網路,因應全球化營運的需求。
採購	適量購買所需之物料,並適時運送到工廠。	找尋供應商,決定由長期夥伴或是短期競標方式來建立策略關係。
倉儲	安排倉庫儲存。	規劃企業倉儲網路。

為了有效整合上述五個基本活動,I2 EBPO管理解決方案設計了以下三個系統:

需求規劃系統

想要進一步分析市場和瞭解客戶的購買行為及習慣,可以透過需求規劃來進行。需求規劃系統可以利用產品與地理區域這兩個維度,來進行長期、中期及短期的預測,產生整體性預測及個別預測,建立起整體的市場需求預測。藉由正確的市場需求預測,企業將可減少資源浪費,並拓展商機。

供給規劃系統

運用企業資源來配合市場需求進行規劃的模式,是最有效率的方式。供給規劃系統涵蓋一系列完整的規劃,例如存貨、產品配銷、物料採購、運輸,以及供應據點等,可與需求規劃系統的市場需求預測結果,求得存貨水準、獲知客戶滿意度,以及掌握企業資源的使用效率,以提供決策者判斷該產品應為內製或是外購。

需求滿足系統

根據研究顯示,許多供應商會因為企業服務品質不佳而遭淘汰,所以提升客戶滿意度是相當重要的。需求滿足系統的規劃範圍,包括取得訂單、確認訂單、訂單承諾及交貨等程序,其最終的目的在於能確保客戶訂單迅速與正確地完成交付。經由供給規劃系統所提供的存貨、物料採購、產能及運輸資料,可產生整體供應鏈的最佳方案,以滿足客戶需求。

6.3.2 IBM之企業流程模型暨分析軟體

企業流程模型暨分析軟體（Business Process Modeling and Analysis Tool，BPMAT）是一套用以建立與分析企業流程模型的綜合性工具。其所建立的企業流程模型兼具傳統靜態的流程模型與以企業活動為基礎的成本及模擬技術。藉由企業模型的建立、模擬及分析，管理顧問與流程再造專業人員能夠評估資訊與流程在整體企業供應鏈的績效，並運用最佳化與預測技術，來調整客戶服務度與存貨等級。BPMAT是一個圖形化且容易使用的工具，其功能包含：

▶ 以個別事件的方式來進行模擬。

▶ 以階層化的方式來表現企業流程。

▶ 以企業營運活動為基礎的成本計算方式。

▶ 以階層化的方式來表示企業資源。

▶ 企業資源的配置與利用。

▶ 循環週期時間的分析。

而這幾項功能要能有效地運作，使用者就必須先瞭解相關產業知識並蒐集所需要的資訊，且這些資訊必須涵蓋企業營運活動與定義的清單，企業營運活動彼此之間的互動關係、執行企業營運活動所需要的資源，以及源自流程中的實體（Entity）。運用BPMAT來建置企業流程模型，有以下幾個步驟：

▶ 利用BPMAT的圖形化介面，來建立階層化的企業流程架構。

▶ 藉由定義企業流程中流動的實體，例如訂單、工作，來定義企業營運活動所使用的資源，例如人員、設備，並定義企業模型所需要的特定參數。

▶ 選擇績效的評估標準，例如時間、資源使用效率、成本及產出結果。

▶ 定義執行結果所需要的報告，例如服務水準、庫存狀況及市場占有率。

▶ 執行BPMAT，觀察實體（如資訊或實體的貨物）在模型中流動的狀況。

▶ 執行系統模擬，蒐集相關流程的效能資訊。

▶ 分析本系統產出的報告，以作為決策者的參考資訊。

此外，BPMAT也包含了供應鏈管理所需要的專用函式庫，而這些專用函式庫提供了以下的資訊：

▶ 供應鏈體系中每個節點的存貨水準。

▶ 存貨補充與製造的政策，如BTO、BTP、連續式補貨、週期性補貨。

▶ 上游供應商的前置時間。

▶ 生產的週期時間。

▶ 運輸時間。

▶ 需求的變動程度。

▶ 上游供應商、生產工廠,以及倉儲的數量與位置。

▶ 供應規劃。

　　且根據個案應用分析,BPMAT能夠協助企業做到:

▶ 改善企業存貨狀況及服務水準。

▶ 針對企業流程的瓶頸,發展出解決方案並評估其績效。

▶ 簡化採購流程,有效地減少生產成本、縮短流程步驟及縮短生產的週期時間。

▶ 更緊密地結合企業流程,縮短訂單完成時間,提升市場占有率。

6.3.3 SAP之供應鏈先進規劃暨最佳化元件

　　SAP R/3企業資源規劃軟體所提出的供應鏈管理方案,除了結合SAP R/3的能力、規劃及排程產品技術外,也結合了協力廠商的產品、網際網路的功能,以及供應鏈先進規劃暨最佳化元件(Advanced Planner and Optimizer,APO)。SAP APO提供企業對時間、物料及其他重要資源的預測、最佳化及排程管理,讓企業在面對激烈與快速變動的競爭環境時,決策者可以正確、迅速地管理企業的供應鏈體系與執行最佳化的計畫,並有效地協調工廠、人員及工作流程,以符合客戶需求。

　　SAP APO包含五項可提供即時規劃與決策支援的工具:

🔲 供應鏈導航中心

1. 直覺式的圖形化使用者介面:協助決策者管理供應鏈體系中各個環節的狀況。

2. 例外事件警示:針對需求預測與實際情況的差異,進行比較及產生詳細的報告,讓決策者能正確掌握訊息。

3. 將供應鏈訊息廣播給合作夥伴:讓供應鏈體系中所有環節的訊息,都能夠快速地傳遞給合作夥伴。

4. 關鍵績效評估指標:藉由衡量關鍵績效評估指標,決策者能夠評估現行供應鏈的運作績效。

5. 系統模擬:提供決策者模擬與評估各項供應鏈的策略規劃。

⊞ 需求規劃

1. 協同合作預測：經由協同合作的需求規劃，合作夥伴能更有效地進行預測與庫存的規劃，進而完全掌握整個供應鏈體系的狀況，並使供應鏈體系的各個環節更為緊密地結合。

2. 產品生命週期：決策者能夠根據產品的生命週期決定相關的策略規劃。

3. 產品的促銷規劃：決策者可根據利潤、庫存量或歷史的銷售紀錄，來建置促銷活動的需求模型，亦可分析價格與需求之間的交互影響關係。

4. 預測新產品的需求：根據類似產品的歷史需求資料，決策者能夠進一步預測新產品的市場需求。

5. 因果分析：決策者可以運用統計技術，例如時間序列分析或是線性迴歸分析，來分析人口、環境、社會或經濟因素與產品需求之間的交互影響關係。

⊞ 供應網路規劃

1. 整合性生產規劃：依據企業生產狀況排定生產時程。

2. 執行系統模擬分析：根據生產計畫進行系統模擬，以評估生產效能，並配合市場需求來調整供應量。

3. 銷售與庫存管理：掌握零售商的銷售資料與庫存狀況，作為預測市場需求與補貨的依據。

4. 供應配銷網路：根據運輸時間、倉儲容量及生產排程，提供從供應商到客戶之間的最佳供應配銷網路。

⊞ 全球化客戶承諾達成

1. 生產替代：如果產品的產能無法滿足需求時，可根據事前建立的規則，選擇合適的替代供應商。

2. 供應商選擇：選擇合適的供應商。

3. 配置管理：管理供應鏈體系內所有的配銷據點、工廠及倉儲中心的物料與產品。

⊞ 生產規劃與排程

1. 進行整體供應鏈的前推式與後推式排程。

2. 同步進行產能規劃與物料需求規劃。

3. 利用甘特圖排定時程。

6.3.4 電子商業之架構與設計

在電子商業架構環境日益成熟的現代，企業傳統的應用程式與資料處理模式，已無法應付所有的狀況，因此企業間的溝通不能再依賴紙上作業，而必須改以電子文件的方式來傳輸，才能達到完全自動化的境界，也才能提升效率，使企業具有競爭力。有關電子商業之架構與設計，即如圖6-4、圖6-5所示。正因為企業間網路的應用日漸重要，以下特別列出幾點可作為解決前述問題時的參考：

▶ 以訊息作為不同應用程式間的溝通介面。

▶ 能適用於業界的標準。

▶ 能跨各種的系統平台。

▶ 使用統一的產業標準訊息。

▶ 符合不同產業的需求。

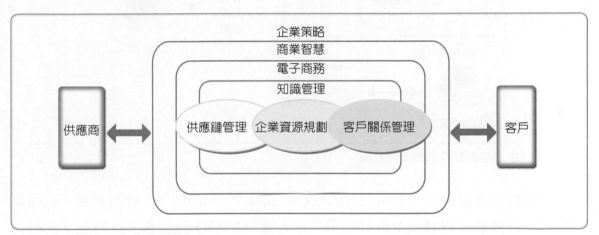

圖6-4 電子商業之供應鏈架構圖

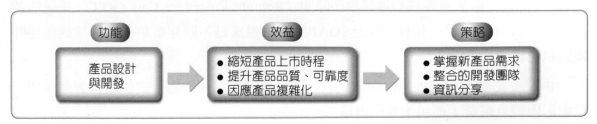

圖6-5 電子商業之設計架構

　　目前應用在電子資料格式的軟體有很多種，其中以延伸標記語言（Extensible Markup Language，XML）文件最能夠符合上述幾點要求。XML能夠提供企業間流程的相互合作，並簡化資訊分享與運用的過程。若將XML文件整合到應用程式的開發上，其應用程式開發架構如圖6-6所示。在圖6-6中，當製造商與其供應商之間以XML為基礎的訊息交換格式來進行資料交換時，也就表示該系統已經可以和上下游廠商進行溝通了。

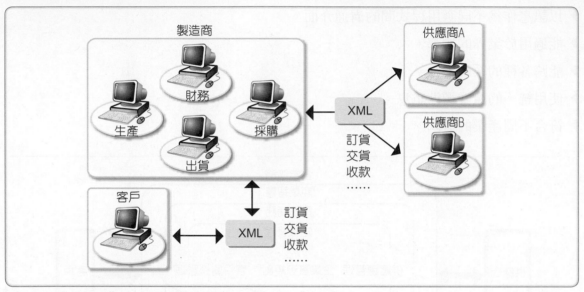

圖6-6　以XML為基礎文件資料交換架構

　　簡單物件存取協定（Simple Object Access Protocol，SOAP）提供一個簡單的資料交換機制，以便在分散式的環境中，使用XML來進行格式化的電子資料交換。SOAP提供一個模組化的包裝模型及加密機制，將資料加密在模組當中，而這使得SOAP得以在由訊息系統到遠端程序呼叫（Remote Procedure Call，RPC）系統的架構當中，擁有相當大的彈性，因此SOAP甚至可視為是不同作業平台間的遠端程序呼叫通訊協定。

　　由現今企業所面臨的營運環境，我們不難發現企業所要應付的供應鏈管理議題，已愈形困難且嚴苛，而這主要是因為：

▸ 原料供應來源分散化。

▸ 產品生命週期縮短。

▸ 產品項目多樣化。

▸ 滿足消費者需求。

▶ 全球化市場發展。

▶ 國際化的專業分工。

我們可由電子資訊產業作為一個切入點，來瞭解企業所面臨的供應鏈困境。

許多業者開始思考如何透過有效的供應鏈運作模式，更快速地接觸市場，來解決市場價格快速下降和產品生命週期越來越短暫的問題，並且希望能降低庫存風險與成本壓力，因而發展出全球運籌模式。

相較於傳統的配銷模式，全球運籌模式是由位於不同國家的原料提供者、製造商、倉儲中心與客戶所交織而成，它改變了整個供應鏈的運作，使所有的供應商都必須盡可能地接近市場。當廠商確定某市場的產品需求後，即要求供應商將貨品送達當地，在當地進行組裝與銷售，如此一來，便可明顯地獲致以下效益：

▶ 消費者以低廉的價格拿到新款的產品。

▶ 供應商以即時需求生產模式替代訂單生產模式。

▶ 銷售店面不須囤積庫存。

▶ 廠商不必冒庫存成本的風險。

在這複雜的經濟體系和多變的商業環境裡，供應鏈管理所涉及的範疇，已不再侷限於原料供應者到生產者的一端，而是涵蓋了生產者到客戶端的整體運作過程；也就是將從供應端到客戶端中，所有能產生價值的活動都納入管理。因此，有學者將供應鏈管理擴大稱為價值鏈管理（Value Chain Management，VCM）或延伸性供應鏈管理（Extended Supply Chain Management，ESCM）。這麼一來，不管是在採購生產、配銷、客戶服務或商業合作關係上，企業所面臨的挑戰將比以往多出許多，因此在導入供應鏈管理時，也就面臨了更複雜的問題：

▶ 如何與合作夥伴之間進行正確且即時的資訊交換？

▶ 如何重新規劃組織架構與企業流程，以開啟新的供應鏈管理模式？

　　針對上述問題，企業在規劃與執行供應鏈管理系統時，應將資訊與資源的整合、企業經營的核心能力及整合的層級等三大構面納入考量，見圖6-7。

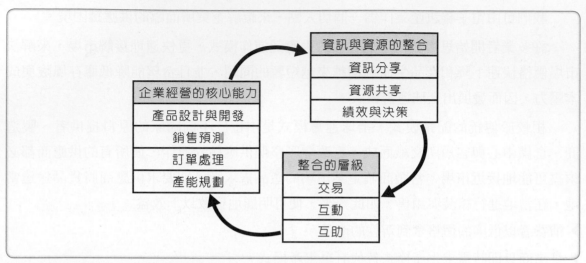

圖6-7　規劃與執行SCM系統的考量

資訊與資源的整合

　　舉凡製造商、供應商、配銷商乃至零售商，其彼此間資訊公開的程度和資源共享的項目，均是在資訊與資源的整合時所需考量的。例如：必須分享哪些資訊，才能對績效與決策有所助益？

企業經營的核心能力

　　這界定了供應鏈成員的核心能力與如何分工合作，以及彼此間的作業流程應如何整合與互動。例如，供應鏈中有哪些廠商擅長產品開發？又有哪些廠商擅長產能規劃？

整合的層級

　　即供應鏈中各成員彼此之間互動的程度。

　　數位經濟的浪潮正波濤洶湧地席捲全球企業，讓整體競爭環境面臨重大轉變。因此，導入供應鏈管理不僅是企業競爭力提升的問題，也牽涉到產業能否在新世紀存活的關鍵。而要彰顯與強化企業在整體供應鏈中的價值，企業必須朝以下各方面努力：

全球化製造管理與分工的能力

　　因應全球市場的競爭與全球運籌模式的潮流，降低生產成本與擴大經濟規模已成為必然的趨勢，因此廠商往往擁有多個跨國的生產據點。而這將會增加生產管理的複雜度，同時也考驗廠商的全球化製造管理與分工的能力。

🔳 建立資訊流通與分享的網路

如何建立與上游供應商及下游客戶間的資訊網路，使彼此間資訊的流通與分享沒有阻礙，就是強化供應鏈管理的要務。

🔳 整合企業資源規劃

整合企業資源規劃與供應鏈管理，是供應鏈能否成功運作的關鍵要素，唯有有效整合上述各項要點，企業才能彰顯出自身在供應鏈中的價值。

6.3.5 電子交易市集

除了研究供應鏈的技術外，隨著電子商務的發展，企業對企業（B2B）電子交易市集（e-Marketplace）的發展也是我們應該注意的環節。B2B電子交易市集係指一個可讓不同買方向不同賣方採購產品與服務的網站，其聚集買賣雙方在上面溝通、分享意見、刊登廣告、競標產品與服務、進行交易與庫存管理等商業行為，如圖6-8所示。這些電子交易市集通常是由市場創造者負責營運，而這裡所謂的市場創造者可能是既有買方或賣方，也可能是中立的第三者；至於電子交易市集的獲利模式，目前則仍以交易佣金、企業會員費、產品上架收入，以及廣告刊登收入為主。

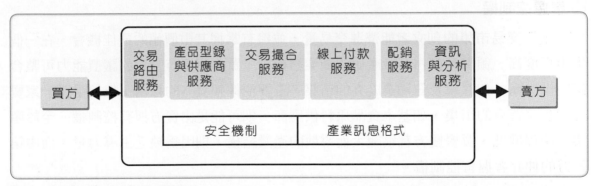

圖6-8 電子交易市集的基礎功能

企業透過電子交易市集來從事買賣有許多的優點。對買方而言，其可增加在採購上的選擇，降低採購成本；也可以透過電子交易市集有效率的議價機制，提升採購流程的作業效率。對賣方而言，則有更多的機會接觸買方，並可接觸原本無法接觸到的市場，以增加營收來源。由於電子交易市集能即時連結龐大數量的買方與賣方，可以發揮供需調節的功能，且藉由立即提供客戶有關產品的相關訊息，企業將能夠縮短新產品上市的時間。此外，透過這種以網際網路為基礎的交易平台，提供特定的產品與

服務給特定產業的所有成員，讓企業與企業能夠不受地理區域與時間的限制，進行多對多關係的互動。

根據網站所提供的內容與服務分類，目前已有二種類型的電子交易市集：

垂直市集

係針對單一產業或市場，緊密地結合買賣雙方的作業流程，提供產業上游至下游電子商務相關產品或服務，其所注重的是採購流程的時效與產品品質。

水平市集

涵蓋不同性質的產業，經由網路提供共同的關鍵運作機能，偏重產品的價格與規格。

若要使電子交易市集成功經營，必須具備以下五大要素：

集客量大且交易量大

成功的電子交易市集必須要具有集客量大的特性，才能迅速匯集夠多的買主，因而提升更多供應商加入交易市集的動機；另外，也必須產生大量的交易量，才能銷售更豐富的商品。

掌握控制權

電子交易市集的創立者能帶進交易量，並擁有掌握其中價值的最佳機會。在一個集中程度高、領導廠商占多數產值的產業結構中，買方將擁有強大的議價能力可整合個別供應商，如汽車及石油業成立的市集，主要便仰賴買方的採購；但如果是一家賣方對多家買方的市集，如基本食品原料供應商，則可能是由賣方握有控制權。至於產業集中程度低、買賣雙方都很龐大而零散的產業結構，則因為缺乏主導力量，而由第三方的仲介者握有控制權。

良好的管理制度

經營買方眾多的電子交易市集，必須指派一個中立、具有決定權且獨立運作的管理小組，來避免買方本身之間的衝突，以及協助買方與供應商進行協商，以確保電子交易市集的運作，並維護電子交易市集的秩序。

開放標準

電子交易市集必須採用開放標準，才能吸引買方與賣方加入，促進流通量。例如，WebMethods公司正在發展具有翻譯功能的軟體，以促進買賣雙方及不同電子交易市集之間的溝通。

降低整體成本

電子交易市集最大的優點就是可以利用其集客力，大量聚集客戶而增加議價空間，進而降低價格；然而，光是降價是不夠的，還必須降低整體擁有成本，包括存貨損失、產品損壞等間接性的成本。

掌握B2B電子交易市集成功的關鍵因素，包括如何運用資訊科技、如何設計變革方案和慎選買方夥伴，同時也包括學習電子商務工具，如線上目錄、線上拍賣等。而B2B電子交易市集的成功，將徹底改變買賣雙方的互動。一般預料，在幾年內即可能會有許多成功的買方市集出現，大企業將會有愈來愈多的採購在線上完成。以目前全球有半數以上產品在亞洲生產看來，亞洲發展B2B電子商務的商機相當可期。

雖然B2B電子交易市集在亞洲有著龐大的商機，但是在亞洲發展B2B電子交易市集卻存在著像是：不健全的付款機制、低落的供應鏈效率、不成熟的電子商務環境之類不利因素。因此，B2B電子交易市集要在亞洲成功，必須掌握幾項要領：

▶ 先針對一般簡單的產品進行買賣，然後再鎖定複雜性高、需要專業知識的產品。

▶ 整合企業資源規劃系統，發展能跨平台的系統，為各供應鏈的每個環節做整合。

▶ 除了撮合買賣雙方外，還應該要建立出良好的基礎環境，包括資訊流、物流、金流等機制。

▶ 掌握各國在法律、政治、社會文化、市場經濟等的差異。

台灣向來以國際貿易為主，為了掌握訂單的時效性，資訊業者紛紛以供應鏈管理串連上下游的供應商。但由於生產性物料的採購與供應在時間點的掌握上必須非常精確，因此供應鏈管理多半是封閉性系統，而不是開放的電子交易市集。

個案分析

☺ 電子業之全球運籌體系

　　有鑑於亞太地區已成為全球電子業的重要生產地區，P電子公司乃將營運總部設立於台灣，讓台灣成為該公司的決策中心。

　　早年，該公司主要業務為承接美洲客戶的大量訂單，所以比照台灣模式，在美洲設立生產工廠，而這是在海外所設工廠中較大規模的廠房，它所採取的是從前段到後段組裝一貫化生產模式。

　　為了因應電子產業走向低成本的趨勢，該公司先後在歐洲與大陸設立工廠，其生產模式也與美洲廠相同，為整機出貨。其中，歐洲廠以服務歐洲市場為主，大陸廠則供應亞洲市場，並擔任美洲廠與歐洲廠的產能緩衝。另外，此時亦是該公司開始採用自行開發的資訊系統，透過企業內部網路來瞭解整個運作體系重要資訊的階段。此一時期，該公司在全球的主要生產重鎮已從台灣擴及美洲、歐洲與大陸，全球運籌體系也已經複雜許多，而當時各廠的生產模式卻都還是從前段到後段組裝的一貫化作業，這使得整個供應鏈管理和全球運籌的複雜度增加，因為光是產品機型就高達百餘種，而零組件也多達四千件至五千件之多。因此，為了降低整個供應鏈的複雜度，P電子公司開始著手調整各廠間的角色分工：將大陸定位為第一生產據點，因為大陸的零組件廠完整齊全，成本又低廉，因此就扮演其他廠房前段產品的來源廠，以及其他廠房供貨不足時的產能緩衝廠；而後段組裝的分工則交由美洲廠和歐洲廠；後段所需的零組件包括外殼、標籤、紙箱、說明書等，即在當地採購。重新調整過的運作模式，讓主要供應鏈所需管理的零組件大幅降低。

　　對於該公司而言，由台灣廠最先施行JIT，是因為一些重要零組件供應商多分布於北台灣，而當時並未特別管理物料的供應，只要求廠商提前交貨。不過，對於生產前置期間短的零組件，要求與其他零組件同樣提前交貨的意義並不大，因此該公司乃設置倉儲中心，只要在該公司需要之前，此類零件的供應商能將物料運至此倉庫即可。其中，倉庫由該公司提供，物料由供應商自行派人管理，存貨成本也由供應商自行承擔。之後，隨著海外工廠的增設、發貨倉庫的陸續設立，也因供應商的廠房多設在附近，因此即可順利推行JIT。

　　為了因應Y2K，以及配合企業資源規劃系統的導入，台灣廠也同時導入此一資訊系統，以達企業需求。此外，電子商務是P電子公司下一個改革的重點，因為一套企業資源規劃系統並不能解決所有的問題，其重點應加入資訊科技的輔助工具，如網際

網路的互動營運模式,且若能加入線上交易,將能對整體供應鏈規劃做出更有效率的發展。

　　基本上,該公司的組織運作都依據總公司制定好的規章、標準、機制等來運作,而總公司在規劃各種政策規章、營運系統時,則會將各事業部經營的產品差異列入考慮、各產品事業部只要能夠確保執行的精確度、對本身所處產業大環境的變動有極高的敏銳度,導入各種營運標準或規章的速度就會相當快。就P電子公司全球運籌體系的建構來說,該公司目前在企業資源規劃系統的主導者以台灣廠馬首是瞻,其他相關單位則是輔助單位,甚至是一個虛擬的團隊,而且台灣廠更全權負責全球運籌體系的規劃,如流程合理化、系統開發與人員訓練等。其全球統籌的概念如圖6-9所示。

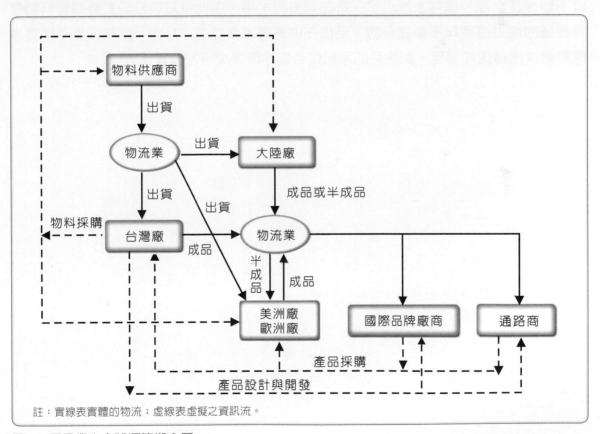

圖6-9 電子業之全球運籌概念圖

　　P電子公司非常重視銷售與生產的關係，每個月都會定期召開產銷會議，並透過網路或EDI系統，來衡量訂單與現有產能的配合是否協調一致；而每三個月內的訂單會在每個禮拜進行一次追蹤會議。由於產品從下單到收到貨平均長達四十天，因此該公司會以預測數值為基準，事先由大陸廠出貨到美洲廠及歐洲廠，再依客戶確定的出貨通知進行後段組裝作業。其中，組裝廠所需的標籤、說明書等，以及各工廠附近的倉儲中心，則是透過JIT的方式搭配。目前該公司的庫存控制在十四天。

　　P電子公司從早期的開始承接代工訂單，再到全球運籌體系的大致底定，其成效從該公司不斷成長的出貨量得以窺知一二。該公司認為，存貨比重不斷降低及充分掌握整個供應鏈，是該公司多年來從全球運籌模式上得到的進步。以存貨而言，隨著營收不斷成長之際，庫存水準仍可保持在過去的水平，由此可知該公司對整個物料調度與管理的能力是逐年不斷提升的。至於在供應鏈的掌控能力方面，則可從能否確實掌握整體供應鏈運作過程、對客戶的承諾是否能準時達成等方面著手。

▶▶ 本章習題

1. 簡述三種不同型態的供應鏈。

2. 導入SCM的步驟為何？

3. 試述SCM系統的長鞭效應（Bullwhip Effect）？

4. 簡述導入SCM後，員工、客戶及供應商所得到的價值為何？

5. 何謂供應鏈管理（SCM）？

6. 何謂e-Marketplace？

▶▶ 參考文獻

1. Arjan J. van Weele, Purchasing and Supply Chain Management: Analysis, Planning and Practice, Thomson Learning, 2002.

2. Carol A. Ptak, ERP: Tools, Techniques, and Applications for Integrating the Supply Chain, St. Lucie Press, 2000.

3. Charles C. Poirier, Advanced Supply Chain Management: How to Build a Sustained Competitive Advantage, Berrett-Kochler Publishers, 1999.

4. David F. Ross, Introduction to E-supply Chain Management: Engaging Technology to Build Marker-winning Business Partnerships, St. Lucie Press, 2003.

5. David Frederick Ross, Competing through Supply Chain Management/Creating Market-winning Strategies through Supply Chain Partnerships, Chapman & Hall, 1998.

6. David L. Anderson, Frank E. Britt, Donavon J. Favre, The Seven Principals of Supple Chain Management, 2000.

7. David N. Burt, Donald W. Dobler & Stephen L. Starling. World Class Supply Management: The Key to Supply Chain Management, McGraw-Hill/Irwin, 2003.

8. David Simchi-Levi, Philip Kaminsky & Edith Simchi-Levi, Designing and Managing the Supply Chain: Concepts, Strategies, and Case Studies, Irwin/McGraw-Hill, 2000.

9. Douglas Long, International Logistics: Global Supply Chain Management, Kluwer Academic Publishers, 2003.

10. eBusiness Executive Report, 1999, 11.

11. eBusiness Executive Report, 1999, 12.

12. Edward Frazelle, Supply Chain Strategy: The Logistics of Supply Chain Management, McGraw-Hill, 2001.

13. Efrain Turban, et al., Electronic Commerce 2002: A Managerial Perspective, Prentice Hall, 2002.

14. Gerhard Knolmayer, Peter Mertens & Alexander Zeier, Supply Chain Management Based on SAP Systems: Order Management in Manufacturing Companies, Springer, 2002.

15. Hartmut Stadtler & Christoph Kilger, Supply Chain Management and Advanced Planning: Concepts, Models, Software, and Case Studies, Springer, 2002.

16. Hau L, V. Padmanabhan and Seungjin Whang, The Bullwhip Effect in Supply Chain, http://www.standford.edu/dept/news/report/news/may17/supplychain-517.htm, 2000.

17. J. L. Gattorna & D.W. Walters, Managing the Supply Chain: A Strategic Perspective, Macmillan Business, 1996.

18. James B. Ayers, Handbook of Supply Chain Management, St. Lucie Press, 2001.

19. James B. Ayers, Supply Chain Project Management: A Structured Collaborative and Measurable Approach, St. Lucie Press, 2003.

20. Jeremy F. Shapiro, Modeling the Supply Chain, Brooks/Cole-Thomson Learning, 2001.

21. John J. Coyle, Edward J. Bardi & C. John Langley, The Management of Business Logistics: A Supply Chain Perspective, South-Western/Thomson Learning, 2003.

22. Kenneth C. Laudon & Jane P. Laudon, Management Information Systems: Managing the Digital Firm, Prentice Hall, 2002.

23. Lawrence D. Fredendall & Ed Hill, Basics of Supply Chain Management, St. Lucie Press, 2001.

24. Manish Govil & Jean-Marie Proth, Supply Chain Design and Management: Strategic and Tactical Perspectives, Academic Press, 2002.

25. Martin Christopher, Logistics and Supply Chain Management: Strategies for Reducing Cost and Improving Service, Pearson Education Limited, 1998.

26. Michael McClellan, Collaborative Manufacturing: Using Real-time Information to Support the Supply Chain, St. Lucie Press, 2003.

27. Robert B. Handfield, Ernest L. Nichols, Jr., Introduction to Supply Chain Management, Prentice Hall, 1999.

28. Ronald H. Ballou, Business Logistics/Supply Chain Management: Planning, Organizing, and Controlling the Supply Chain, Pearson/Prentice Hall, 2004.

29. Steven J. Kahl, What's the Value of Supply Chain SoftWare, 1998.

30. Sunil Chopra, Peter Meindl, Supply Chain Management: Strategy, Planning, and Operation, Prentice Hall, 2001.

31. Tim Underhill, Strategic Alliances/Managing the Supply Chain, Penn Well Books, 1996.

32. Tomas A. Curran & Andrew Ladd, SAP R/3 Business Blueprint: Understanding Enterprise Supply Chain Management, Prentice Hall PTR, 1999.

33. William C. Copacino, Supply Chain Management: The Basics and Beyond, St. Lucie Press, 1997.

34. Charles C. Poieier & Stephen E. Reiter原著，蔡翠旭譯，強勢供應鏈，書華出版，1998年。

35. David Simchi-Levi, Philip Kaminsky & Edith Simchi-Levi原著，蘇雄義譯，供應鏈之設計與管理；觀念策略個案，麥格羅希爾，2001年。

36. Edward H. Frazelle原著，林宜萱譯，供應鏈高績效管理，麥格羅希爾，2002年。

37. Kenneth C. Laudon & Jane P. Laudon原著，周宣光譯，管理資訊系統：管理數位化公司，東華書局，2003年。

38. Warren D. Raisch原著，丁惠民、廖曉晶譯，交易市集零時差：改寫產業遊戲規則的致勝策略，麥格羅希爾，2002年。

39. Ronald H. Ballou原著，王曉東、胡瑞娟譯，企業物流管理：供應鏈的規劃組織與控制，五南圖書，2003年。

40. Jermy F. Shapiro原著，湯玲郎、李繡如譯，供應鏈模式與管理，滄海書局，2003年。

41. Sunil Chopra & Peter Meindl原著，陳銘崑、吳忠敏、傅新彬譯，供應鏈管理，普林帝斯霍爾，2001年。

42. 王立志，系統化運籌與供應鏈管理，滄海書局，1999年。

43. 王立志，供應鏈實戰手冊：應用APS跨越MRP鴻溝，鼎新資訊，2003年。

44. 王勝宏等著，e化狂潮，大椽，2001年。

45. 王薇雅，企業間電子交易市集之經營模式與策略，交通大學科技管理研究所碩士論文，2001年。

46. 石隆智、陳玫娟、群益證券CIS小組，第一次B2B e-Marketplace就上手，城邦，2001年。

47. 企業電子化的新利器──供應鏈管理，企業通，27期，2000年。

48. 改變供應鏈、建立價值網，EMBA網站http://www.emba.com.tw，2000年。

49. 林修民，設計一個以代理人為基礎之協同架構應用於線上交易市集，交通大學資訊管理研究所碩士論文，2001年。

50. 書軒資訊，客戶化供應鏈管理，文魁資訊，2003年。

51. 張福榮，電子化供應鏈管理：e-Business觀點，五南圖書，2004年。

52. 許電子商務一個未來──B2B Marketplace，電子時報，2000年。

53. 雲林科技大學商業自動化研究發展中心，供應鏈管理，雲林科技大學，2000年。

54. 黃惠民、謝志光、楊伯中，物料管理與供應鏈導論，滄海書局，2004年。

55. 運籌概念探討，電子時報，2000年。

56. 製造業者如何導入供應鏈管理，企業通，28期，2000年。

57. 數位時代週刊，第一號，2000年。

58. 蔡佳芳、萬洪濤，e-marketplace：B2B虛擬商場完全經營手冊，商智文化，2000年。

59. 黎漢林，供應鏈管理與決策：最佳化方法之運用，儒林圖書，2004年。

60. 盧舜年、鄒坤霖，供應鏈管理的第一本書：打破企業間的藩籬，商周文化，2002年。

61. 賴宣民，全球供應鏈管理：經由策略規劃有效執行全球運籌與資源管理，遠擎管理顧問，2002年。

62. 顏和正，供應鏈管理，天下雜誌，2000年。

63. http://www.digitimes.com.tw（科技新聞網）

Chapter 7

客戶關係管理

» 7.1 客戶關係管理的基本概念

7.1.1 客戶關係管理的意義

客戶關係管理（Customer Relationship Management，CRM）是一項經營管理的概念，它要求企業將焦點放在企業營運最重要的核心，也就是「客戶」身上，試著與客戶建立一種學習關係，從客戶對企業所提供的產品與服務之反應，學習如何提供更佳的產品與服務品質，進而以客戶為中心，訂定有效的經營管理與營運目標，以建立企業與客戶間之良好關係。長久以來，客戶關係管理一直是企業經營努力的目標，瞭解客戶需求或創造顧客需求也一直是企業經營的基本原則，因此已有愈來愈多的企業應用資訊軟體來經營與客戶間之關係。

其中，資料倉儲、線上分析處理及資料探勘的技術將成為資訊系統用來預測客戶需求的工具。然而，儘管預測所得到的結果優於原始未整理的資料，它卻仍舊沒有提供一個有關客戶需求的明確答案，也沒有告訴企業應該透過什麼樣的方式得到答案。這樣的盲點，是目前許多企業都會面臨的難題，但卻少有企業政策、流程，以及系統會設計解答這個問題。以航空業為例，雖然日常就有許多航機、航線和乘客的流水帳，但要用資料庫來分析當中的特性並不容易；相反地，利用資料間的關係再轉化成商業模式，則使得分析變得可能。例如經剖析後，航空公司可能發現每年的某一段期間，女性乘坐長途航機的比例會大幅提高、往來英國和加拿大的比例會增加、早上班機的商務旅客較多等，由此，航空公司就可從而調整航機班次或改變宣傳對象。

另一項關於航空業以客戶為中心的服務，則是行李追蹤服務。在今日，航空公司藉由行李上的條碼來追蹤行李，而如果乘客可以得知這項訊息，他就可以在任何時間知道行李目前的下落；一旦航空公司弄丟行李，則CRM系統便可以根據過去的經驗做出補償。因此，若能擴充這項資訊為客戶關係管理的一環，將可得到客戶的善意回應。

7.1.2 客戶關係管理系統的發展

諸如此類多樣性的銷售、行銷及客戶服務，CRM系統究竟是如何發展出來的呢？我們從電子化企業歷經三個世代的進化過程中觀察，發現到這三個世代的演進都各自為CRM系統提供了機會與改變。

⊟ 第一代：靜態與單向的網站建構

以靜態、單向的網路建構，來作為企業與客戶之間的連結；企業將資訊公布於網站上，允許客戶藉由網站來瀏覽及下載相關的資訊。例如：客戶可以查詢線上目錄並瀏覽產品資訊，或是搜尋線上資料庫並下載企業所提供的更新版軟體程式，或是查閱經常被問到的問題集等。此種型態是屬於沒有人為介入的，通常此一網站伺服器並沒有與其他伺服器連結，而是單獨設於防火牆之外。

⊟ 第二代：整合完整的商業情報

第二代的特色在於蒐集並整合完整的商業情報。企業在網站經營的過程裡，若想讓網頁更引人入勝，增加網頁的流量，可以結合現有的作業流程及客戶先前所提供的商業情報。例如，亞馬遜網路書店利用客戶的個人設定檔及客戶先前的購買紀錄，貼心地主動建議客戶購買類似主題的書籍。這是一個企業利用客戶資料，以產生個人化網頁及預測客戶想要什麼的例子。而無論是第一代或第二代，CRM系統在增加客戶滿意度的模式上，仍然是以企業主為中心的形式。

⊟ 第三代：以客戶為中心的形式

將企業網站上客戶的經驗最佳化，並以客戶為中心的形式，是第三代CRM系統的最大轉變；其目的在於即時提供客戶所需要的資訊——什麼時候、如何取得，以及在什麼地點會覺得需要這項產品或服務。當產品或服務是一項有價物時，在企業所提供的產品和服務中，唯一最重要的組成元素便會是客戶關係。例如，優比速（UPS）陸空郵件遞送公司就允許客戶由網站上追蹤與查詢包裹的運送路徑、計算運費、運送時間及預估收件時程。由此可見，唯有秉持最好的服務品質與低廉的收費標準，在同一產業中提供客戶更多的加值服務，才得以創造競爭力。

7.1.3 客戶關係管理與資料倉儲、資料探勘之關係

客戶關係管理是貼近客戶的，所有的商業決定都要以客戶為中心。以客戶中心為導向來維持運作，就像是要做好彼此間的關係一樣，客戶必須樂於提供足夠的資訊給企業，使企業得以回應客戶所需；企業與客戶雙方必須分享資訊，以建立彼此間長期的關係。而與資料倉儲不同的是，CRM系統被視為是企業內資訊的即時回應；而資料倉儲則必須整合企業內外部的資料。儘管企業在e化轉型的過程中，皆會考量採用CRM系統來協助建置電子化企業，但在競爭激烈的環境下，CRM系統結合資料倉儲

是一種必然的趨勢，客戶關係管理工作要讓客戶滿意，就必須透過資料倉儲提供必要的資訊；資料倉儲所提供的資訊愈完整，愈容易做好客戶關係管理。

在執行資料探勘前，必須以資料倉儲的資料為基礎，而資料倉儲則必須仰賴企業內部流程、企業經營模式與交易處理系統資料間相互整合。資料倉儲是導入CRM系統的基本動作，其目的在於整合企業內外部的資料。因此，它對於所有可用的客戶資訊，皆能有效地蒐集、整合和分析，同時也能預測可能流失的客戶，並可提供客戶貢獻度的分析資料，進行一對一的行銷和銷售，由此逐步發展出長久的客戶關係。

一般而言，企業若想瞭解客戶，改變行銷模式，進而增加營收，可透過資料探勘來進行客戶關係管理。但是，資料探勘只是一個過程而非產品，是透過自動化或半自動化的方式，來探索或是分析大量的資料，以發掘隱藏其中且有意義的資訊；而客戶關係管理只是資料探勘最常應用的領域。以目前市場行銷的趨勢來看，電子商務公司希望能將客戶消費歷程客製化，利用標準化配備間的相互組合，製造出量身訂作的產品；超級市場業者希望能夠更為資訊化；信用卡業者則希望能更貼近消費者的消費習慣；銀行希望能推估客戶接受轉帳繳款的機率。類似上述這些業者對於有效發掘客戶需求的期待，資料探勘便可提供幫助，分析、瞭解資料，進而轉換為行銷的訊息。

信用卡業者是最早將資料探勘技術應用於客戶關係管理上的企業別，他們藉由客戶消費金額等資料，來進行信用額度與利率的判定。在進行資料探勘時，必須結合不同來源的資訊，方能正確辨識該客戶是影響購買的決策者，或是造成某一次特別行動的特別角色。之後，再將客戶分類，並針對分類後的客戶需求，提供投其所好的行銷與服務，最後再估計每個客戶及行銷活動的收益，找出適用於客戶的最佳行銷方式。資料探勘的工作循環就是針對確定企業問題及分析資料能帶來價值的領域，藉由行動的成效來進行策略，以指引資料分析的方向。其工作循環包括定義企業的機會點，以確認哪些資料可以為哪些領域帶來價值，然後再運用資料探勘技術將資料轉換為足以行動的資訊，最終依照資訊採取行動及測量結果。

» 7.2 資訊科技與客戶關係管理

網際網路所帶來的爆炸性成長，正在改變客戶的期望，而電子商務新模式的轉變則已成為影響企業生存的關鍵問題。由於客戶要求更快速與個人化的服務，因此如何讓客戶關係管理更為個人化，是第三代CRM系統的重點。以下將進一步地討論第三代CRM系統的四個標準。

⊟ 確認客戶想獲得的服務

　　什麼樣的服務是客戶想要獲得的呢？最正確的答案就是讓客戶自己定義。企業應以客戶的立場為著眼點，發揮高度的同理心，深入瞭解客戶如何處理日常的業務活動及亟欲突破的困境。在徹底分析與掌握客戶需求後，企業便能擁有使客戶服務最佳化的目標。假若客戶也能夠明確地定義什麼樣的服務是他們所需要的，企業依此客戶需求提供相關服務，自然能由此建立更為緊密的互動關係。

⊟ 建立客戶有效獲取服務的方式

　　現今許多企業已利用網頁方式提供資訊給客戶，但是當企業與客戶的業務更緊密地互動與連結時，卻可能發現以網頁作為資訊傳遞的介面，其實並非滿足客戶的最佳方式。因為當客戶需要的資訊不存在靜態的網頁內容時，客戶應該怎麼辦呢？一般而言，客戶會希望藉由特定的格式，例如試算表、XML、資料庫、文件、元件等來傳輸資料。但是，企業如何能夠跨平台且提供正確的資訊給眾多使用不同資訊格式的客戶呢？事實上，企業只能允許客戶以可傳送的格式分享資料，因為只有這樣，系統才有辦法去分析讀取這些不同格式的資料。在網路經濟的時代中，由於客戶會就多家供應商來評比，並仔細評估其效益和功能，由此看來，企業若能以最有效率的方式提供正確的資訊，便可擁有優於他人的競爭優勢。

⊟ 確認客戶需要服務的地點

　　很多企業都在研發人與數位環境交互操作的新方案，而無論是身處何地，第三代CRM系統都可以提供客戶以個人電腦、筆記型電腦、平板電腦、智慧型手機等，透過供應商的伺服器或自己的個人電腦來處理資訊。

⊟ 確認客戶需要服務的時間

　　以往客戶在網站上尋找資料，可能要花上整整一天，甚至是一個星期的時間，才能找到所要的資料；而如果客戶未能連上網際網路，就可能錯失訊息。因此，第三代CRM系統的發展乃基於服務是因需要及事件發生而產生的觀念。所謂服務是因需要而產生的，是指如果客戶想要得到資訊，無論是在什麼時候、身處什麼地點，就可以得到想要的資訊；而服務是因事件發生而產生的，則是指客戶可以收到因意外事件而產生的通知，例如行李的追蹤或是機票價格的改變。

» **7.3 客戶關係管理應用軟體**

目前國內導入CRM系統的業者，有相當多是屬於客戶屬性忠誠度低的行業，例如金融業與電信業者，這些業者有必要藉由CRM系統來有效地牽制客戶習慣，強化客戶向心力，因此包括HP、NCR、CA、美商艾克等CRM系統供應商，已提供相關的CRM應用軟體。以電信業者來說，CRM系統與資料倉儲系統的結合，將能有效提昇服務效率與降低成本，同時也能進行客戶流失的預測，確實掌握與客戶的商業關係，對於提高決策品質、優化客戶關係、增加競爭優勢，皆能產生具體成效。

7.3.1 HP客戶關係管理系統

隨著電子商業環境的建立，許多以客戶服務為核心價值的企業，紛紛開始建置CRM系統，如HP公司整個CRM系統的平台與架構圖便以服務客戶為主，希望能藉此提昇客戶服務的品質，並有效降低客戶服務成本。如圖7-1、圖7-2及圖7-3所示。然而，傳統的CRM系統過分強調對客戶端的電子化環境的配合與運作，而忽略了行銷與服務的整體流程。事實上，一個成功的CRM系統除了提供客戶服務使用之外，還需要企業內部員工及外部協力廠商的配合，方能快速地擷取相關資訊，並提供立即的回應，在最短的時間內給予客戶最佳的服務。圖7-4所示，即為現有一般CRM系統通用的應用架構。

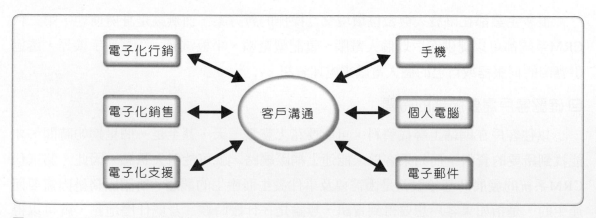

圖7-1 HP客戶關係管理系統平台

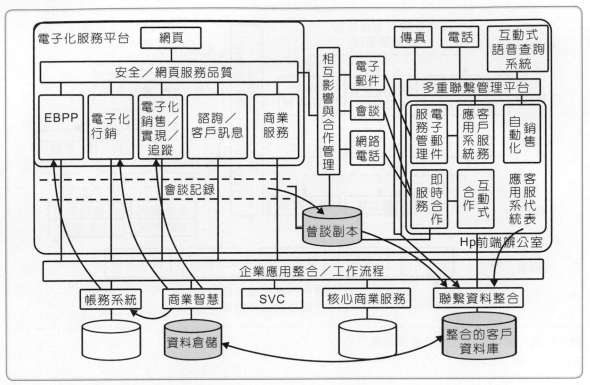

圖7-2 HP客戶關係管理系統之前後台架構

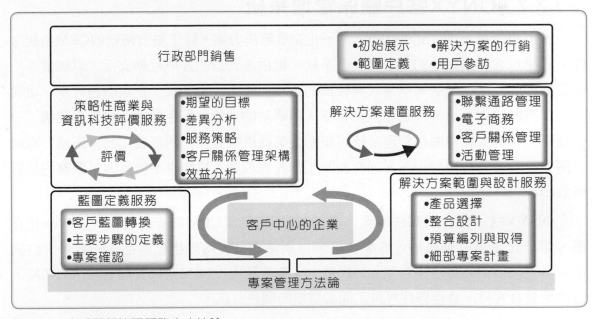

圖7-3 HP客戶關係管理服務之方法論

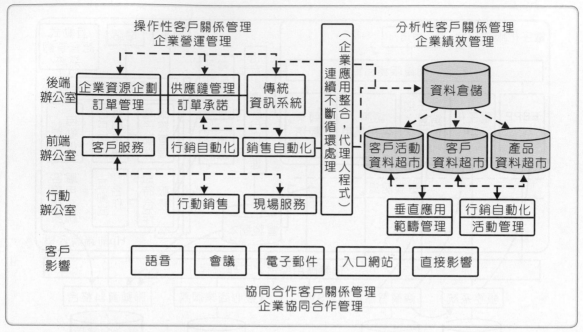

圖7-4 客戶關係管理系統的應用架構

資料來源：Meta Group

7.3.2 ONYX客戶關係管理系統

　　凌群電腦推出中文化的ONYX電子化企業解決方案，除了整合傳統的CRM系統之外，它是以客戶為核心的電子化企業系統，提供多管道的客戶互動支援，以加強客戶滿意度。此系統快速的系統導入與較高的投資報酬率，具有減少企業服務成本、增加營收等具體成效。另外，它也提供企業入口網站的功能，為企業電子化工程建構了一條捷徑。ONYX客戶關係管理系統可幫助企業提供給客戶、內部員工及外部協力廠商一個完善的資訊取得管道、溝通介面及工作流程環境，協助企業提昇客戶服務的品質與效率。

　　ONYX電子化企業解決方案，如圖7-5所示，其CRM系統的特點在於Web化介面、電子化企業引擎核心，並配合三套以網站為基礎的規格化產品——客戶入口網站、員工入口網站與合作夥伴入口網站，完整地呈現出CRM系統管理與應用的功能，有效地整合客戶、合作夥伴與員工間最重要的關係資訊。

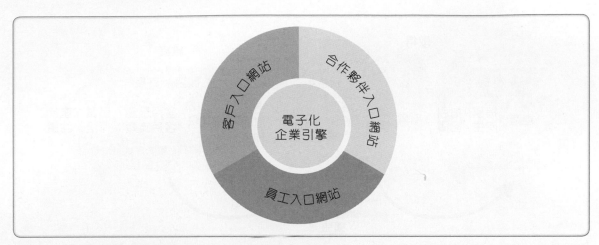

圖7-5 ONYX電子化企業解決方案

以下以ONYX為例說明CRM系統的組成要件：

客戶入口網站

為架構在Web上的產品，可協助企業針對客戶與潛在客戶進行行銷、銷售及服務，客戶隨時都可以經由網路獲得產品資訊與服務。

員工入口網站

是一個以客戶為中心的電子化企業應用系統，它是以Web為基礎之系統，能將資訊整合到單一且個人化的網頁中，有助於員工快速地取得客戶、產品、服務等相關資訊，以增進員工的效率。

合作夥伴入口網站

可讓企業與合作夥伴間建立緊密的合作關係。企業可將客戶資訊分享給合作夥伴，以協助他們行銷；而合作夥伴亦可經由網路來獲取行銷與銷售的資訊。

客戶關係管理是利用資訊系統去整合所有企業與客戶間在行銷、銷售及服務上互動的企業流程。對於商務流程中的三個主要階段（如圖7-6所示）：行銷、銷售及服務，ONYX客戶關係管理系統提供了完整的功能，例如線上目錄、問卷調查、產品文件、電子郵件行銷等電子化行銷功能；以及產品設計、訂單處理等電子商務機制，如圖7-7所示。此外，除了線上服務、疑難排解等電子化服務機制外，ONYX也利用企業資訊入口網站及知識管理，提供自助式的服務，使客戶可以利用線上知識庫，培養解決問題的能力，進而達到增進客戶關係的目的。

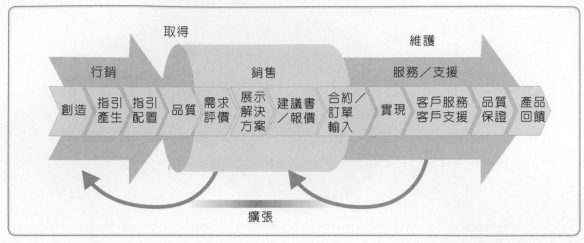

圖7-6 ONYX商務流程中之主要功能

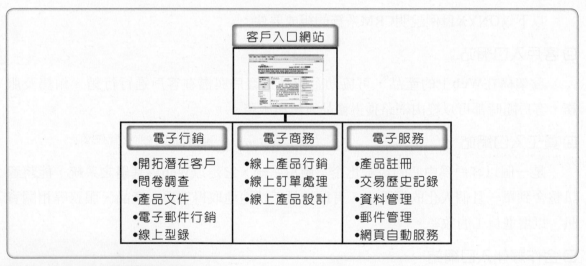

圖7-7 ONYX客戶關係管理系統

7.3.3 eWare

　　eWare的業務和行銷模組是一套適用於網際網路的客戶關係管理系統，它具備業務功能的管理能力，如探尋潛在客源、商機管理及產生報價，同時也具有無線應用通訊協定（Wireless Application Protocol，WAP）的能力。其所提供的行銷功能，可讓企業為不同的市場領域和客戶類別，發展與執行量身設計的活動。

　　此外，eWare的業務和行銷模組也運用類神經網路技術（Neural Technology）的程式代理人（agent），它主要的功能是可以分析從資訊科技架構中傳回來的大量歷

史訊息，學習其中的關係和模式，並據以察覺細微的變化和預測結果；也能夠分析客戶與銷售的資料，預測出珍貴的銷售和服務資訊，進而提高業務和行銷單位的運作效益。此外，該系統也應用3D視覺化科技，提供客戶、員工及供應商得以動態地在多重空間的影像中找到即時資訊。這套業務和行銷模組係採用瀏覽器為介面，有跨平台的特性，可支援PC、Mac、UNIX，以及包括WAP手機在內的網路產品。

» 7.4 客戶關係管理系統的未來趨勢

CRM系統提供了一個良性的業務轉型契機，協助企業建立與客戶的長久合作服務神經網路，即時滿足客戶需求。它除了可大幅提昇業務效率及客戶服務品質外，同時亦是企業建構全球運籌經營環境的絕佳方案。然而，投資開發CRM系統也是一個風險，因為許多企業在花了相當可觀的時間和金錢建立第二代的CRM系統後，卻又發現為了滿足客戶的需求，需要再建置第三代的CRM系統。當有客戶需求這樣的服務時，許多企業會發現他們本身有了缺失，此時，若有一家企業提供客戶想要的需求，它便擁有了市場競爭力，有了轉機。

今日，要建構這樣的CRM系統，必須有優良的軟、硬體配合，如卓越的軟體、快速的網路、穩定的伺服器和優良的客戶端系統；而這是屬於一種商業議題，是一種心態的轉變，是可以被理解的。CRM系統是一個善意的對外系統，它以建立企業與客戶間的緊密關係為重點，客戶也可以隨時隨地以任何方式取得他們想要得到的資訊。在第三代CRM系統中，企業若想提昇競爭力就要有良好的服務品質，企業和客戶的相遇是來自於標準資訊格式而又模糊的群組，這對雙方都有利。因為這裡創造了一個動態的環境，允許供給和需求有良好的互動，並有效率地進行交易。未來的CRM系統將轉成以客戶為中心，讓客戶可以隨時隨地、以任何方式獲得他們所需。而這必須藉由第三代CRM系統的協助，以改善客戶服務，鞏固客戶的忠誠度，發掘潛在的目標客戶，以提昇企業競爭力。

個案分析

🔘 電信業之客戶關係管理系統

　　想要在這個資訊爆炸的時代中，比競爭對手更早一步得到關鍵資訊，就必須有系統地導入一系列與資料倉儲有關的架構與方法。資料倉儲是運用新資訊科技所提供的大量資料儲存、分析的能力，將以往無法深入分析的客戶資料建立為一個強大的客戶關係管理系統，來協助企業訂定精準的營運決策。我們以T集團CRM系統規劃為例來加以說明：

▶ 規劃CRM系統的目標與預期效益

1. 初期目標：規劃以客戶資料為導向之資料倉儲。

2. 預期效益：提供關係企業完整之客戶資料，以利於開發潛在客戶；提供客戶電話服務中心（Call Center）之資料來源；建立CRM系統；整合電腦、電話和客戶關係。

　　圖7-8即為T集團當初規劃CRM系統時所建構之三階段目標：期初為資料倉儲的建立；中期為開發Web-based之CRM系統（含電腦與電話的整合應用）；長期達到利用資料探勘技術做決策分析的目的。

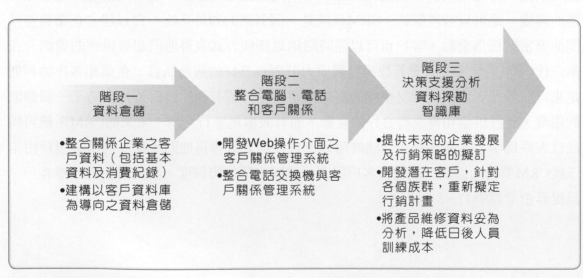

圖7-8　CRM系統之建構階段與目標

▶ 目前企業資訊系統架構

　　如圖7-9所示，由於目前T集團各個關係企業中的資訊系統多數為自行開發或向資訊廠商購買現成之套裝軟體，使得各個資訊系統間的系統規格不一致，因而導致部分系統間無法百分之百相容；更由於系統與系統之間無法實際或部分的連結，造成各個關係企業的內部資訊無法有效地交流，形成資訊傳遞的延遲或浪費。因此，該集團在整合各個關係企業資訊系統內之資訊時，有以下幾個考慮的重點：

1. 匯入與匯出之資料庫中，各個資料欄位的資料型態，以及欄寬的設定是否一致？若不一致時，其處理原則為何？
2. 各個資料欄位在匯入過程中，資料的正確性及 致性。
3. 匯出之資料欄位在匯入的資料庫中，是否有相對應之欄位？若無相對應之欄位，則處理原則為何？

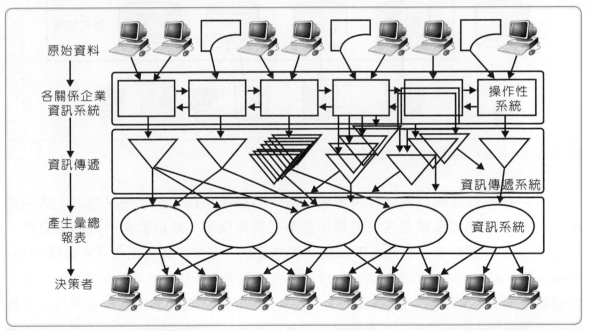

圖7-9　現行混亂的資訊系統架構圖

▶ 建議企業資料倉儲架構

　　此方案以導入企業資料倉儲為核心，提供所有主要客戶的基本資料，以及客戶之商業交易的歷史紀錄，讓決策者得以瞭解目前企業之運作狀況，使參與決策之單位均能共享資訊、設計相關企劃，再以企業資料倉儲為核心來開發相關資訊系統，例如客戶關係管理、決策支援系統（Decision Support System，DSS）等。如此一

來，便可因企業內與關係企業間客戶的資料得以整合，而達到分享與共用的目的，如圖7-10所示。

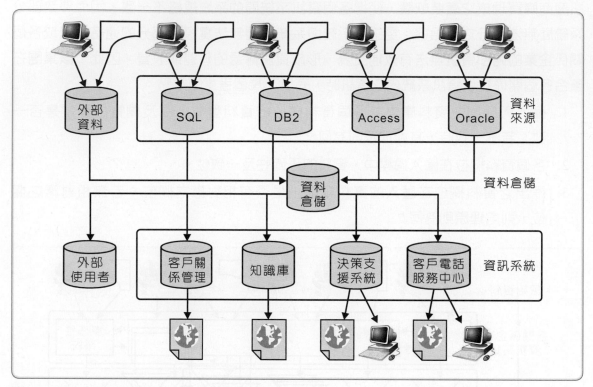

圖7-10 導入以資料倉儲為主之CRM資訊架構

客戶關係管理可以提供客戶服務人員一個通用平台，在此一平台上，客戶服務人員能很快地擷取該名客戶對關係企業之商業交易、維修及客戶抱怨等資訊，而這些資訊也包含了後勤及人事系統方面的資訊。至於全球資訊網（World Wide Web，WWW）所建立的軟體模式，讓使用者不需考慮所使用的平台。它可使在某一台機器上的資訊與執行的應用程式，為企業內部使用各種裝置的使用者所存取；而Web用戶端的一致性介面，也大幅降低了存取系統及教育訓練等成本。此外，該集團也在線上布置簡單的動態網頁內容，以便讓使用者以公司的資料庫，擷取瀏覽目前的出貨資料或客戶交易紀錄。

▶ 客戶關係價值鏈

表7-1呈現出該集團由開始投入客戶服務後，對行銷、配送、客服所產生之相對市場及營業效益，而這些都增強了公司的競爭力。

表7-1 客戶關係管理系統之價值鏈

投入 →			產生 →	
	行銷	▶ 可經由資料庫進行行銷企劃 ▶ 規劃客戶認同卡 ▶ 客戶可利用網頁來提供意見		▶ 提昇市場占有率
	服務	▶ 客戶服務的快速回應 ▶ 客戶利用網頁來反映服務意見 ▶ 要求客戶服務應面面俱到		▶ 提昇客戶服務品質
	銷售	▶ 應用電子型錄 ▶ 以策略聯盟進行銷售、服務 ▶ 結合物流業，快速配銷		▶ 降低成本 ▶ 增加營收

▶ 客戶關係管理的九大需求

　　由CRM系統與資訊科技的發展關係得知，第三代CRM系統的需求可造成硬體更大的需求發展空間，以及軟體技術更高層次和網路的結合，藉以滿足未來CRM系統更大的需求。若就客戶關係管理的需求為出發點，我們可以整理出未來資訊科技的發展趨勢，如表7-2所示。

表7-2 CRM系統與資訊科技發展的關係

客戶關係管理的需求	資訊科技的發展趨勢
1. 需要龐大的資料存放空間來儲存商業資料。	1. 資料庫以及資料倉儲可提供更快速的資料處理能力。 2. 可利用穩定的資料儲存技術儲存大量的資料。
2. 客戶關係管理的資訊內容必須走向全方位的多媒體資料。	1. 電腦可處理的資料型態，包含文字、數據、語音、影像等資料。 2. 全文檢索技術可以對文字及多媒體資料，提供快速的擷取。
3. 個人化意識抬頭，須注入個性化量身打造和即時性服務。	1. 網際網路將提供無遠弗屆的服務，不受時間、空間的限制。 2. 可依客戶需求，提供客製化的專屬服務。

客戶關係管理的需求	資訊科技的發展趨勢
4. 整合全方位客戶關係，如串聯電腦業務、語音服務、傳真業務等。	1. 資料可以數位化的方式儲存，如語音、電腦等都需要朝數位化邁進。 2. 需提供一致性的客戶關係管理，並整合所有的資料。 3. 數位化的資訊可透過數位壓縮的技術來節省儲存空間。 4. 可利用密碼學機制來保護資料的安全，例如對稱式密碼學或非對稱式密碼學。
5. 以客戶為尊，親切且便利的作業需求。	1. 藉由簡單的人機介面，提昇介面的親和性。 2. 網際網路的發展，使以瀏覽器為操作介面得以普及。
6. 顯性知識與隱性知識的探討日益增加。	1. 資料探勘技術的發展，可協助企業發掘出隱藏的知識與有價值的情報，例如客戶的購買行為、銷售預測等資訊。
7. 應加強防護資訊安全與客戶資料的隱私權。	1. 提供客戶自助式的服務，保障客戶的隱私權。 2. 密碼學的發展，使得網路安全方案日趨完整，強化資料的安全性。
8. 從龐大的資料當中，找出潛在且極具有價值的資訊。	1. 利用各種統計方法、人工智慧技術等強大的功能，快速地探索有價值的知識。 2. 提昇電腦運算速度，降低電腦運算價格。
9. 知識的共享，可提昇公司整體的成長。	1. 可透過電腦倉儲達成資訊的分享。 2. 欲提供便利的知識管理活動，可透過安全的資訊管理機制。

▶▶ 本章習題

1. 何謂CRM？

2. 簡述CRM與資料探勘（data mining）的關係？

3. 何謂CRM？為何對企業甚為重要？CRM系統係在解決企業的哪些問題或活動，且如何解決？

▶▶ 參考文獻

1. Claudia Imhoff, Lisa Loftis & Jonathan G. Geiger, Building the Customer-centric Enterprise: Data Warehousing Techniques for Supporting Customer Relationship Management, John Wiley & Sons, 2001.

2. Jeffrey Peel, CRM: Redefining Customer Relationship Management, Digital Press, 2002.

3. Stanley A. Brown, Customer Relationship Management: A Strategic Imperative in the World of E-business, John Wiley & Sons Canada, 2000.

4. Andreas Muther, Customer Relationship Management: Electronic Customer Care in the New Economy, Springer, 2002.

5. William G. Zikmund, Raymond McLeod, Jr., Faye W. Gilbert, Customer Relationship Management: Integrating Marketing Strategy and Information Technology, Wiley, 2003.

6. Duane E. Sharp, Customer Relationship Management Systems Handbook, Auerbach, 2003.

7. Olivia Parr Rud, Data Mining Cookbook: Modeling Data for Marketing, Risk and Customer Relationship Management, Wiley, 2001.

8. Chris Todman, Designing a Data Warehouses: Support Customer Relationship Management, Prentice Hall PTR, 2001.

9. Frederick Newell, Loyalty.com: Customer Relationship Management in the New Era of Internet Marketing, McGraw-Hill, 2000.

10. Paul Temporal & Martin Trott, Romancing the Customer: Maximizing Brand Value through Powerful Relationship Management, John Wiley & Sons, 2001.

11. Don Peppers & Martha Roger, The One to One Manager: Real-world Lessons in Customer Relationship Management, Currency/Doubleday, 1999.

12. Ronald S. Swift, Accelerating Customer Relationships: Using CRM and Relationship Technologies, Prentice Hall PTR, 2001.

13. Alex Berson, Stephen Smith & Kurt Thearling, Building Data Mining Applications for CRM, McGraw-Hill, 2000.

14. Dimitris N. Chorafas, Integrating ERP, CRM, Supply Chain Management, and Smart Materials, Auerbach, 2001.

15. Amrit Tiwana, The Essential Guide to Knowledge Management: E-business and CRM Applications, Prentice Hall, 2001.

16. Alex Berson, Stephen Smith & Kurt Thearling原著，葉涼川譯，CRM Data Mining應用系統建置，麥格羅希爾，2001年。

17. Michael J. A. Berry & Gordon Linoff原著，吳旭智、賴淑貞譯，資料採礦理論與實務：顧客關係管理的技巧與科學，維科圖書，2001年。

18. Michael J. A. Berry & Gordon Linoff原著，彭文正譯，資料採礦：顧客關係管理暨電子行銷之應用，維科圖書，2001年。

19. Michael J. A. Berry & Gordon Linoff原著，尹相志譯，資料採礦：網際網路應用與顧客價值管理，維科圖書，2004年。

20. 沈迺敦，CRM系統在寬頻服務產業之應用，交通大學管理學院資訊管理學碩士論文，2003年。

21. Leonard L. Berry原著，李振昌譯，顧客關係管理，天下遠見，2003年。

22. Ray McKenzie原著，張晉綸譯，終極CRM：以顧客關係管理強化企業獲利潛能，麥格羅希爾，2001年。

23. 張力元等著，顧客服務管理：CRM實戰理論與服務，華泰書局，2003年。

24. John G. Freeland原著，劉復苓、邱天欣譯，CRM關鍵32堂課：Accenture管理顧問大師開講、教你做好客戶關係管理，麥格羅希爾，2003年。

25. Newell, Frederick原著，丁惠民、許晉福譯，收買忠誠：網路行銷時代的顧客關係管理，麥格羅希爾，2001年。

26. Rober E. Wayland & Paul M. Cole原著，邱振儒譯，客戶關係管理：創造企業與客戶重複互動的客戶聯結技術，商周文化，1999年。

27. 田同生，客戶關係管理的中國之路：依靠客戶關係管理打造21世紀的企業核心競爭力，機械工業出版社，2001年。

28. Wiersema, Fred原著，王儷潔、林珮瑜譯，新經濟市場領袖：如何成為顧客關係管理時代的贏家，遠擎管理顧問，2002年。

29. 遠擎管理顧問公司，顧客關係管理企業典範，遠擎管理顧問，2002年。

30. 遠擎管理顧問公司，顧客關係管理深度解析，遠擎管理顧問，2002年。

31. http://www.ec.org.tw（經濟部e.commerce網際網路商業應用計畫）

32. Customer Relationship Management Introduction by Hewlett-Packard Joseph Chiew（邱怡生）

33. http://go.to/ebnet eBnet

34. http://www.intel.com/tw/big5/eBusiness/business/plan/4/hi179.htm

35. Intel e-business centre-Putting Customers at the Center of CRM.

36. http://www.digitalobserver.com/goal.htm（數位觀察者，50期，2000年）

37. http://www.crmcommunity.com/home.asp（CRM Communtity）

38. http://www.onyx.com/default.htm Onyx（凌群電腦中文化之CRM系統）

Chapter

08

決策支援

» **8.1** 決策支援概念

8.1.1 決策支援的意義

　　決策支援系統（Decision Support System，DSS）的觀念最早是由Scott Morton於1970年代所提出，稱之為管理決策系統。Morton當時提出此一觀念的目的，主要是希望能提升電腦在組織中的應用境界，讓電腦系統的地位從基礎的資料處理提升到協助管理階層的決策分析。自此，許多學者便開始研究發展決策支援系統，企圖以電腦化的技術與系統，協助決策者使用資料與模式，解決組織中半結構性或非結構性的問題。之後，Peter在1981年時定義決策支援系統為幫助管理者改進其決策效率及生產力，針對電腦分析模型或工具所知有限的使用者，使其易懂與使用的交談式系統。換言之，決策支援系統是輔助而非取代決策的系統，也不是讓決策的過程自動化來取代制定決策，更不會強制使用者遵循一個分析的程序。Leigh（1986）則認為，決策支援系統可用來支援半結構或非結構的決策制定。

8.1.2 管理決策活動與決策型態

　　Keen與Scott Morton結合Anthony與Simon等學者專家的看法，提出一個管理活動與決策型態是否結構化的二維決策架構，如表8-1所示。此表格是根據管理學家Anthony對管理活動的劃分，將管理活動分為作業控制、管理控制，以及策略規劃；並根據Simon決策類型是否結構化的觀點，將決策的型態劃分為結構化、半結構化，以及非結構化三種。

　　就管理活動的劃分而言，低階管理者所負責的各項業務稱為作業控制層；中階管理者負責將計劃加以執行而稱為管理控制層；至於高階管理者所負責之職務則是策略規劃層。在決策型態方面，所謂結構化的決策乃指易於瞭解且有明確解決規則或是決策規則者，其多半為例行性的決策工作，如存貨採購、生產排程等；而所謂非結構化的決策，則是指決策者自己提供判斷或見解，它通常會是模糊且不易瞭解的，也沒有明確的解決程序，這些決策多為偶發性；至於半結構化的決策則介於兩者之間，常由於資訊的不足、時間的限制或影響的變數太多，而有一部分的問題有清楚明白的程序與答案，一部分則無，因此有賴於決策者的經驗及判斷，並結合電腦的分析方法來加以解決。

表8-1 決策架構

管理活動 決策型態	作業控制	管理控制	策略規劃	所需的支援
結構化	庫存再訂購	線性規劃	工廠位置	電子資料處理
半結構化	債券交易	配置市場預算	資產取得分析	決策支援系統
非結構化	選擇封面	僱用經理	研究發展規劃	人類經驗

資料來源：Peter G. W. Keen & Michael S. Scott Morton, Decision Support Systems: An Organizational Perspective, Addison-Wesley, 1978.

行為學者Simon（1960）認為，決策是資訊整合與經驗認知的學習過程，決策者在面對決策問題時，往往會整合長期記憶裡的經驗及隨時接收之資訊，以形成對策。決策是目標及壓力交互作用下的行為，決策者在遇到具挑戰性的問題時，必須藉由知識與經驗的有效轉換，才能找到對策；決策是個人能力內相關知識的組合，決策者需透過個人能力內相關知識的有效擴展，才可提升決策能力。

» 8.2 決策的類別

8.2.1 決策的分類

在管理科學中，決策被視為管理的核心，科學化的決策有賴於現代的科學知識、計算工具、通訊方式等各種可有效輔助決策的工具。在決策的分類上有兩種方式：一為使用歸納方法，另一種則為演繹方式，茲分別說明如下。

▶ 歸納法：以語言、圖像或統計圖表等方式，來描述事實的真實情況，在推理上著重人類經驗的歸納。

▶ 演繹法：以數量、符號或方程式等方式，來界定事件間的因果關係，在推理上著重數理邏輯的演繹。

8.2.2 決策的模式

在決策的過程中，決策的模式大致可分為下列幾種：

回 線性模式

線性模式包含幾個特性：

1. 獨立性：各活動所產生之影響是獨立不相干的。

2. 可加性：各項決策變數目標函數之總和會等於整個目標函數的結果。

3. 可分割性：活動水準可以任意分割，即求解出之變數值不一定是整數。

4. 確定性：所有係數必須是固定的已知數，不能有不確定性的因素存在。

非線性模式

企業所購買的生產原料，其行為表現可為非線性的曲線，例如生產一千單位產品的每單位成本，與生產十萬單位產品的每單位成本通常不盡相同，此時，則需用非線性的方法來描述模式。

隨機模式

在企業營運活動中，有許多資料是屬於隨機且不確定的，而這是因為其中存在著許多不確定因素，例如：

1. 因市場需求的快速變動，導致無法預測客戶的實際需求量。

2. 因交通運輸時間的延遲，導致前置時間不確定。

3. 因零件技術進步與價格變動，造成零件、在製品、成品等庫存的不確定。

系統動態學

系統動態學是美國麻省理工學院Jay W. Forrester教授於1956年所發展出來的一種電腦模擬模型。Jay W. Forrester教授研究組織動態行為特性的方法，對組織內部資訊回饋過程之分析，獨創出一套動態模擬的學問，試圖以電腦的模擬來顯示組織的結構、政策，會如何交互影響到組織的成長和穩定。傳統的管理者著重在觀察與判斷上，但是，在企業營運活動中有太多事物不斷地發生，以致資訊過量，讓管理者難以認定哪些資訊應該蒐集與分析，並對確實有用的資訊無法加以掌握。而系統動態學便是因為體認到企業的管理者不能只憑藉直覺判斷所發展出來的，它可以幫助管理者將蒐集到的資訊有效的組織，進而成為代表真實系統行為的結構體。

有鑑於組織的行為或績效可以經由政策或結構的改變而獲得改善，因此分析系統的動態行為，其主要關鍵在於系統結構的瞭解與掌握，將蒐集到的資訊做有效的整合，進而解釋有關現象的意涵。

根據系統動態學的觀念，任何管理上的決策都源自於情報回饋系統的架構。所謂情報回饋系統是指：如果系統的環境有所變化，將導致系統決策之改變，因而使系統產生新的行動，從而改變環境，進而再影響未來的決策。情報回饋系統是由決策回饋環路所組成的，每一個組織目標達成都必須藉由這個封閉的環路來完成。

決策回饋環路的基本結構如圖8-1所示，它事實上就是連結決策、行動、情報、系統狀況，最後再回到決策點的路徑，藉由連接這幾個要素而形成一個環路。

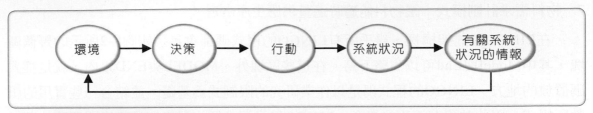

圖8-1 決策回饋環路的基本結構
資料來源：Jay W. Forrester, Principles of Systems, Productivity Press, 1990.

在組織中，任何決策的形成，必定是根據有關系統狀況的情報。而由於決策決定了行動的執行，行動的結果則會影響系統狀況，系統狀況的最新情報又促使決策修正，如此循環不已。因此，分析系統的動態行為自然必須以掌握系統中的決策回饋環路為主要的重點。

» 8.3 資訊科技與決策支援系統

下列為幾種資訊科技軟體，可作為企業決策支援分析使用：

8.3.1 LINGO

LINGO是最佳化計算常用的軟體，其可運用於多種決策支援功能，以下茲列舉幾種運用加以說明：

1. 生產線平衡模式：讓生產線上每一個工作站之工作量與工作時間相同，避免產生瓶頸。

2. 產品開發模式：將多種原料經過混合加工後，成為一種或更多種的完成品模式。

3. 最小成本模式：參酌市場定位、客戶需求等相關條件後，設計一個符合最小成本的產品。

4. 廠址的選擇模式：讓工廠的原料輸入、產品輸出及其他條件的配合，都能獲得最佳的配置。

5. 產品定位的分析模式：例如設計一個產品的保固期與價格上的關聯度，亦即要決定是要設計出耐用，還是以便宜為訴求之產品。

6. 產能評估模式：例如已知各式產品需求量、成本、交貨日期，則在準備生產產品時，其生產之負荷不會超過既有設備的生產能力。

7. 物料需求計劃模式：讓物料能適時適量供應生產之需。

　　在LINGO程式架構裡，幾乎所有LINGO的程式碼都會包括如圖8-2所示的幾個區塊，其中Model與End可以省略不寫。在這些區塊外、MODEL與END以內，就是程式碼置放的地方，LINGO的程式碼是以作業研究的限制式為基礎，並結合一些實用的函數所構成，因此並沒有流程的概念。LINGO為了讓求解大型的作業研究問題時，可以更方便、更具親和力，因而提供類似陣列概念的資料結構，並配合FOR迴圈的使用，來節省使用者必須動手撰寫限制式的個數。

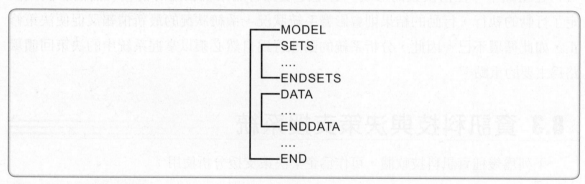

圖8-2 LINGO的程式架構

8.3.2 POWERSIM

　　此種軟體，主要用於生產管理與決策分析使用。

☺ 特色

1. 是一個可建立系統動態模式及特別需求的商業模擬軟體。

2. 採用互動式的實驗方式，針對公司策略、市場、競爭狀況、決策等相關議題進行實驗。

3. 可看出使用者的決策在時間的改變下所產生的影響，因而能發現潛在的問題點並加以調整。

☺ 執行方式

　　先建立組織、問題的圖形，且發展此一圖形成為交談式的動態模式，然後針對圖形上的每個要素加入數學公式，即可執行此一模式並觀察其行為。

應用範圍

1. 策略管理方面：可發展出一套管理模式，包括組織運作、競爭者、主要市場等，讓學習者學習策略的分析。

2. 生產管理方面：可模擬工廠之生產、運輸及配銷供決策使用。

3. 環境管理方面：模擬外力介入生態系統及環境的問題以供決策之參考。

9.3.3 CPLEX

CPLEX是一套在作業研究與數學規劃領域中，經常被使用的最佳化軟體，其內部函式庫所擁有之演算法，如線性規劃及混合整數規劃，均具備解決最佳化問題的能力。線性規劃與混合整數規劃在最佳化中是相當重要的工具，但有以下幾項限制：

特定類型的問題仍難以求解

大規模的排程、邏輯關係複雜等特定類型的問題，在傳統的線性規劃與混合整數規劃中依然難以求解。另外，企業在決策過程的同時，時間也扮演著舉足輕重的地位，由於一般在處理大量的數學模式問題時經常曠日費時，但若因決策時間冗長而造成損失，則不是求得最佳解的利益所可彌補的，因此，企業必須在面對眾多因素下，還能快速產生決策；換句話說，對於企業而言，在時間的考量下，對可行的近似解的需求更甚於可被證明的最佳解。

真實問題的表達

如何運用數學模式來表達真實的問題，為使用者帶來了相當多的困擾，例如所有問題的限制式都必須使用嚴謹的線性關係來表達。

運用使用者具備的知識

在求解的過程中，如何運用使用者對問題所具備的知識來操縱處理的步驟，目前仍然是線性規劃與混合整數規劃技術所面臨到的限制。

CPLEX公司於1997年被購併而成為ILOG公司旗下的一個部門，而ILOG公司以最佳化與視覺化軟體為發展目標，其軟體為目前供應鏈管理軟體所廣泛採用。ILOG的最佳化軟體是以限制式規劃來求解最佳化的問題，並以物件導向式程式設計為根本，讓使用者產生問題模式。

　　過去許多以傳統方式，例如：線性規劃、混合整數規劃演算法所無法解決的問題，現在已經可運用限制式規劃方式來處理。這種方式雖然不能獲得最佳解，而僅能找到可行的近似解，但是，對於必須在短時間之內迅速做出回應的供應鏈管理軟體而言，卻是非常重要的支柱。ILOG的最佳化軟體擁有豐富且強大的問題定義環境，並能允許使用者對於特定問題提出求解策略。ILOG的限制式規劃軟體可以藉由增加被證明過的演算法，來改善線性規劃與混合整數規劃的問題處理能力，同時也可以擴大問題的範圍，並能快速地解決這些問題，尤其是困難的組合問題，如排程等。此外，藉由整合CPLEX以線性規劃為基礎的技術，以及ILOG以限制規劃為基礎的方法，可以有效地提升該演算法的能力。相關軟體的功能分別介紹如下：

▸ CPLEX Base Development System：CPLEX Base Development System為整個CPLEX軟體的基礎，這套線性規劃環境的功能，包括最佳化演算法、檔案的存取、報表、訊息控制、互動式修正、敏感度分析及線上求助等。而該軟體除了提供互動式環境外，也提供可呼叫的函式庫，讓使用者可以將CPLEX的線性規劃功能嵌入自行設計的應用系統內。

▸ CPLEX Mixed Integer Solver；CPLEX Mixed Integer Solver可以增加舊有環境對混合整數變數的求解能力，而這是利用分枝界限（branch-and-bound）技術達成的。

▸ CPLEX Barrier Algorithm：CPLEX Barrier Algorithm能提供求解線性規劃與二次規劃問題時所需的能力。

▸ ILOG Planner：ILOG Planner允許使用者以物件導向的方式，來表達線性規劃與混合整數規劃的線性方程式。除此之外，ILOG Planner更提供可允許呼叫程式庫的C++介面。

▸ AMPL：AMPL是一套為線性、非線性及整數規劃所設計的代數模組化語言。

個案分析

⊟ 電腦通訊產業決策支援系統之應用

M電腦通訊公司是一家頗具規模的電腦、通訊及家電產品的製造與銷售商,該公司經營的銷售商店遍及全球各主要國家,主要以銷售自有品牌的產品為主。除了經營自有品牌的產品之外,該公司也爭取國際上知名廠商的委外代工訂單。

幾年前,該公司的管理階層發現,在銷售量成長的同時,淨收入與毛利卻開始下滑,而且在銷售商店中的存貨和商品變得很難管理,以至於無法擁有像以往一樣的獲利。雖然全球各銷售商店的主管會定期地以電子郵件系統將大量關於商店的書面資料傳遞給總公司,但這些以文書為主的模式卻讓溝通變得非常沒有效率。

再者,各個銷售商店之間也無法分享彼此的銷售資訊,例如個別商品的獲利能力、商品趨勢是如何改變等資訊。此外,總公司的行銷人員也無法預測各銷售商店最佳的產品庫存,或是何時要將產品送達各銷售商店。因此,該公司被迫要從既往的經驗與分散的系統中,蒐集現在和過去的銷售資料,並由自己分析這些資料,才能決定產品的定價、何時出貨及出貨量。

該公司的管理階層於是開始發展決策支援系統的計劃,提供管理者完整的資訊與便利的工具,以幫助他們做出更好的商品銷售與存貨的決策。決策支援系統整合了新品上市前的規劃活動及特定期間清倉大拍賣的定價,因此管理者可以利用此系統衡量客戶對重新定價的反應,並加快或減緩產品上架運送的速度,也可以基於商品銷售的速度與上架時間,以及特定期間的銷售模式、產品技術與功能的進展等因素,為產品銷售做較佳的預測。導入此決策支援系統的目標,主要是減少龐大的書面文件、幫助全球各地的銷售商店的管理者瞭解在他們自己的商店和其他商店裡的銷售情報,以及改善總公司的行銷決策管理者精確掌握客戶購買模式與預測的能力,如此,便可隨著趨勢調整產品的定價與存貨。

M電腦通訊公司的決策支援系統由一群應用程式所組成,並應用全球資訊網與企業資訊入口網站之技術,提供給總公司及全球各銷售商店使用。該系統依賴每一筆的銷售和存貨資料,且會自動將全球各地的銷售情報送到總公司的中央資料倉儲系統,並藉著公司網站及資料倉儲的整合,讓管理階層透過網際網路安全的連線存取其資料倉儲,建立多種線上分析報表,以及客製化所需的資訊。

　　例如：**M**電腦通訊公司可以使用線上分析的工具，來存取以國家別、產品別、通路別所聚合而成的銷售資料的多維度分析，在線上分析的報表或查詢中，管理者可存取大量的銷售資料庫，以分析出每一個產品類型在每個國家的銷售狀況。而在獲得初步的分析結果之後，還可修訂查詢條件，以分析每個銷售地區及產品別中，每個行銷通路的銷售狀況，甚至還可以執行各項的銷售評比。

　　M電腦通訊公司的決策支援系統提供四種基本分析模型：在若則分析中，管理者可藉由改變各項銷售相關的變數，或是改變這些變數之間的關係，來瞭解全球各地區市場的銷售變數值隨之變動的情況，讓主管掌握各種行銷決策所可能帶來的影響結果。在敏感度分析中，提供管理者設定將單一銷售變數值反覆地改變，然後觀察其他銷售變數值的變動情況，讓管理者能進一步地釐清先前根據某個銷售相關的關鍵變數所做的假設。在目標搜尋分析中，可讓管理者先為某個銷售變數值設定一個目標值，再反覆改變其他銷售變數值，直到目標值達成為止。而在最佳化分析中，可提供管理者在給定的條件下，為一個或多個目標銷售變數找尋最佳值，然後一個或多個銷售變數便反覆地變動，待滿足特定條件與目標銷售變數的最佳值被找到為止。這些分析模型能讓管理者階層探索各種可能的行銷方案，以協助他們找尋制度決策時所需的資訊。

　　另外，該公司的決策支援系統也利用企業資訊入口網站，作為得到公司內部銷售資料的起始點，以解決其分散式環境的管理問題。其目的在於減少為了取得產品銷售資訊，而花在切換各種應用程式的時間，以及整合各個系統的銷售與存貨資訊，讓管理階層可以更快速地存取銷售資訊。而全球各地的銷售商店也能藉由此入口網站，來協助他們更有效率地獲得、分享及交換彼此的銷售情報，讓銷售資訊平順地在組織中流通。

　　M電腦通訊公司的決策支援系統以全球資訊網為基礎，並以網頁為介面，利用網頁易於使用、互動性高及容易個人化的特性，促使企業管理者得以直覺化地使用該系統，有效協助其迅速與正確地制定決策。

▶▶本章習題

1. 請定義決策支援系統為何？

2. 設計決策支援系統的使用介面需考量哪些因素？

3. 決策支援系統的資料庫有哪些特質？

▶▶參考文獻

1. 5ESS Switch Engineering Rule，Lucent Technologies.

2. Carter,Grace M. et al., Building Organizational Decision Support Systems, Academic Press,1992.

3. Clive Holtham, Executive Information Systems and Decision Support, Chapman & Hall, 1992.

4. Clyde W. Holsapple, Andrew B. Whinston, Decision Support Systems : A Knowledge-based Approach, West Pub. Co., 1996.

5. Efraim Turban & Jay E. Aronson, Decision Support Systems and Intelligent Systems, Prentice Hall, 2001.

6. Efraim Turban, Decision Support and Expert Systems : Management Support Systems, Prentice Hall,1995.

7. Efrem G.. Mallach, Decision Support and Data Warehouse Systems, McGraw-Hill, 2000.

8. Efrem G. Mallach, Understanding Decision Support Systems and Expert Systems, Irwin, 1994.

9. George M. Marakas, Decision Support Systems in the Twenty-first Century, Prentice Hall,1999.

10. Hsu, Wen-Ling Wendy, A Programming Language System for Decision Support Systems, UMI,1986.

11. Hugh J. Watson, George Houdeshel, Rex Kelly Rainer, Building Executive Information Systems and Other Decision Support Applications, Wiley,1997.

12. Jay W. Forrester, Principles of Systems, Productivity Press, 1990.

13. John L.Bennett, Building Decision Support Systems, Addison-Wesley,1983.

14. Lewandowski, A. & Serafini, P. & Speranza, M.G., Methodology, Implementation and Applications of Decision Support Systems, Springer-Verlag,1991.

15. Lotfi, Vahid & Pegels, C. Carl, Decision Support Systems for Management Science/Operations Research, IRWIN, 1992.

16. Olson, David L. & James F. Courteny, Decision Support Models and Expert Systems, Macmillan Publishing Co.,1992.

17. Optimization Modeling with LINGO

18. Paul Gray, Decision Support and Executive Information Systems, Prentice Hall, 1994.

19. Peter Dicken, Global shift, Transforming the world economy, The Guilford Press,1998.

20. Peter G. W. Keen & Michael S. Scott Morton, Decision Support Systems : An Organizational

Perspective, Addison-Wesley Publishing Company, 1978.

21. Sidne Gail Ward, The Effects of Decision Support System Features on Users' Decision-making Behavior, UMI, 1996.

22. Sprague, Ralph H. & Watson, Hugh J., Decision Support Systems : Putting Theory into Practice, Prentice Hall ,1993.

23. Yee Leung, Intelligent Spatial Decision Support Systems, Springer Verlag,1997.

24. Efraim Turban & Jay E. Aronson 原著，李俊民譯，決策支援系統，華泰，2002年。

25. 今井正明原著，徐聯恩譯，改善：日式企業成功的奧秘，長河，1992年。

26. 王立志，系統化運籌與供應鏈管理，滄海，1999年。

27. 王存國、季延平、范懿文，決策支援系統，三民，1996年。

28. 周秉方，從系統動態學觀點探討有效使用資料之途徑，交通大學資訊管理研究所，1994年。

29. 林鳳寧，決策支援系統，博碩，2003年。

30. 梁定澎，決策支援系統，松崗，1994年。

31. 梁定澎，決策支援系統與企業智慧，智勝，2002年。

32. 陳明發，決策支援系統在工程估算作業及競標策略之應用研究，交通大學資訊管理研究所碩士論文，1993年。

33. 陳禹辰、歐陽崇榮，決策支援與專家系統，全華，1991年。

34. 陶在樸，系統動態學，五南圖書，1999年。

35. 黃明信、李建宗、吳淑貞，互助會決策支援系統，1998年。

36. 黃錦川、朱美珍，管理數學，五南圖書，1996年。

37. 黎漢林，決策推理與檢核，上下冊，1998年。

38. http://www.giga-tv.com/giga/article_que(顏明祥)

39. http://www.i2.com(供應鏈應用)

40. http://www.lucent.com.tw

41. http://www.powersim.com(Powersim 使用手冊)

42. http://www.research.ibm.com(IBM公司)

43. http://www.sap.com/solutions/scm/apo(SAP公司)

Chapter

09

資料探勘

» **9.1 資料探勘的概念**

🔲 **9.1.1** 資料探勘的意義

所謂資料探勘（Data Mining，DM）是一種彙總資料庫技術、統計分析、柔性計算理論（例如類神經網路、模糊理論、基因演算法等）、人工智慧、圖形和影像處理技術等各領域學問的整合性學科；簡單來說，也就是在大量的資料庫中尋找有意義或有價值的資訊，並能提供管理決策用途之學科。在資料庫技術的演進過程中，始自1960年代的人工資料蒐集，其最初的系統特性僅為靜態資料的蒐集與傳遞，採行的技術也僅是傳統的電腦、磁帶與磁片，資料庫扮演的是被動的角色；發展到2000年代，資料探勘與決策支援系統的特性已發展為主動式的資料蒐集與傳遞，採行的技術已是先進的演算法，其所扮演的角色亦已化被動為主動，讓管理者能自動找出存在於資料庫中隱藏的有價資訊。例如進行客戶特徵研究，再利用這些特徵在客戶資料庫中篩選出潛在的客戶；或是進行購物籃分析，瞭解消費者的購買行為。有關資料庫技術的演進，如圖9-1所示。

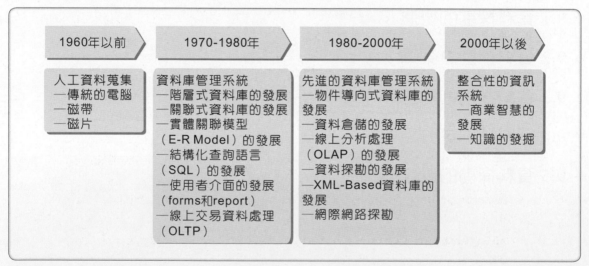

圖9-1 資料庫技術的演進

資料探勘可以協助使用者從一堆資料中擷取到有用的知識，就好像礦工深入礦坑挖掘礦產一樣，從礦坑大部分都是沒有用的石頭或細沙中，挖出有價值的金礦或寶石。同理，從大型的資料庫中，我們所期待的是將大量資料中的寶物挖掘出來，以便能更進一步做有價值的分析與應用。我們稱這種從資料庫中挖掘知識的技術或系統為資料探勘、資料採礦或是資料模型分析等，甚至也有學者將資料探勘視為資料庫知識

發掘（Knowledge Discovery in Databases，KDD）的一部分，或知識發掘過程中的一個階段。

9.1.2 資料庫知識發掘

資料庫知識發掘的各個階段，如圖9-2所示，茲說明如下。

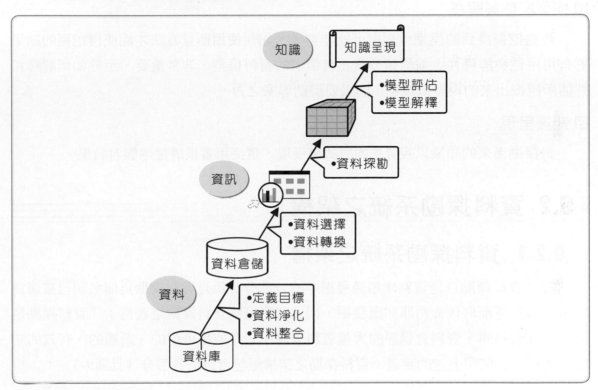

圖9-2 資料庫知識發掘
資料來源：Jiawei Han & Micheline Kamber, Data Mining : Concepts and Techniques, 2001.

⊟ 定義目標

包括先確認所要應用的領域，瞭解相關的領域知識，確認及整合分析目標的多種資料來源。

⊟ 資料整備

包括下列各項資料前置處理工作：

1. 資料淨化：除去資料庫中錯誤或不一致的資料。

2. 資料整合：整合不同來源的資料，例如企業內的企業資源規劃系統，或是外購的資料。

3. 資料選擇：從資料倉儲中選取需要分析的資料。

4. 資料轉換：將資料轉換為適合資料探勘的格式。

⊟ 資料探勘

使用資料探勘的工具與技術，將資料整理成特定而需要的模型。

⊟ 模型評估與解釋

經過挖掘得到的模型或規則可能非常多，如何使用衡量方法才能使得挖掘的結果更有可用性與解釋性，並能區分真正有價值的資料模型，非常重要。至於如何解釋和評估所挖掘出來的模型或規則，則需要借助專家之力。

⊟ 知識呈現

將探勘出來的知識以視覺化的方式來展現，讓使用者很清楚地觀看結果。

» 9.2 資料探勘系統之架構

9.2.1 資料探勘系統之架構

雖然資料探勘只是資料庫知識發掘中的一部分，但是資料探勘這個名詞已被廣為使用，而且逐漸取代資料庫知識發掘，因此我們可為資料探勘定義為：「資料探勘是從儲存在資料庫、資料倉儲等的大量資料來源中，萃取出可信的、新穎的、有效的知識的過程。」依照上述的定義，資料探勘之架構應包含以下各部分（見圖9-3）：

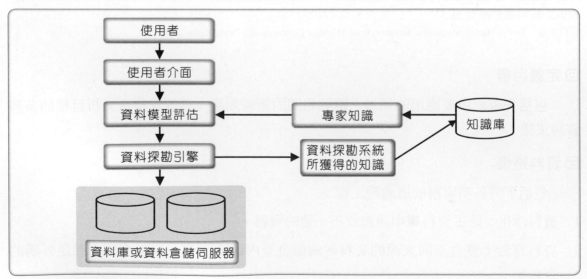

圖9-3 資料探勘系統之架構

□ 資料儲存設備

此部分包括資料庫、資料倉儲等資料儲存所，以作爲資料庫或資料倉儲伺服器讀取的資料來源。使用者可運用資料淨化、資料整合、資料選取，以及資料轉換的技術來系統化處理這些資料。

□ 資料庫或資料倉儲伺服器

根據使用者所設計好的資料探勘功能與技術，將相關分析資料從資料庫或資料倉儲中擷取出來。

□ 知識庫

用以儲存專家的專業知識，以及資料探勘系統所獲得的可用知識。知識庫有可能是使用者的經驗、限制條件、設定的參數值。

□ 資料探勘引擎

是整個架構的核心，經常被使用的功能包括關聯法則（Association Rule）、資料分類（Classification）、群集分析（Clustering）等。

□ 資料模型評估

評估資料模型的可用性，可藉由設定參數值的方式，引導資料探勘系統的模組專注在有用資料模型的萃取上，使探勘的結果更有可用性與價值。另外，也可使用一些限制條件過濾出較有意義的結果，以提高資料探勘系統的挖掘效率，讓探勘過程專注在有用資訊的萃取。如果評估的結果不滿意時，則可回到前面的資料整理或資料探勘引擎中再調整參數或方法，直到產生合適的結果爲止。

□ 使用者介面

負責將探勘到的結果以視覺化的方式來展示，作爲使用者與探勘系統間的溝通橋樑。此外，也提供使用者進行資料讀取、分析、人機互動等功能，例如：瀏覽資料庫或資料倉儲的資料結構、系統查詢的命令、評估資料模型的結果等。

9.2.2 資料探勘之資料來源

資料探勘是一種新興的工具與技術，因此，各種不同的資料來源皆可運用資料探勘來找出隱藏、未知但卻對企業經營十分有用的資訊。唯一要考量的是，不同的資料來源自然必須使用不同的資料探勘方法和技術。接下來，將說明各個不同的資料來源在資料探勘上的運用及差異，資料探勘之資料來源可分爲：

🔲 關聯式資料庫

　　資料的關聯式模型是由Codd（1970）所創，其以簡單固定的資料結構——關聯為基礎。關聯式資料庫（Relational Databases）是一群資料表格（Table）的集合，而表格在關聯式模型的術語上又稱為關聯（Relation）。每個資料表格都會指定一個唯一的名稱，每個資料表格中的每一橫列代表相關資料值的集合，這些資料值是用來描述真實世界實體的事實，而橫列又稱為值組（Tuple），在資料表格內存放著大量的值組。由此，表格名稱與直欄名稱有助於說明在表格中每個橫列的資料值意義，表格名稱為客戶，每個橫列代表一個特定的客戶實體的這個事實；直欄名稱如客戶代號、客戶名稱、地址等，則指定了如何以每個資料值所在的直欄為基礎，對每個橫列中的資料值加以說明。一個直欄中的所有數值都是相同的資料型態，直欄的標題稱為屬性（Attribute），而每筆值組都由屬性值（Attribute Value）所組合。關聯式資料庫可以使用ER Model（Entity-Relationship Model）來表達資料個體（Entity）之間的關聯性。

　　關聯式資料庫可透過向資料庫下SQL指令來更新或取得資訊。此外，關聯式資料查詢也提供總和運算函數，對要查詢的資料進行簡單的運算。如果將資料探勘技術應用在關聯式資料庫，則可進一步探索趨勢、預測或其他有意義的資料模型。例如，可根據客戶的收入、年齡及以往信用狀況，來預測與分析新客戶可能發生的信用風險。由於關聯式資料庫目前是資料庫類型的主流，因此在研究資料探勘時，這也是主要研究的議題。

　　雖然關聯式資料庫是目前市場的主流，但仍然有為了因應某些特殊資料處理的需求而發展的資料庫系統，例如空間型資料如地理資訊、時間型資料如股票市場交易資料，以及在Internet上的資料等。為了處理這些特殊類型的資料，便有了因應這些資料而特別發展的資料庫系統，例如物件導向資料庫、物件關聯資料庫、空間資料庫、時間資料庫、文字型和文件型資料庫，以及全球資訊網。雖然這些資料庫系統的存取需要使用複雜的工具，但隱藏在這些資料底下的卻是無盡的寶藏，值得我們進一步的研究及探討。

🔲 資料倉儲

　　資料倉儲（Data Warehouse）的主要精神乃是整合了不同資料庫的資料，將關聯式資料庫立體化。讓使用者更方便地從多個不同的資料來源取得資訊。例如一個跨國的全球性企業，其銷售資料分布在世界各地不同的資料庫系統中，若要從這些眾多的資料來源中分析各地區的銷售狀況，是一項非常艱鉅的大工程。但如果能利用有效

的方式將這些不同來源的資料彙整，而後將這些資料放置在中央儲存地點的資料倉儲內，最後再以多維的分析方式呈現企業的經營與交易等各項訊息，就可以讓資料的掌握遠比傳統資料庫系統更為容易與完整。

　　資料倉儲是一種整合的、主題導向的、隨時間變動的，以及非揮發性的資料庫，它讓決策過程變得更為方便。因為資料倉儲將整個組織中各類不同型式或不同來源的資料整合在一起，且在資料倉儲中儲存的資料通常會先根據幾個主要的主題或觀點來組合彙整資料；而放在資料倉儲中的資料通常也會依時間的流逝而增加其內容，並且資料定期地加入到資料倉儲之後，就不得任意修改與刪除，以保存每個階段當時的狀態，因此會包括短期及長期的歷史資料。資料倉儲通常使用多維的資料模型來表示，每個維度對應的是綱要（schema）裡面的屬性（attribute）。

　　資料倉儲與資料超市（Data Mart）的差異在於資料範圍的大小，資料倉儲是儲存整個企業組織可供查詢的資料來源；而資料超市則僅是整個資料倉儲的一個邏輯子集，它所儲存的是特定部門的資料。

　　為滿足決策支援或多維度環境特定的查詢和報表需求，資料倉儲通常會使用線上分析處理（On-Line Analytical Processing，OLAP）來輔助。在執行由各個不同構面組成的多維度展示時，OLAP可自由地旋轉立體資料方塊，讓使用者得到其所需要的資料表格。目前OLAP有下列幾項瀏覽與查詢的操作功能，如圖9-4所示。

1. 上捲（Roll-Up）：將目前的資料提升一個層級查詢，例如由每個城市銷售量，向上提升為查詢各個國家的銷售量。

2. 下展（Drill-Down）：這個動作與上捲相反，它將目前的資料向下一個層級查詢更細部的資料，例如由每季的銷售量下展出每個月的銷售狀況。

3. 切片（Slice）：將焦點集中在某一個觀點來分析資料，例如：只探討第一季的銷售狀況。

4. 轉換（Dice）：轉換成不同的資料觀點，來進行查詢與分析的動作。

　　雖然資料倉儲可讓使用者根據不同的主題和角度，依其專業的直覺，即可操作並分析資訊，找出問題的重點，但是對於較深入的資訊再分析或自動分析，這方面則還要使用別的工具。

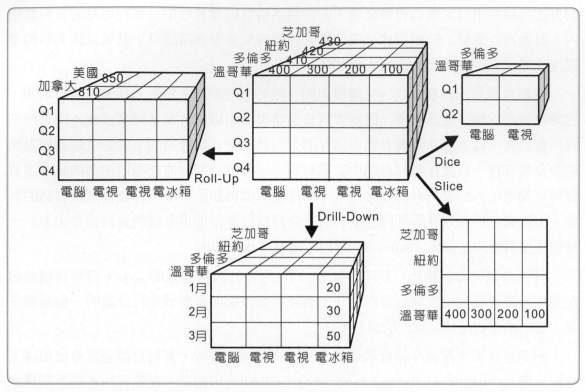

圖9-4 資料倉儲中有關OLAP的操作功能

資料來源：Zhengxin Chen, Data Mining and Uncertain Reasoning: An Integrate Approach, John Wiley & Sons, 2001.

⊡ 交易型資料庫

交易型資料庫（Transactional Databases）通常是由檔案所組成，而檔案則是相關紀錄的集合，檔案中的每筆紀錄代表一筆交易資料。每個檔案可選擇一個資料欄位作為唯一的鍵（Key），用以存取某筆紀錄；其他資料欄位的資料值則用來描述該筆紀錄的交易項目。在交易型資料庫中，使用者通常會希望能清楚掌握有哪些產品會被同時搭配銷售出去，例如：若能藉由資料探勘得知電腦通常會和哪些遊戲軟體一起被消費者所購買，就可以擬訂相關的促銷策略，像是當銷售較昂貴的電腦時，可享有某些遊戲軟體的優惠折扣，以增加電腦銷售量。

⊡ 物件導向式資料庫

物件導向式資料庫（Object-Oriented Database）是以物件（Objects）的觀念來代替以往的紀錄（Records），強調在開發應用系統之前，要先將物件類別（class）規劃清楚後，再確定該類別的所有功能（Functions）與運算（Operations）。物件導向式資料庫將每個個體（entity）都視為一個物件，物件之間則透過訊息（Messages）

做相互間的溝通，並將具有共同屬性及同樣運算方法的一組物件組成物件類別（Object Class），而物件類別則又可分為類別與子類別。

在物件的觀念當中，繼承（Inheritance）的觀念允許我們由一個以上的既存類別（稱之為父類別，Superclass）中導出另一個新的類別（稱之為子類別，Subclass），子類別除了本身的屬性與運算方法之外，所有父類別的屬性與運算方法都會繼承。例如，員工類別包括姓名、地址、生日、電話等屬性，而銷售人員假設是員工的子類別，則銷售人員之子類別便會繼承其父類別的所有屬性，這種繼承的特性可以將類別組合起來，形成完整的階層架構，對物件的架構與運算方法的互通共享頗有助益。

物件關聯式資料庫

物件關聯式資料庫（Object-Relational Databases）融合了物件導向與關聯式資料庫，它是以物件關聯式資料模型為基礎來建構，其與物件導向資料庫系統的資料探勘有很多的共通性。物件關聯式資料庫仍然將資料以物件方式來表示，並運用物件導向的技術來表示及處理資料，而且又保留了關聯式資料庫的特質，因此它在處理物件類型的資料上需要更多的方法與程序，來處理複雜的物件結構、資料類型、類別或子類別、屬性繼承等特性，以滿足資料複雜性高且查詢複雜性高的作業需求。

空間資料庫

近年來，由於電腦輔助設計、地理資訊系統等軟體技術的發展，使得空間資料的處理頓形重要。空間資料庫（Spatial Databases）存放與空間有關的資訊，如地圖、積體電路設計圖、衛星影像等資料，而這些資料的處理都不是關聯式資料庫所擅長的。空間資料庫目前有不少的應用軟體，其所涵蓋的內容包羅萬象，從氣象到植物生態的研究都有，例如：廣為各大汽車廠配備的汽車導航系統，其地理資訊系統便也是運用此原理。資料探勘一旦加入空間的因素，將更能探索真實世界的狀況，空間資料所提供的效益相當多樣，像是在靠近某一個特定地區如學校時，會將學校周圍商店的銷售狀況找出來；或是描述出森林裡各個不同環境地區的植物生態等。

時間資料庫

時間是真實世界中一個重要的觀點，許多應用領域都會牽涉到時間性資料的管理問題，此時即需利用時間資料庫（Temporal Databases and Time-Series Databases）來協助處理。Temporal資料庫存放的通常是包含與時間有關屬性的關聯性資料；而Time-Series則將時間維度加入資料庫，它多半存放隨著時間的演進而改變的資料，例如醫院的病歷資料、股市交易資料、飛機航線的安排等應用。

時間資料庫支援的時間有兩類，分別是有效時間（Valid Time）與交易時間（Transaction Time）。有效時間是指事件發生的時間，或是狀態從開始到完成所持續的時間；交易時間則是指系統或交易的時間，亦即事件發生或是狀態改變時電腦系統進行登錄的時間。

我們之所以應用資料探勘技術於此類型的資料庫，主要是希望可以藉此發掘資料的演進歷程，或是資料屬性的變化趨勢。例如：若對股市的歷史交易資料進行探勘，便往往可以獲得股票交易的行為模式，利用這些資訊，即可用以輔助投資策略的決定。

⊟ 文字型資料庫

文字型資料庫（Text Databases）可以視為由一群「文字」所組合而成的集合，其中每一篇文字都是由一變動長度的長字串所組成，其使用長串的文字敘述來描述資料屬性，而不是簡短的關鍵字，例如產品規格的敘述、法令法規、文史資料等。至於文件則被定義成包含文字和附於文字上的標示資料，例如：一般排版系統產生的文件，皆將字型、字體、大小等標示附加於文件內。有些文字型資料庫是字串型式，至於不具有結構性，如全球資訊網上的某些網頁中，有些資料便存於資料庫內，被組織成關聯式架構，此則是相對的結構化，如圖書館資料。不具結構性的文字，可利用相關資訊檢索的技術來取得資料；而結構化的文字，則可利用SQL來取得資料。

⊟ 全球資訊網

全球資訊網（World Wide Web）提供了大量且多采多姿的資料來源，眾多的資訊入口網站也都提供資訊的查詢服務，例如Yahoo！、Google等。這些查詢服務可將存放在全球資訊網上的資料相互連結，讓使用者以關鍵字來做搜尋，以快速找出所需的資訊。但是，這樣的系統所搜尋到的結果通常是沒有過濾、結構化的大量文件，也就是使用者往往會找到成百上千個符合條件的網頁資訊，但絕大多數與使用者真正想找的資訊並無關聯，因此，在這樣的情況下我們開始思考這樣的問題：使用者需要擁有人工智慧篩選、過濾、甚至瞭解文件的資料探勘工具。近年來，有關網頁內容探勘的研究愈來愈多，這些研究除了能將網路上半結構化的文件組織起來，或是發展人工智慧的工具來做抓取的工作之外，更能解析網路使用者習性，幫助企業更瞭解他們的客戶。

» 9.3 資料探勘的功能

9.3.1 資料探勘的功能

資料探勘的各種功能主要是用以探勘特定的資料模型，從資料中萃取出有意義的新資訊。一般而言，資料探勘的結果可分為描述性和預測性兩種：描述性的目的是描述資料特性，因為對一個狀態來說，一個正確的描述可以啟發更多對該狀態的解釋；而預測性則是對目前資料進行推論，以預測未來資料可能的發展趨勢。為了配合不同的需求，資料探勘系統通常應以模組化的設計方式，讓使用者可以同時進行不同模型、不同萃取程度的探勘，而且系統也必須告知所探勘出來的結果，其可用價值有多大。依照資料模型的不同，資料探勘系統可區分為下列幾種功能：

🔲 概念或類別的描述

資料本身的意義往往代表該資料實際的概念及分類。例如：在電腦軟體公司所謂的模組，在概念上代表的可能是公司所銷售的各種不同的應用系統；而所謂的客戶，代表的可能是使用該公司軟體系統的企業客戶。藉由經過簡化且目標確定的資料項目來表達該資料的分類或概念，對使用者來說非常清楚易懂。而其對資料描述的方式有以下兩種：

▶ 資料特徵化

將大量資料所具有之共通的特性或特徵，根據指定的某些條件式，將資料加以彙總，以描述這一群資料的特徵。而這類的資訊，可利用SQL指令加上指定的條件範圍，對資料庫進行查詢以取得相關特徵的資訊。例如：找出今年某地區第一季的銷售量比去年同期增加20%的產品。此外，我們也可以利用前述的OLAP操作功能找出資料特徵。而資料特徵化之後得到的結果，可以利用統計的曲線圖表、特徵規則的文字描述，或是資料表格等方式來表示。

應用範例：假設公司希望對每月信用卡刷卡金額超過5萬元的客戶進行瞭解。於是從客戶的基本資料根據不同的項目和條件加以彙總，如客戶年齡、年收入或職業等條件，以找出符合條件的客戶特徵。得到結果為：(1)客戶年齡：35歲至45歲之間；(2)年收入：120萬元以上；(3)職業：工商業。

▶ 資料區別化

將研究對象的資料和對照基準的資料，針對兩者資料特性間加以相互比較而得的結果。例如，我們可就去年第一季銷售量增加20%以上的產品，和今年第一季同期銷

售量反向減少20%以上的產品，比較兩者間的資料特性。資料區別化和資料特徵化所使用的方法及結果的呈現方式大致上相類似，只不過，資料區別化會額外再加上比較時所用的衡量值。

應用範例：將常來購買電腦軟硬體產品的客戶，和幾乎沒來購買過電腦產品的客戶，針對兩者資料間之特性加以區隔比較。得到結果如下：

1　規則1：90%以上經常來購買電腦軟硬體產品的客戶，其年齡層多介於20歲至30歲之間；多為電腦相關科系的學生。

2　規則2：70%以上不常來購買電腦軟硬體產品的客戶，其年齡層多分布在45歲以上，且多為學生家長。

⊟ 關聯分組

關聯分組（Affinity Grouping），又稱為購物籃分析（Market Basket Analysis）。此項方式會辨識資料之間的關聯，且這些關聯通常會以關聯規則（Association Rules）來表示。這樣的分析方法目前被廣泛使用在交易型資料的分析上，例如用在購物籃分析，使用銷售點的交易資料來分析產品的關聯。用比較正式的講法來說，關聯規則的功能是去發覺哪些事物總是會同時發生，而其表示方式形如A1→A2、支持度＝S%、信賴度＝C%，式中的S和C為分析人員指定的支持度和信賴度的門檻值。例如將規則1「尿布→啤酒，支持度＝10%，信賴度＝60%」，與規則2「嬰兒用品→飲料類，支持度＝30%，信賴度＝80%」相比較，規則2更為客觀，具有較大的支持度與信賴度，更適合作決策的需求。

應用範例：在一個銷售的交易資料庫中，我們有興趣的是所有交易資料之間的關聯，也就是在同樣一個交易中，一個項目出現的同時會引發另一個項目出現的關係，因此，關聯規則可應用於規劃貨架的擺置方式、型錄的編排方式，讓同時銷售的商品總是能夠同時被消費者看見。例如，若規則為「若客戶購買尿布，則他同時也會購買啤酒，即尿布→啤酒」，則可將尿布和啤酒放在同一貨架上。另外，我們也可以對一組資料探勘其關聯規則，並得到下列的結果，說明如下：

1. 年齡（X，'30…40'）∧收入（X，'70萬…80萬'）

2. 購買（X，'音響'）

3. 〔支持度＝30%,信賴度＝80%〕

X代表一個客戶，此規則的意義顯示，在曾經來買過音響的客戶中，有30%的年齡介於三十歲至四十歲之間、收入在70萬元到80萬元之間，而符合這個年齡和收入條件的客戶有80%會購買音響。

分類

分類（Classification）是根據特定的標準，將資料分成數種預先定義的類別，並在資料庫的物件集合中，按照分析對象的屬性，分門別類地加以定義，找尋共通性質並建立類組的過程。因此，資料分類的工作就是將每一個群集的特徵定義清楚，並且透過訓練組資料，建立出模型，將未歸類的原始資料分門別類。例如：信用卡公司可能會將客戶分成低、中、高風險，所以分類系統可能會產生一套規則，認為「如果客戶收入超過80萬元，年齡介於40歲至50歲之間，擁有固定的職業，那麼此客戶便具有低信用卡風險」。

預測

預測（Prediction）是根據對象屬性的過去觀察值，來推估該屬性未來之值，其與分類和推估相當接近，不同的只在於預測是去推估未來的數值及趨勢。歷史性資料是一個很好的資料來源，其可用來建立模型，以檢視近年來觀察值的變化，倘若應用最新資料作為輸入值，可以獲得未來變化的預測值。在預測中，會根據某些未來行為的預測來分類或推估某變數未來可能的值，而若要檢視分類結果的正確性，則只能等待其發生後，再加以觀察。

群集

群集（Cluster）是將許多不同的群組，分成一些更相似的子群組或群集，其原則是讓群組內的資料相似度最高，並讓群組與群組間的資料相似度最低，最後將資料區隔為較具同質性之群組。群集和分類的不同在於，群集並未預先定義好類別。群集相當於行銷術語中的區隔化（Segmentation）。

9.3.2 資料探勘的重要議題

資料探勘包含下列幾項重要議題：

多樣的資料探勘功能與技術和使用者互動

不同的企業經營環境與型態，對資料庫中不同的知識探索，其成效自然會有所不同，因此，資料探勘系統應該能提供廣泛的知識類型和各種不同的探勘功能與技術，

如關聯、分類、預測、趨勢、推估或群集等，此需要透過不同的探勘功能來處理同一個資料庫中的資料，並且開發各種不同的探勘技術來加以配合運用。此外，資料探勘系統也必須要能提供良好的使用者介面，讓使用者自行下達資料探勘的需求，並將結果呈現出來，所以資料探勘的過程應該要能夠與使用者有所互動。

⊟ 資料探勘的效率性與結果的有用性

為了能從大量的資料中有效地萃取資訊，資料探勘必須被有效率地執行，也就是說，在大型資料庫進行資料挖掘時，資料探勘演算時的執行時間必須是可預期且可被接受的。此外，從資料中挖掘出來的知識，必須能夠精確地描述資料庫中真正存放的資料的意義，而且這些知識必須具有應用上的價值。

⊟ 資料類型的多來源與多變性

由於資料庫可能包括複雜的資料類型，例如結構性資料、超文件、多媒體資料、影像資料等，因此，我們自然會期望有一個強大的資料探勘系統，能在如此複雜的資料型態上，有效地執行資料探勘。由於網路已將許多的資料來源、分散式的資料庫及各種異質性的資料庫系統連結在一起，因此如何從不同的資料格式、不同的資料來源中挖掘出有意義的資訊，已成為資料探勘的新議題。

» **9.4 資料探勘之分類與評估**

▪ **9.4.1 資料探勘的分類**

資料探勘之分類準則約有下列幾種：

⊟ 根據資料模型區分

可以區分為關聯式、資料倉儲、交易型、物件導向、物件關聯等探勘系統。

⊟ 根據特殊資料區分

可以區分為空間、時間序列、文字型和文件型、全球資訊網等探勘系統。

⊟ 根據資料探勘的功能區分

可區分為關聯分組、分類、預測、群集、趨勢、推估等系統；一個設計完善的資料探勘系統通常會整合數種不同的功能，以滿足不同使用者的需求。

⊟ 根據資料探勘的技術區分

可以區分為傳統技術與改良技術兩類。傳統的技術已使用數十年，以統計分析為代表，包括敘述統計、機率論、迴歸分析、類別資料分析等。改良技術則是廣泛利用各種人工智慧方法，常見的技術有基因演算法、決策樹、規則歸納法、模糊理論、類神經網路等。一個複雜的資料探勘系統，通常會採用數種不同的技術來處理不同的探勘問題。

⊟ 根據資料探勘的應用面區分

可以區分為財務、客戶關係、醫學、品質、生物科技、股票市場、網頁探勘等系統。

9.4.2 資料探勘系統的評估

許多商業用的資料探勘系統，在探勘技術與探勘功能的設計上很少有雷同的地方，所設計的功能甚至也只適用在特定的資料探勘上，因此要選擇一個合適的資料探勘系統必須考慮以下幾個重點：

⊟ 處理的資料型態

大多數的資料探勘系統所能處理的資料格式，多為格式完整的資料，例如完整格式的ASCII文字型態、關聯式資料庫的資料、資料倉儲或是資料超市的資料。因此在選擇探勘系統時，一定要先確認該系統是否能夠處理我們所欲處理的資料。但是，不要期望一個資料探勘系統能夠處理所有的資料，因為有些資料類型會需要特殊的方法來找尋資料模型，再加上不同的資料型態和資料挖掘目標，顯然也並非是所有探勘系統都能滿足的。例如：若所要探勘的資料為空間資料、時間序列資料、多媒體或影像資料等特殊的應用，就需要使用特殊的探勘系統。換言之，特定的資料探勘系統應該操作在特定種類的資料上。當然，我們也可以利用資料探勘系統廠商提供的客製化服務來達成此一目標。

⊟ 適用的作業系統

資料探勘系統通常皆可適用在多個作業系統平台上執行，像是UNIX作業系統和微軟的一系列視窗作業系統。因此，為了能有效率地處理大量的資料，資料探勘系統可設計為主從式（Client/Server）的架構，Client端可以用一般的PC搭配Windows系統，負責使用者圖形介面的處理與呈現；Server端可以使用運算速度強大的高速電

腦,再輔以UNIX系統,負責資料探勘的處理任務。隨著網際網路的興起,目前探勘系統也漸漸提供以網頁爲基礎的操作介面,並允許處理XML的資料格式。

⊟ 連結不同的資料來源

對資料探勘系統而言,其處理的資料來源極可能是分散式的、異質性的資料,因此需能支援ODBC的功能,方能存取不同的關聯式資料庫,如IBM DB2、Oracle、Microsoft SQL Server、Microsoft Access、Microsoft Excel或格式完整的ASCII文字檔等。另外、資料探勘系統也需能支援OLE DB的功能,以存取不同的資料倉儲或資料超市的資料。

⊟ 資料探勘系統的功能和技術

資料探勘系統所具備的功能與提供的技術,是整個探勘系統的核心,因此儘管有的資料探勘系統只提供單一功能或技術,但大多數的資料探勘系統則可提供多種不同的功能,例如關聯分組、預測、群集、分類、推估等;以及多種不同的技術,例如決策樹、類神經網路等。因爲只有具備多種功能、每種功能又提供多種技術的資料探勘系統,才能提供使用者最大的彈性,來處理不同類型的資料和滿足不同的探勘目標。而使用者也需接受訓練以知道該於何種狀況下,該使用何種功能與技術,才是最佳的組合,以使資料處理最有效率且能達成挖掘目標。

⊟ 資料探勘系統與資料庫或資料倉儲系統的連結程度

資料探勘系統爲了有效率地存取其資料來源,通常必須和資料庫或資料倉儲系統連結。而其連結的方式可分成四種:不連結、鬆散連結、局部緊密連結,以及緊密連結。使用不連結方式的資料探勘系統,只能存取ASCII文字檔,而且也無法存取資料庫系統的資料,以致於不適合處理大量資料的探勘工作。使用鬆散連結方式的資料探勘系統,資料會先存放在資料庫或資料倉儲系統的暫存區內,資料探勘系統接著才會處理這些資料;此種連結方式仍存在著擴充性差且探勘效率不佳的問題。局部緊密連結的方式則較能改善探勘效率不佳的問題,例如排序、指標、彙總等。緊密連結的方式可將資料探勘查詢直接完整地整合在資料探勘或資料存取的過程中,同時也能整合資料探勘和OLAP的作業,以發揮最大的功能。

⊟ 資料探勘的效率性

當探勘的資料數量增加,或是資料欄位數增加時,資料探勘系統便不需要花費等比的時間來處理資料查詢的工作。

使用者介面

資料探勘系統應能提供資料圖形化、探勘結果圖形化、探勘過程圖形化等親和力佳的人機介面；圖形化工具的親和度，影響資料探勘系統的可用性和使用者快速理解的程度。

使用者互動程度

資料探勘是資料探索的一種過程，在此過程中能讓系統與使用者間有較高的互動關係，允許使用者互動地重新定義資料探勘的需求，動態地改變資料的焦點，以及能從不同的觀點來審視資料探勘的結果。

9.4.3 商用資料探勘系統

目前市面上常用的商用資料探勘系統有下列幾項：

Intelligent Miner

IBM所開發的資料探勘產品。

1. 功能：提供的功能眾多，包括分類、預測、關聯法則、群集、序列型樣檢測，以及時間數列分析等。在技術方面，也內含了決策樹、類神經網路、統計分析、資料準備工具和資料視覺化工具。

2. 特點：對於處理的資料量及計算的性能而言，若能搭配IBM SP的平行電腦系統來執行，將具有強大的擴充性，能與IBM DB2資料庫緊密地整合，並具有多樣的資料探勘技術及演算法。

Enterprise Miner

SAS所開發的資料探勘系統。

1. 功能：SAS使用取樣（Sample）、探勘（Explore）／修正（Modify）／模式化（Model）／存取（Access）的方法學，該方法學簡稱為SEMMA方法學，它所提供的資料探勘工具，有關聯法則、分類、決策樹、類神經網路和統計迴歸等。

2. 特點：發揮了SAS在統計軟體市場上長遠歷史的影響力，是一個初學者與專家都可使用的系統，其圖形化使用者介面是資料流導向，容易理解和使用。

MineSet

SGI所開發的資料探勘產品。

1. 功能：包括關聯法則、資料分類，並提供先進的統計方法及視覺化工具。
2. 特點：結合數種資料探勘技術與功能強大的高度直覺互動式的3D視覺化技術。

⊡ DBMiner

　　DBMiner所開發的資料探勘產品。

1. 功能：能迅速有效地建立資料倉儲，並進一步從資料中探勘知識，包括關聯規則、分類、比較、預測、群集、時序規則等功能。
2. 特點：是一套資料倉儲與知識發現整合的系統，有助於建立資料倉儲和多維資料庫，提供資料倉儲視覺化瀏覽和查詢，以及探勘各種類型的知識。

» 9.5 資料探勘系統的應用與發展

9.5.1 資料探勘系統的應用

　　資料探勘是近年來資料庫應用技術中熱門的議題，究竟它在科學與商業上的用途為何？又將在未來世界扮演什麼角色呢？隨著資料庫技術的成熟和資訊應用的普及，人類正被大量的資訊洪流所淹沒，但於此同時，人們卻饑渴於知識的貧乏。而資料探勘便可產生企業所需的商業知識，並有效地應用在各行業及不同領域上。

⊡ 生物科技領域的資料探勘

　　近幾年來，在新藥品的研發及基因定序上重大的突破，使得生物科技有了長足的進步。大部分的生物科技研究都是針對DNA（去氧核醣核酸），而且經由對DNA的研究，生物學家們發現了很多疾病在基因方面的原因，也因此獲得疾病診斷、預防和治療的方法。一般而言，基因研究的重點是在進行基因定序，其目的在解讀人類基因組合，以繪製出完整的基因地圖，提供人類瞭解遺傳密碼全貌的機會。其中，定序工程的重要主題是DNA排序方式的研究，因為DNA的排序方式是所有生物基因的基礎。

　　DNA序列是由四種不同的核甘酸（nucleotides）所組成，而核甘酸則是由磷酸、核醣與鹼基所組成。含氮鹼基有四種，以英文字首為代稱，分別為：1.腺嘌呤（adenine；A）；2.胞啶（cytosine；C）；3.鳥嘌呤（guanine；G）；4.胸腺啶（thymine；T）。

　　這些鹼基分為兩組，位於DNA的兩股上，會以A-T、C-G方式配對，稱為鹼基對。人類大約有十萬種的基因，而基因就是以鹼基對排列順序所形成的密碼，記載在

DNA裡。這種不同排列順序組合的種類及數量是無法計算的，要找出基因的排列方式與疾病的關聯性是一項艱鉅的工程。因此，當基因定序重組工作接近完成時，大量的生物資訊被解讀出來，許多專家學者便紛紛應用資料探勘的分析工具，進行基因序列的分析及萃取，以找出有價值的排列模型、對相似度比對，希望藉此從大量基因序列資料庫中挖掘出隱藏未知的資訊，並進而瞭解各個基因的功能。資料探勘可應用在基因工程的部分有：

1. 整合基因資料庫：DNA資料通常分散存放在不同來源的資料庫系統中，因此必須整合這些分散且異質的資料來源，以利於基因資料的蒐集、彙整與管理，而這種需求也促使了整合性資料倉儲的發展。此外，資料探勘中的資料淨化和資料整合的方法，也能幫助整合基因資料和建構資料倉儲。

2. DNA序列分析和預測：利用DNA序列間的比對分析，可比較出它們的相似程度、找出基因規則或推測出演化的關係。例如：我們可以取出健康細胞和發生疾病的細胞，進而比較分析該兩組基因的排列順序，再找出各組基因排列模型。

   雖然基因的比較分析是使用相似性方法，但它卻不同於時間序列資料分析，因為基因資料並非數字，而且不同核甘酸之間聯繫的精確性，對其功能也具有很大的影響。

3. 研究基因之間交互作用的關聯性：由於大多數疾病的原因都不是由單一基因病變所造成，而是多個基因之間產生交互作用的結果。因此，藉由基因的關聯性分析法，就可以找出可能會一起發生變異的基因組合，縮短研究基因之間交互作用和關係的時間。

4. 分析基因與疾病發展階段的關係：若能依據疾病的各個發展階段，將基因在疾病不同階段發生影響的順序加以釐清，就有可能針對不同的疾病階段，發展出不同的治療藥物，使疾病的治療更有效。

5. 基因資料分析結果的視覺化表示：基因的複雜結構和排列順序若能配合電腦視覺圖形，繪出立體的3D模擬圖形，再交由專家來分析其功能，判定疾病的生成原因，將對人類產生極大的貢獻。因此，資料探勘的視覺化功能在生物科技上將扮演重要的角色。

產品行銷領域的資料探勘

　　產品行銷領域是目前資料探勘技術主要的應用範圍，而且已有許多企業蒐集並儲存了相當豐富的銷售情報、客戶消費資訊和客戶服務等大量的資料；同時，最近更由於網路交易的興盛，使得大量的資料在網路上流動傳遞，資料也隨手可得。對產品行銷領域的資料進行探勘，可預測哪些人可能成為目標客戶、找出客戶購買行為，並瞭解客戶消費模式和趨勢，以幫助行銷人員找到正確的推銷對象，提升銷售績效，以及維護客戶的忠誠度和滿意度，同時也協助企業決定進貨量與庫存量，及店面陳列商品的方式，加強貨物轉換率，並研發更有效的貨品配銷政策，進而降低企業成本。資料探勘在產品行銷領域的應用有：

1. 預防客戶流失：當市場競爭愈來愈激烈，企業要招攬一位新客戶，要付出比挽留住一位老客戶更多的成本。因此，企業應針對已經離去的客戶，找出有可能離去的模式，建立客戶流失預測模型，並將模型套用到現有客戶上，進而找出高流失風險客戶的特徵，發動預防措施，以節省招攬客戶的成本。

2. 客戶區隔：客戶區隔是將大量客戶區分為不同部分，同一個區隔中的客戶彼此具有類似的特質，而且與其他區隔的客戶不同。此一動作的價值在於提供行銷人員對不同區隔的客戶採取不同的行銷策略。有很多方法可以用資料探勘技術來區隔客戶，只要是可以執行歸類的資料探勘技術皆可，如決策樹。

3. 促銷活動成效分析：企業通常會採取廣告、優惠折扣和紅利累積回饋等方法來促銷商品，若能對這類促銷活動的成效進行有效的分析，將可改善公司的獲利情況。例如利用關聯式分析，即可找出同一次消費中，客戶同時採購的商品組合，特別是對促銷時和促銷前後的比較相當有用。

4. 提升客戶利潤：資料探勘的目的在於，它可以協助企業瞭解並改進客戶帶來的利潤，而客戶利潤深受客戶忠誠度的影響。因此，藉由客戶的消費情報，我們可以得知客戶的消費趨勢和客戶忠誠度，並可將在不同時期被同一個客戶採購的商品歸類為同一序列，然後使用序列模型探勘法來探討客戶消費趨勢或客戶忠誠度的變化，進而協助企業區隔有利潤客戶與無利潤客戶，瞭解客戶的生命週期價值，以及衡量為了支援不同種類客戶所投下的成本。

5. 瞭解客戶的消費行為：從客戶銷售紀錄資料的關聯性中，往往可以發掘出客戶的消費行為，例如購買某種商品時，客戶也會同時購買另一組商品；或是客戶在購買了某種商品之後，在多久之內會購買另一樣商品。這樣的資訊對公司所推出的採購組合、進貨量與庫存量的掌握，以及商品陳列方式的安排等等，均有很大的幫助。

6. 發掘潛在的新客戶：對企業而言，成長的主要意義是招攬到新客戶。而資料探勘通常可以找出客戶共同特性，藉以預測哪些人可能成為潛在的目標客戶，以幫助行銷人員找到正確的行銷對象、區隔這些潛在客戶，並加快發掘新客戶的速度。發掘潛在的新客戶，牽涉到尋找之前不知道你的產品的客戶、不打算購買你的產品的客戶、或是過去向你競爭對手購買產品的客戶。

⊟ 財務金融領域的資料探勘

金融服務業在併購時，考慮的重點在於銷售產品和服務的能力，希望藉由合併彼此的客戶群而擴大客戶群的數目和層面，也希望客戶在同一個地方就能購買多樣化的產品，以此吸引更多的客戶。例如：提供銀行業務（如支票、存提款）、授信業務（如企業放款、房貸、車貸等）、投資業務（如共同基金、股票投資、理財規劃），或是像壽險、產險等的服務。相對於其他行業別，金融服務機構的資料通常比較完整、可信度較高，因而得以簡化部分資料探勘的步驟。資料探勘在財務金融領域的應用有：

1. 信用卡的購買授權決定、分析持卡人的消費行為，以及偵測詐騙行為。

2. 客戶貸款償還預測和客戶信用狀況分析，建立交易及風險模式。

3. 目標市場客戶的分類，提升跨類行銷的機會。

4. 偵測保險詐欺、洗錢或是其他財務金融犯罪狀況的發生。

▓ **9.5.2** 資料探勘系統的發展

複雜的資料型態、資料探勘所要達成的不同目標、資料探勘的功能與技術的效率性，都是資料探勘研究上的限制與瓶頸。資料探勘語言的發展、資料探勘功能和技術的開發、使用者互動式的資料探勘環境的建構、解決大型資料庫系統的資料探勘效率性問題等，都是研究人員最大的挑戰。以下即針對這些議題，逐一說明資料探勘系統未來的發展。

⊟ 擴大應用範圍

早期的資料探勘系統，主要以商業應用方面居多。但現今已有許多其他領域應用到資料探勘的技術，例如生物科技、醫療和通訊等。另外，近年來隨著電子商務的蓬勃發展，在網際網路上做資料探勘，用以追蹤及分析客戶的行為模式及特徵，則已成為未來資料探勘系統熱門的研究方向。

⊟ 有效率和互動式的資料探勘

隨著資料庫中資料量的快速倍增，資料探勘必須有能力且有效率地處理大量資料，並提供使用者互動式的探勘知識。而藉由讓使用者運用限制條件，強化控制整個發掘資料模型過程的能力，可改善資料探勘的效率，並增加與使用者之間的互動程度。

⊟ 整合資料庫、資料倉儲系統及全球資訊網

目前具有大量資料儲存與處理系統的主流為資料庫系統、資料倉儲系統和全球資訊網等，因此，將資料探勘系統與這些系統緊密地整合在同一個架構下，變成一個基礎的資料探勘元件，才能確保資料在分析和探勘時的效率。

⊟ 標準化的資料探勘語言

標準化的資料探勘語言能簡化資料探勘系統的開發時程，增加不同系統之間的共通性。

⊟ 圖形化的使用者介面

資料探勘工具若能結合直覺式的圖形使用者介面和多種分析技術，將使得從大量資料中發掘知識變得更為有效。不論是專業人員或是一般的使用者，便能輕易地將結果以使用者能理解的圖形化形式呈現出來，並讓資料探勘成為資料分析的一種普通工具。

⊟ 處理不同型態資料的探勘

未來在空間資料、時間資料和文字型資料等資料庫系統內的資料探勘技術，仍有研究發展的空間。

⊟ 網頁內容探勘

自從1991年全球資訊網誕生以來，網際網路已累積極為大量的資料，為企業提供了一個極具價值的資訊源，因此在現在的社會，對於網際網路資料的探勘已愈形重要。但是，網際網路資料的分布很分散，且沒有統一的管理和結構，因此，要如何快速、準確地從浩瀚的資源中探勘到所需資訊，已成為企業亟需克服的問題。

⊟ 保護隱私權和資料安全性

當資料探勘到的知識，可能會造成侵害個人隱私權，或危及電腦資料的安全性時，如何避免敏感性的資料被探勘便成為不容忽視的問題。因此，在使用資料探勘技術時，必須考慮到可以保障隱私權和資料安全性的方法。

個案分析

零售業資料探勘系統之應用

　　為了利用資料探勘的技術，從超市會員使用者的交易資料中，找出企業想知道的一些交易規則與客戶消費行為資訊，多年來已累積龐大客戶交易資料的N超級市場，一開始即利用購物籃分析方法建立關聯規則，在龐大的交易資料中搜尋有用的模式。另外，也利用群集技術將客戶群集化，以掌握客戶的交易行為。該超市使用的分析軟體是SAS的Enterprise Miner。N超級市場本身並沒有經營上的困境，只是希望藉由關聯規則與群集的分析，可以知道更多客戶行為的資訊，以及產品之間銷售的關聯性。

　　關聯規則是資料探勘的一種間接方法，它可以幫助超市瞭解什麼商品最可能一起被購買，找出A商品和B商品搭配在一起會賣得好；但是，兩者之間的關係是單向的。舉例而言，買咖啡就會買方糖的關聯性很高；但反過來說，買方糖就會買咖啡的關聯性就不會那麼高了。

　　經過Enterprise Miner分析軟體探勘後，可得到許多關聯規則。而從這些關聯規則中，如何決定哪一個規則較具代表性，則必須要考慮三個衡量指標：支持度（Support）、信賴度（Confidence）和增益（Lift）。

▶ 支持值：兩邊同時發生交易次數的百分比，即支持此關聯規則為「真」的百分比。

▶ 信賴度：假使左邊交易情況發生，右邊交易情況也發生的交易次數百分比。

▶ 增益：左邊交易發生的狀況下，發生右邊交易情況的可能性之比較。也可稱為改善，因為可用以衡量預測的改善程度。

　　關聯規則比較困難的地方在於有太多的規則存在，即使設了門檻值之後，探勘系統仍然需要搜尋過整個資料庫，在成千上萬的規則中找尋有用的規則。但電腦很難被教導去辨認何謂有用的規則。所謂的「有用」，是指一個規則必須是不在預期範圍內且是潛在的。

　　然而，儘管有許多關聯規則的發現，但要研究完所有的關聯性資料，確實是困難的事，因此該超市使用另一種間接的資料探勘技術——群集，並將此資料探勘技術應用在食品部門採購，同時也會應用到肉品部門採購的情況上。

　　該超市使用Enterprise Miner的群集工具來分析這樣的關係，且由此發現，大多數購買肉品的客戶，通常是消費金額最高、購買商品數量也最多的客戶。即使只有少數的客戶會購買肉品，但這樣的客戶通常會在店內購足家中所需的所有物品，比起只採購少數幾種特殊商品的客戶而言，會購買肉品的客戶是該超市最有價值的客戶。

▶▶本章習題

1. 一個資料探勘系統應包含哪些部分？

2. 資料探勘的資料來源可分為哪些？

3. 資料探勘依照模型可區分為哪幾種模式？

4. 資料探勘的重要議題包含哪些？

5. 何謂資料探勘（Data Mining）？它可以提供企業經營哪些幫助？它可能會造成什麼問題？

6. 何謂資料倉儲（Data Warehouse）？何謂資料探勘（Data Mining）？請以客戶關係管理（Customer Relationship Management，CRM）的運用為例，深入說明這二種資訊技術如何用來支援管理者。

▶▶參考文獻

1. Alex Berson & Stephen J. Smith, Building Data Mining Applications for CRM, McGraw-Hill, 2000.

2. Alex Berson & Stephen J. Smith, Data Warehousing, Data Mining, and OLAP, McGraw-Hill, 1997.

3. Bhavani Thuraisingham, Data Mining: Technologies, Techniques, Tools, and Trends, CRC Press, 1999.

4. Boris Kovalerchuk & Evgenii Vityaev, Data Mining in Finance: Advances in Relational and Hybrid Methods, Kluwer Academic Publishers, 2000.

5. Christopher Westphal & Teresa Blaxton, Data Mining Solutions: Methods and Tools for Solving Real-world Problems, Wiley, 1998.

6. Dorian Pyle, Business Modeling and Data Mining, Morgan Kaufmann Publishers, 2003.

7. Dorian Pyle, Data Preparation for Data Mining, Morgan Kaufmann Publishers, 1999.

8. Jean-Marc Adamo, Data Mining for Association Rules and Sequential Patterns: Sequential and Parallel Algorithms, Springer, 2001.

9. Jiawei Han & Micheline Kamber, Data Mining: Concepts and Techniques, Morgan Kaufmann Publishers, 2001.

10. Mehmed Kantardzic, Data Mining: Concepts, Models, Methods, and Algorithms, Wiley-Interscience, 2003.

11. Michael J. A. Berry, Gordon S. Linoff, Mastering Data Mining: The Art & Science of Customer Relationship Management, John Wiley & Sons, 1999.

12. Pauray S. M. Tsai, An Efficient Approach for Mining Association Rules Using Prestored, 2000.

13. Pieter Adriaans & Dolf Zantinge, Data Mining, Addison-Wesley, 1996.

14. Ramez Elmasri & Shamkant B. Navathe, Fundamentals of Database Systems, Addison-Wesley, 2004.

15. Robert Groth, Data Mining: Building Competitive Advantage, Prentice Hall, Inc., 2000.

16. Stephan Kudyba & Richard Hoptroff, Data Mining and Business Intelligence: A Guide to Productivity, Idea Group Pub., 2001.

17. Usama M. Fayyad, Advances in Knowledge Discovery and Data Mining, AAAI Press, 1996.

18. Vasant Dhar, Roger Stein, Intelligent Decision Support Methods: The Science of Knowledge Work, Prentice Hall, Inc., 1997.

19. W. H. Inmon, Building The Data Warehouse, John Wiley & Sons, 2002.

20. Zhengxin Chen, Data Mining and Uncertain Reasoning: An Integrated Approach, John Wiley & Sons, 2001.

21. Alex Berson & Stephen Smith & Kurt Thearling原著，葉涼川譯，CRM Data Mining應用系統建置，麥格羅希爾，2001年。

22. Jiawei Han & Micheline Kamber原著，曾龍譯，資料探礦：概念與技術，維科圖書，2003年。

23. Michael J. A. Berry & Gordon Linoff原著，尹相志譯，資料採礦：網際網路應用與顧客價值管理，維科圖書，2004年。

24. Michael J. A. Berry & Gordon Linoff原著，吳旭智、賴淑貞譯，資料採礦理論與實務：顧客關係管理的技巧與科學，維科圖書，2001年。

25. Michael J. A. Berry & Gordon Linoff原著，彭文正譯，資料採礦：顧客關係管理暨電子行銷之應用，維科圖書，2001年。

26. Ramez Elmasri & Shamkant B. Navathe原著，藍中賢等譯，資料庫系統原理，台灣培生教育，2003年。

27. Richard J. Roiger & Michael W. Geatz原著，曾新穆、李建億譯，資料探勘，台灣培生教育，2003年。

28. 中央大學ERP中心，ERP企業資源規劃導論，旗標，2002年。

29. 吳文宗，資料倉儲和ERP的親密關係，資訊與電腦雜誌社，2000年。

30. 吳姝蒨，商業智慧的應用面向與成功導入關鍵要素，電子化企業經理人報告，2002年。

31. 呂慈純、張簡尚偉，資料探勘與生物資訊之應用，資訊與教育雜誌，84期，2001年。

32. 李卓翰，資料倉儲理論與實務，學貫，2003年。

33. 李金鳳，資料探勘面面觀，資訊與教育雜誌，84期，2001年。

34. 沈兆陽，資料倉儲與Analysis Services: SQL Server 2000 OLAP解決方案，文魁，2001年。

35. 沈清正等，資料間隱含關係的挖掘與展望，資訊管理學報，第9卷專刊，2002年。

36. 沈肇基、張慶賀，淺談資料倉儲，資訊與教育雜誌，84期，2001年。

37. 林傑斌、劉明德、陳湘，資料探掘與OLAP理論與實務，文魁，2002年。

38. 姚修愼，資料庫系統概論，揚智，1998年。

39. 高秀美，剖析商業智慧主要應用元件與技術特性，電子化企業經理人報告，2002年。

40. 曾守正、周韻寰，資料庫系統進階實務，儒林，1999年。

41. 黃士銘，建置一網際網路資料倉儲系統，資訊管理學報，第9卷第1期，2002年。

42. 黃貝玲，全球商業智慧解決方案市場現況與未來發展預測，電子化企業經理人報告，2002年。

43. 楊東麟、洪明傳，資料探勘在資料倉儲的應用，資訊與教育雜誌，84期，2001年。

44. 葉怡成，類神經網路模式應用與實作，儒林，2002年。

45. 謝清佳、吳琮璠，資訊管理：理論與實務，智勝，1999年。

46. 謝楠楨、周承志，Knowledge Discovery Method in the Incomplete Information System，2000年。

47. 龔俊霖，全球BI軟體應用發展趨勢，資訊與電腦雜誌，2002年。

48. 陳瑞順，管理資訊系統，全華，2008年。

Chapter 10

知識管理

» 10.1 知識管理的內涵

10.1.1 資料、資訊與知識

知識（knowledge）並不是資料（Data），也不是資訊（Information），這三者之間的不同為：資料是對事件審慎、客觀之紀錄，對於企業而言，資料通常是結構化之原始交易紀錄，其重要性在於其為創造資訊之重要原料；資訊則是具有意義且能扭轉乾坤之資料，其應能啟發資訊接收者的看法，進而影響其見解和判斷。

資料透過有系統的處理、分析、過濾，再透過傳遞散布便成為資訊。此一過程中的重點在於：將資料文字化，以掌握資料蒐集之目的；進行資料分類的工作，以進一步掌握資料的類型與分析單位；可藉由統計方法來分析數據；更正錯誤的資料；將資料彙總並濃縮成簡潔的形式，以利於表達。

知識是指能協助個人、企業或團體創造智慧與價值的有用資訊，它包括結構化之經驗、價值及文字化之資訊，也包括專家獨特之見解。知識來自於資訊，而資訊則需經過累積、整合、吸收後方可成為知識。此一過程中的重點在於：將資訊審核、分類後，須比較其與過去有何不同？衡量此資訊對於決策與行動有何幫助？所有的知識都必須經由學習與吸收的過程才能獲得，即使是經由別人提供出來的知識，若沒有經過學習與吸收，頂多也只是一項來自他人的資訊罷了。

10.1.2 個人知識與組織知識

知識管理是一個新興且日益重要的企業議題，它協助企業的員工在面臨變化時得以創新及適應，藉此提高組織的工作價值。要實踐知識管理，便需思考組織內部如何管理知識，而一般雖有良好的方式來管理資料或資訊，但唯有呈現與發揮隱藏於個人內在之知識，才能建構組織的核心職能，並累積高價值的智慧資產。圖10-1說明了組織內之個人知識與組織知識。

想提昇個人知識，可以藉由參與訓練或自行鑽研來獲取；但是對於組織而言，若只提昇個人知識是不夠的，因為組織解決問題之速度仍舊無法加快。因此，唯有結合個體與團體，將個體知識轉化為團體知識，並將內隱知識外顯化；結合組織內外部，把外部知識內部化，並擴大及靈活運用組織整體的知識，才足以因應挑戰。

知識種類	個人知識		組織知識
定義	•難以共享 •是屬於個人特有的知識 •個人可以再加以應用		•容易與他人分享 •能幫助組織創造價值 •屬於組織資產
範例	•人脈、關係 •經驗、心得 •創意、構想 •直覺、偏好	•商業機密 •專利權 •智慧財產權	•客戶資料、競爭者資料 •技術、專業知識資料 •文件、手冊、企劃案 •研討資料、訓練資料

圖10-1 個人知識與組織知識

10.1.3 知識的種類與知識轉換的四種模式

在圖10-2中，Ikujiro Nonaka將知識概分為內隱知識（Tacit Knowledge）與外顯知識（Explicit Knowledge）兩種。其中內隱知識是主觀的，不易看得見，也不易表達的。內隱知識極為個人化且難以形式化，其表現在個人、組織等各個層級中，即為個人的經驗、洞察力、熟練的技術、直覺、預感等方式；而外顯知識則是有規則及系統可循，可以客觀加以捕捉之概念，且具語言性及結構性，也易藉由具體的資料、公式、程序或原則來分享和溝通。而內部創造知識的過程，便是兩種知識交互作用的結果。

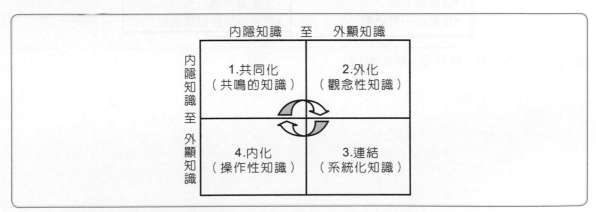

圖10-2 知識種類與知識轉換的四種模式

資料來源：Ikujiro Nonaka and Hirotaka Takeuchi, The Knowledge-Creating Company, Oxford University Press, 1995.

10.1.4 知識管理的意義

知識管理有以下幾項目的：靈活運用知識，以降低成本；發展符合時代所需的方法，並且提昇業務效率；憑藉創新的能力，使產品具有革新性，並提高市場之競爭能力；將知識經過行動、驗證後，協助企業變成智慧型企業。

一般於初步接觸知識管理時，易與文件管理相混淆。但事實上，知識管理是指能協助組織或個人，透過資訊科技，將知識經由創造、分類、儲存、分享、應用等活動，為組織或個人產生價值的流程。因此，知識管理是著眼於活用知識，並與創造企業價值的活動相結合；而文件管理只是管理知識的一部分，是整體知識管理活動的一環。而要實施知識管理，有效且適切的文件管理亦是不可或缺的，見圖10-3。

知識資料庫是將知識自創造者與使用者分離出來，其目的是將文件中蘊含的知識置入資料庫中，以便於存取。一般而言，知識資料庫的內容可包括下列幾種基本類型：外部知識資料庫，例如有關競爭對手的情報；有結構的內部知識資料庫，例如研究報告、手冊、技術文件、策略等，此屬於外顯知識的一種型態；非正式的內部知識資料庫，例如技術討論之資料、員工的經驗與心得等，此屬於內隱知識的一種型態。

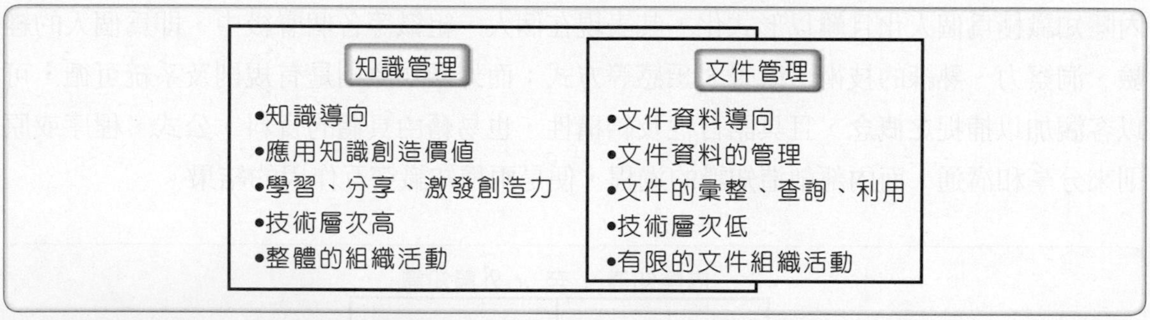

知識管理	文件管理
•知識導向	•文件資料導向
•應用知識創造價值	•文件資料的管理
•學習、分享、激發創造力	•文件的彙整、查詢、利用
•技術層次高	•技術層次低
•整體的組織活動	•有限的文件組織活動

圖10-3 知識管理與文件管理之關係與比較

» **10.2** 知識管理導入的方法

10.2.1 知識管理實踐之分類

知識管理的實踐可分爲四類：(1)知識的蒐集、整合與應用；(2)運用知識來發掘問題及解決問題；(3)建立學習型組織；(4)知識創新。如圖10-4所示。

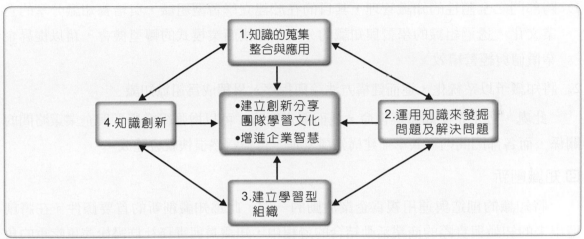

圖10-4　知識管理實踐分類之關聯性

而這些分類是以企業共有之知識爲出發點，促使企業朝向建立創新分享、團隊學習文化的方向邁進，並實現知識與組織策略的關聯性及目標，從而建構更高價值的企業文化。

知識的蒐集、整合與應用

要實踐知識的蒐集、整合與應用，可先從彙整企業內所使用之文件、企劃案、手冊、報告等易於系統化處理的外顯知識開始，一旦未來發生任何類似背景與條件的事件時，便可利用這些事先彙整的知識以爲因應。此外，知識的蒐集、整合與應用，也可以提昇企業內部知識的共享與標準化程度，它的好處是不會重複製作和保留相同的資料與資訊，而如果能夠隨時透過分享與傳播的機制來獲得必要的知識，每個人便不需要拷貝留存資料，保存資料空間也將大幅節省。

運用知識來發掘問題與解決問題

在運用知識來發掘問題與解決問題方面，例如：可運用企業資訊系統中所儲存的銷售資料，再搭配資料探勘或模擬工具，即可發掘潛在的、最佳化的產品組合。此外，利用可攜式電腦及網路連線技術，可立即在顧客面前迅速解決問題。同時將顧客

之抱怨、對產品的疑問與回答，有系統地整理成常見問題集，並隨時更新內容，這些都是知識管理的具體應用。為了運用知識與解決問題，資料倉儲的發展及提昇資料探勘與分析工具的便利性，便成為關鍵的要素。

⊟ 建立學習型組織

建立學習型組織的措施有二：

1. 跨部門之全體性的知識管理，其目的在於建立學習型組織，與培養知識分享的企業文化。透過組織的學習與知識的分享，尋找商業模式的轉型機會，藉以提昇企業價值與經營績效。

2. 將知識予以系統化，進而建構方法論與程序，累積成為組織知識。

此處，訂定企業願景與使命，進而擬定策略，可以增強組織學習與企業策略間的關係，而各部門間則可共享並建構知識管理，目標當然很快就會達成。

⊟ 知識創新

將知識的創造與運用視為企業活動的一環，此為知識創新的首要條件。在將創造出來的知識與實際的商業活動結合的過程中，知識長與實務社群需扮演更吃重的角色。以知識長及實務社群為中心，彙集創新的知識，再將之系統化，並將學習後的分析結果化為實踐的力量，為企業創新知識，將可建立得以提昇企業價值的企業文化。

10.2.2 知識管理導入的方法

⊟ 認知與行動

企業進行知識管理導入時，最大的阻礙並非資訊科技的導入或管理階層的決心，而是員工對於知識分享的認知與配合度。因此，在導入知識管理系統前，企業應對即將導入之系統加以說明，並使員工對知識管理的必要性和重要性有所瞭解；如為管理階層，即需向員工說明如何利用知識管理建構一個分享知識、創新品質的企業。而在引起員工對知識管理的注意後，則需制定一些措施，才能有效實踐知識管理；例如舉行特定主題之小組研討會，其由知識產生者一起召開，使之意識到知識管理之價值，並檢討要如何配合發展。

⊟ 擬定策略

企業為維持競爭優勢，需先瞭解知識可以帶來的價值，進而採取知識強化的政策；而知識強化需與企業策略相結合。一般來說，知識策略的擬訂順序為：

1. 界定知識管理對業務如何創造出價值？

2. 討論如何針對既有知識管理方向和新方向之結合建立共識？

3. 決定知識管理活動是建立在何種基礎上？是否已理解和認識既有基礎？

　　策略與知識的關係，可藉由以下的活動來加以瞭解：

1. 訪談管理階層。

2. 制定可達預期效果之知識管理活動。

3. 運用既有的知識管理活動，建立新的知識管理。

4. 整合人員、流程與組織。

回 系統設計

　　明確指出益於組織之知識物件，並反映自既有的知識管理所學習到的知識，是知識管理系統設計之目的，因此在設計時，需以知識策略作為設計的根據。此一階段需以組織全體為對象，評估的重點包括成為學習型組織的策略、以核心職能為基礎的職務和技術要件。綜而言之，知識管理的設計共有三項主要工作：一是明確地定義出重要的知識物件；二是掌握現有知識管理中所學習的成果；最後，則是擬訂完整的設計綱要。

▶ 明確地定義出重要的知識物件：明確定義出對組織業務有幫助的知識，其考量範圍包括現有及未來的知識物件。此階段的活動有：(1)定義核心業務流程與執行關鍵；(2)確認重要的知識物件，其滿足核心業務流程之程度；(3)知識管理對核心業務流程的影響評估；(4)知識社群的設計。

▶ 掌握現有知識管理中所學習的成果：現有的知識管理活動可能僅是少數人自發性的活動，因此仍需掌握其現有知識管理的成果，並透過共享學習以獲得更多的知識。所謂共享學習，為參與者積極地透過自己的實際行動和他人分享及學習，並在適當的引導下自我發展。此階段活動則有：(1)瞭解與共享現行的知識管理成果；(2)共享企業內最佳策略；(3)實踐共享學習；(4)找尋推行於全公司的創意構想。

▶ 擬定完整的設計綱要：此階段之工作重點為整合之前的階段活動，並從中發掘出日後可能發生的問題。此一階段需進行下列活動：(1)對實踐知識管理與否做差異分析；(2)排出實踐知識管理的先後順序；(3)設計知識管理的綱要；(4)確認知識管理實踐的對象與範圍。

⊟ 系統開發與測試

在完成前一階段的設計工作後,即可進行開發與測試。此階段的重點是以社群為基礎,建立幾個有用的社群,並增進社群的學習效果;此外,也需選定適合的流程及資訊科技,以建立團隊協調和溝通的網路。系統的開發並非著眼於功能性,而是考量如何利用資訊科技促進知識管理活動的推行?如何有效地協助社群的推展?因此,企業需慎選知識管理的領導者並提供發揮空間,而知識管理的領導者則需隨時衡量社群所產出的知識成果,並促使小組成員主動配合。

處於此一階段之組織仍需不斷地學習,透過社群、知識共享及團隊合作,便能建立起學習型的組織,並使知識管理的導入再向前邁進。

⊟ 系統導入與實施

導入乃是在組織中全面推動知識管理系統,導入時可利用上一階段之學習成果,來擬定實施策略。所擬定之實施策略則需以切合實際的企業活動為首要目標,並使員工瞭解在變革的過程中,自己所擔負的任務和權限。最後,依據推行計畫全面引進知識管理系統。導入的基本步驟,如圖10-5所示。

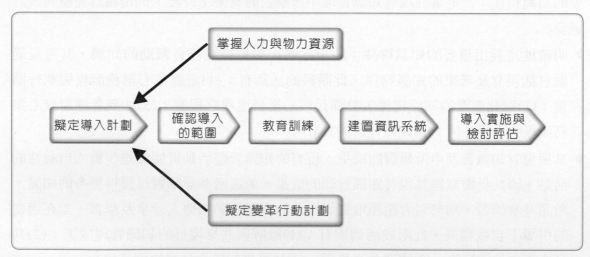

圖10-5 知識管理系統的導入程序

⊟ 檢討評估與回饋

只要企業不停地邁向學習型組織,知識管理就可以永續地進行。因而一個持續發展的知識管理,需進行效果的評估與回饋。在此一階段,組織需正確地評估系統,並依據評估結果回饋於知識管理活動中。

» **10.3** 知識管理系統導入的成功因素

10.3.1 知識管理系統導入的成功因素

組織若要成功地導入知識管理系統，必須將重點放在下列幾項工作上：知識的創造；知識的傳播；知識的儲存與分享；知識的應用。Davenport等人（1999）從31個知識管理構面，萃取出八個成功關鍵因素。

⊡ 產生經濟效益或價值

運用知識管理可以協助企業節省成本或是增加收入，但由於知識管理對企業財務的助益，並非可以直接計算衡量，所以若能將知識管理活動與企業的經濟效益或價值相連結，則其成功的機率必定大增。

⊡ 完善的組織架構和資訊科技技術的應用能力

如果企業已經具備使用各種不同的資訊科技技術的經驗或能力，則知識管理活動將會比較容易啟動及獲得成功。另外，知識管理的組織架構也需要有完善的人員角色與技能的配置。

⊡ 建立兼具標準與彈性結構的知識資料庫

知識的型態與意義是經常變動的，很難受到結構的控制，所以要修改其結構也非常不易；而如果知識資料庫是無結構的，就更難從其中萃取出有用的知識了。因此，勢必要將知識內容分類或是列出可供查詢的關鍵字，從而建構一個有標準且具彈性的知識結構，則其成功的機會才會比較大。

⊡ 培養知識管理的組織文化

如何在組織內培養一個讓組織成員對知識管理有正面的態度及不排斥知識分享的組織文化，是知識管理獲得成功的最重要因素。

⊡ 明確的知識管理目標和用語

例如知識、資訊、組織學習等三者都可能引起不同的解釋及使用主題，因此在實施知識管理時，有必要將知識管理的目標以明確且適當的用語定義清楚。

⊡ 知識的持續創新、分享及應用

知識的持續創新、分享及應用，是引導知識管理獲得成功的無形因素。

▣ 建立知識傳播與分享的管道

透過知識傳播與分享的管道，可產生知識管理的綜效，加強知識的應用。

▣ 高階主管的支持

成功的知識管理有賴高階主管的強力支持，並傳達知識管理與組織學習是公司成功關鍵的訊息，以凝聚組織成員的共識。

10.3.2 知識管理的陷阱

知識管理的熱潮正方興未艾，但並不是每家推行知識管理的公司都必定一帆風順，許多公司一開始興致勃勃，但最後卻屢遭挫折或以失敗收場。根據研究指出，受挫的公司通常會遭遇以下四個陷阱：

▣ 未能連結真正的商業問題

推動知識管理的主要目的不在於產生知識，而在於協助處理公司最迫切的問題，因此知識管理無法在公司有效推行的首要理由是：推行者不能將知識管理與企業面臨的真正問題相連結，而僅將知識管理視為一項新的制度。

▣ 規劃不當與資源不足

許多公司都把注意力放在知識管理的資訊科技工具或是軟體系統上，而忘了最重要的知識內容、組織文化、獎勵制度。因此在推動知識管理計畫的同時，就應該花費較多的精神規劃相關的配套措施，而不要過度重視科技。

▣ 沒有專職人員

如果沒有專人負責推動知識管理，其最後的結果可能無疾而終。所以要推動知識管理，除了資訊科技人才之外，還需要專職人員從事知識的蒐集、編輯、推行等工作。以管理顧問公司為例，在推動知識管理時，即需有專人從最新合作案裡汲取知識，讓知識管理的內容持續更新，並設有專人指引顧問師如何善用知識管理系統，甚至在合作案結束時，回饋新的知識給企業的知識管理系統。

▣ 知識內容不符合需求

知識管理並沒有一套適用於所有企業的知識內容。因此，唯有根據企業的需求客製化的知識管理系統，才能讓知識管理發揮最大的功效。此外，在推動知識管理時，其知識內容也需配合企業文化，才不會事倍功半。

10.3.3 阻礙知識分享的因素

在企業內部有許多結構面、環境面或人為面的因素會阻礙知識分享，較為明顯的原因有：

◉ 組織規模

當組織規模愈龐大，不同部門的員工通常愈不瞭解彼此的工作內容，以致於因重複工作而造成人力與成本的浪費。在組織的層級愈多、規模愈大時，知識散播的困難度也就愈大，其解決的方法包括建立多重的知識傳播與分享管道、教育訓練、成立知識分享的社群等。

◉ 知識文件化

一般而言，組織可能會忘記曾經做過或知道的事，其解決之道是將做過的事情文件化，例如將成功的經驗、失敗的經驗、創新的經驗等加以文件化儲存。

◉ 工作要求

員工沒有把知識的分享與應用視為日常管理的一部分，且常以不知如何進行及沒時間作為藉口，拒絕實踐知識管理。一般而言，其解決的方法包括領導階層的勸說、獎勵措施、績效評核及培養知識分享的企業文化等。

◉ 知識分享的工作環境

工作環境的設計不當，會造成知識分享的困難，其解決方法包括工作環境力求清靜、定期舉辦知識分享活動等。

◉ 技術與熟練度

由於技術困難或是員工本身的瞭解與熟練度不足，因而經常會造成知識取得不易，及形成知識分享的障礙。其解決的方法包括改善使用者介面、製作輔助手冊、強化教育訓練等。

◉ 權威式的管理

權威式的管理容易創造出疑懼的工作士氣，對於知識分享也容易形成一道無形的障礙。其解決的方法包括管理階層應加強溝通與協調、避免過度指揮與指導等。

◉ 知識保留

因為員工會考量本身的工作機會及升遷機會，知識被視為是一種保障的利器或是權力，因而知識極易被保留起來。這種現象在傳統金字塔型的組織中，由於員工彼此

競爭以求升遷，所以將更爲明顯。其解決的方法包括改變組織的獎勵與升遷制度、培養學習型的團隊合作文化等。

10.3.4 衡量導入知識管理系統的成敗

用以衡量知識管理專案成功與否的標準有：

▶ 知識管理相關資源的成長，例如員工與預算。

▶ 知識內容的質與量及應用價值的成長。

▶ 知識管理是否能延續下去及組織全體是否具有共同使命。

▶ 組織全體員工是否都能夠培養學習的文化。

▶ 財務面實質效益的可能性，例如組織整體利益。

10.3.5 知識管理風險

在整個企業進行知識管理時，必須建立風險的量測。而企業若要確保知識管理所獲得的價值，則有賴於企業釐清和整個企業知識管理有關的風險。

◙ 競爭力的風險

在知識經濟時代中，競爭壓力對傳統與新興的企業都產生重大的影響。在這種環境下，不僅產品生命週期的時間及價格差異被縮減，就連過去擅長於品牌及服務的企業，也面臨能提供更好的品質與價格的新企業的競爭。因此，此時風險的量測便可能會包含新潛在競爭者的客戶增長數，以及客戶對價格與交貨的反應。

◙ 智慧資本的風險

喪失智慧資本是另一項關鍵的知識管理風險。強勢的知識經濟鼓勵了工作移動，並降低了對工作場所的忠誠度，因此，知識管理的風險量度可能會包括人員流動率、訓練的比例，以及智慧資產的損失狀況。

◙ 創新的風險

無法利用創新來取得市場的競爭優勢，則可能是投入知識經濟的企業最主要的知識管理風險。此時，知識管理的風險量度可能包括專利的申請數量、新產品占獲利的比例、智慧財產權的發展、新的商業模式的貢獻度，以及新產品的開發時間。

知識經濟與電子化企業的腳步，將驅使更多的企業運用知識管理，從智慧資本中擷取更多的價值，企業應該透過知識管理風險量度，來管理整個企業知識管理風險。

個案分析

⊟ 研究機構之知識管理

在知識經濟時代中，穩定的環境已被變動的環境所取代，隨之而來的是速度、創新及全球化。過去幾年來，企業在廣泛使用電子資訊及通訊科技後，發現使用資訊科技並不能確保成功，企業成功之道在於協助員工產生共識。而知識管理強調員工如何在組織中一同學習與分享，可說是唯一確保資訊投資可以回收的方法。

T研究院是一個非營利、致力於應用研究、科技服務的研發機構；係政府為促進產業技術升級，增強企業在國際上的競爭力，為國家培育技術人才而成立的。該研究院目前已成為產業界的技術中心，並且是政府制定產業政策的一個重要的部門。

多年來，該研究院累積了許多寶貴的技術、經驗與卓越的工作方法等智慧資產，且為了讓這些知識得以完整地被保留與分享，並永續保有其價值，該研究院必須將這些知識讓全體員工有效率地共享，並能進一步地激盪出創新的知識。因此，在以知識的激發、傳播及運用為主的競爭形態正改變全球經濟發展的形態與趨勢，國家致力發展高科技產業的時期，該研究院因緣際會地做出了貢獻。然而，在這高度競爭的知識經濟時代裡，該研究院思索著如何定位和擬定策略，方能繼續創造出新興產業，為國家的經濟發展做出貢獻，因此希望藉由知識管理的推動，促使建立創新分享與團隊學習的文化，成為一個以創造前瞻技術為核心價值，具有創新與活力的研究型企業，以邁向具有國際水準的產業技術研發機構。

緣此，在導入知識管理系統時，其認知理念是由知識等於能力出發。終極目標在將適當的知識推廣到適當的人身上，而非等待使用者自發性地上系統擷取相關知識。系統發展的方向不在建立一個搭配強力搜尋引擎的資料庫，也不是將所有資訊，包括休閒娛樂，連結成一個入口網站，而是提供一個能輔助工作和決策所需的知識庫，系統發展思考的重點，均集中在如何強化組織的核心競爭力。

知識管理的導入方法是透過專案管理的技巧，順利地推動知識管理專案，其方法說明如下：

▶ 規劃願景與策略：知識管理必須與組織之業務目標相結合。

▶ 找出核心競爭力並組織跨部門的核心網路：找出組織之核心競爭力，並以核心網路作為知識管理之方向。

▸ 擬定溝通計畫並執行：針對知識管理之各項觀念、程序對相關人員進行溝通，以利知識管理之執行。

▸ 規劃知識物件架構：盤點並規劃核心網絡所需之知識物件架構。

▸ 執行知識管理之程序：知識物件管理之程序包括：獲取、評估、建構、公告／出版、應用、強化。

▸ 系統發展：知識管理資訊系統的發展。

▸ 績效衡量：對個人及知識物件的衡量。

▸ 擴散服務：應用知識管理成果，對外進行服務，拓展新的業務方向。

　　另外，在知識管理之推動流程方面，則是依照下述幾項步驟來進行：

▸ 組成專案小組：知識管理推動工作小組是由各相關部門之資深員工所組成，是由跨部門的小組成員所組成的專案小組。

▸ 知識管理顧問評選：在經過業界訪談和參考知識代表推薦後，邀請幾家具備知識管理推動經驗且口碑良好的顧問公司到該研究院發表計畫書，最後依據顧問公司陳述之推動模式可行性、成功實務經驗、溝通整合能力、智權歸屬適當性、資訊平台實用性及價格合理性作為評選標準。

▸ 規劃知識管理工作流程：其流程包括成立知識管理推動小組、設定目標進行知識管理推動方案規劃、成立知識管理推動工作組織、籌組執行團隊、先導專案局部試行，評估調整專案內容、各單位全面推行及循環評估調整。

▸ 知識管理的推動架構：整個知識管理的推動架構如圖10-6所示，其組織成員及主要之任務有：

1. 知識管理體系：由各單位人員所組成，主要負責之任務為知識管理實務社群、流程分析、知識物件、建立典範等。

2. 變革促動：由各單位知識代表組成，主要負責之任務為該單位的知識管理聯絡窗口、執行方案研擬、文化促動與激勵設計、基本訓練與研習設計、評估衡量與目標督導等。

3. 共通資訊平台：由資訊中心人員所組成，主要負責之任務為建立研發知識入口網站、建立技術領域別研發社群、知識管理系統模組及平台建構等。

圖10-6 知識管理的推動架構

　　T研究院的知識管理系統在努力推動之後，規劃中的幾項領航計畫也成為該院的知識管理典範，進而帶動全院個人跨部門學習、部門跨技術規劃、單位跨領域合作之知識分享文化。知識管理推動非一蹴可及，過程中需結合人、資訊科技、流程等三大要素。從組織核心團隊開始，而後依序擬定溝通計畫、盤點組織中的知識、決定分類方式，以及根據未來使用者的需求來規劃系統，當系統規劃完成後，即可進行建置知識管理系統。而當系統完成之後，藉由資訊科技平台進行知識物件的提呈、審核與公開發表的動作，使用者即可瀏覽、擷取與再利用此項智慧資產。屆時，知識分享的文化及方便快速的知識管理系統，將大幅提昇員工的工作效率、誘發創新，並可為組織創造新的價值，進而達成知識管理推動的目標。綜言之，藉由知識管理系統的導入，預期可帶來以下幾項成果：

▶ 分享文化的初步塑造。

▶ 發展出可複製的知識管理方法或模式。

▶ 藉由研發團隊的實際運作，瞭解研發之程序方法論，以及核心技術知識累積之最佳作法。

▶ 完成核心能力相關的知識資本管理體系。

▶ 協助組織轉型為知識型服務企業。

▶ 推廣知識管理系統導入經驗，成為新型服務產品。

▸▸本章習題

1. 何謂知識管理（Knowledge Management）？知識管理的範圍為何？目前有哪些方法在嘗試使用？資訊系統與知識管理的關係為何？

2. 知識管理的實踐可分為哪幾類？

3. 成功的管理知識，必須將重點放在哪些工作？

4. 八個實行知識管理成功的關鍵因素為何？

5. 衡量知識管理專案成功與否的標準為何？

6. 何謂知識管理（Knowledge Management）？企業知識管理的主要步驟為何？在這些步驟中有哪些資訊科技可以用來支援，請詳述之。

7. 何謂資料（Data）、資訊（Information）、知識（Knowledge）？前述三者在特性上有何不同，請列表比較說明之。

8. 傳統產業需要知識管理嗎？為什麼？

▸▸參考文獻

1. Amrit Tiwana, The Knowledge Management Toolkit: Practical Techniques for Building a Knowledge Management System, Prentice Hall PTR, 2000.

2. Gabriela Dutrenit, Learning and Knowledge Management in the Firm: From Knowledge Accumulation to Strategic Capabilities, Edward Elgar, 2000.

3. Ikujiro Nonaka & Hirotaka Takeuchi, The Knowledge-Creating Company, Oxford University Press, 1995.

4. James W. Cortada & John A. Woods, The Knowledge Management Yearbook 2000-2001, Butterworth-Heinemann, 2000.

5. Joe Tidd, From Knowledge Management to Strategic Competence: Measuring Technological, Market and Organizational Innovation, Imperial College Press, 2000.

6. Pervaiz K. Ahmed, K. K. Lim and Ann Y. E. Loh, Learning through Knowledge Management, Butterworth-Heinemann, 2002.

7. Steve Fuller, Knowledge Management Foundations, KMCI Press, 2002.

8. Sultan Kermally, Effective Knowledge Management: A Best Practice Blueprint, Wiley, 2002.

9. Applehans，Globe & Laugero原著，馮國扶譯，知識管理Any Time網上應用實作指南，跨世紀電子商務，1999年。

10. Arnold Kransdorff原著，陳美岑譯，組織記憶與知識管理，商周，2000年。

11. Ikujiro Nonaka & Hirotaka Takeuchi原著，楊子江、王美音合譯，創新求勝：智價企業論，遠流，1997年。

12. Nancy M. Dixon原著，李淑華譯，知識共享型組織，商周，2001年。

13. Peter Drucker等著，張玉文、林佳蓉、林季蓉合譯，知識工作者必備手冊，天下遠見，2001年。

14. Peter F. Drucker等著，張玉文譯，知識管理，天下遠見，2000年。

15. Peter M. Senge原著，郭進隆譯，第五項修練：學習型組織的藝術與實務，天下遠見，1994年。

16. Thomas H. Davenport & Laurence Prusak原著，胡偉珊譯，知識管理：企業組織如何有效運用知識，中國生產力中心，1999年。

17. Thomas M. Koulopoulos & Carl Frappaolo原著，陳琇玲譯，知識管理，遠流，2001年。

18. 知識管理：四個必須克服的障礙，天下雜誌，233期，2000年。

19. 尤克強，知識管理與創新，天下遠見，2001年。

20. 尤克強，知識經濟要跑得更快，數位時代雜誌，2000年。

21. 伍忠賢、王建彬，知識管理策略與實務，聯經，2001年。

22. 李昆林，關鍵與整合之知識管理，中衛發展中心，2001年。

23. 莊素玉、張玉文，台積董事長張忠謀與台積的知識管理，天下遠見，2000年。

24. 森田松太郎、高梨智弘原著，吳承芬譯，知識管理的基礎與實例，小知堂，2000年。

25. 黃河明，估價知識經濟，數位時代雜誌，2000年。

26. 勤業管理顧問公司原著，許史金譯，知識管理推行實務，商周，2001年。

27. 勤業管理顧問公司原著，劉京偉譯，知識管理的第一本書，2000年。

28. 管理雜誌，第315期，2000年。

29. 遠見雜誌，知識管理別冊，2000年。

30. 顏漏有，新經濟時代價值創造策略，e-Perspective，Vol. 1，No. 1，2000年。

31. 陳瑞順，管理資訊系統，全華，2008年。

Chapter 11

知識經濟

» 11.1 知識經濟的定義與特徵

11.1.1 知識經濟的定義

置身在知識經濟時代，知識資產從世紀之交即開始成為企業核心競爭力的憑藉。許多企業為了生存，在追求知識的過程中展現了驚人的彈性，尤其是嗅覺敏銳的企業，更是早就為組織植入高學習力的能力，隨時為更新組織的核心競爭力做好準備。

然而，什麼是知識經濟（Knowledge Economy，KE）？什麼又稱為新經濟（New Economy）？究竟知識經濟與新經濟有何不同？

大體上而言，知識經濟是經濟合作暨發展組織（Organization for Economic Cooperation and Development，OECD）於1996年所提出，認為近年來美國經濟的表現代表一個新時代的來臨。在此一新時代中，各種創新活動與知識累積愈來愈蓬勃，善用知識已成為致勝的利器，而傳統的生產因素不再是成功的關鍵。由此，可為知識經濟下一個定義為：知識經濟係指直接植基於知識及資訊的創造、傳播和應用之上的經濟，其創造和應用知識的能力已超越傳統的勞力、土地和資金等有形的生產因素，且為帶動經濟成長的驅動力量。

由此可見，知識已被視為是當前已開發國家的經濟成長和生產力主導因素，是政府與民間都需要努力的部分，其努力的方向可以分成：提升創新能力，發展各種知識密集的產業；提升學術研究成果，擴大在職訓練，提倡終身學習；落實家庭與各地區的網路普及化；提升外語能力；將國際精密分工做水平或垂直整合；促使國際交流；延攬國際專業人士；強化法令制度，健全企業管理法規。

11.1.2 知識經濟的特徵

事實上，知識經濟即泛指以知識為基礎的新經濟運作模式，因此新經濟的一項明顯特徵是：知識已變成最重要的生產因子。而知識的建立、創新與科學技術的進步，則是經濟成長與競爭優勢的重要基礎建設，因此，在以知識為核心的經濟競爭時代裡，其具備下列幾項重要的特徵：

▶ 知識成為經濟發展的一切，腦力取代傳統的生產因素。

▶ 數位化電子時代讓知識的擴散從書面化轉為電子化，專利與智慧財產權益形重要。

▶ 組織的業務活動與交易活動從實體轉換為在虛擬的網際網路上運作。

▶ 因為網際網路的普及應用，生產者可直接面對消費者；消費者也可能成為實際生產過程的參與者，因而傳統的中間代理商不再有生存空間，產生去中間化的現象。

▶ 唯有具備創新和冒險進取的精神才有立足之地，產品與服務要創新才有價值。

▶ 資訊的傳遞講求速度與快速回應。

▶ 無國界的經濟活動帶來了全球化的競爭態勢與市場商機。

▶ 極易產生新興的行業。

» **11.2** 知識經濟的發展策略與方案

■ **11.2.1** 知識經濟的發展策略

在知識經濟的時代裡，創造力比生產力更為重要，因此企業必須加強研究發展的投資，尊重和善用知識工作者的知識，方能在此一時代躬逢其盛且屢創佳績。多年來，由於重視科技人才的培養，不僅使資訊產業能在半導體和電腦製造領域中建立紮實的基礎，也是邁向知識經濟時代的一個利基。未來企業經營成敗的關鍵，在於是否能透過知識的運用來提升其競爭力，企業應鼓勵創新、培養員工的知識能力、善用網路科技，才能在世界市場上立足和成長。因此，一個重視知識經濟的企業領導者應特別重視創新、價值創造、智慧財產、創新速度等要項。

在農業時代有土斯有財的社會背景下，土地就是資源，經驗與勞力是當時農業社會成功的關鍵。到了工業經濟時代，能源變成是資源與財富，品質與技術成為當時經濟體系成敗的關鍵。而進入知識經濟的社會，唯有具備知識才能擁有財富，企業成敗的關鍵為知識、創新與速度。

例如美國的微軟公司，雖然未擁有土地與能源，卻利用知識創造了龐大的軟體公司。對於一個由知識來驅動經濟成長的年代，企業必須加強研發的實力，鼓勵創新與善用知識，而員工也要積極提升創造力，商機自然源源不絕。

企業欲在瞬息萬變的產業環境中持續生存的法則，就是要積極創新。雖然達爾文的物競天擇明顯地表達適者生存是一個再殘忍不過的現實法則，但企業求生存首要就是能適應環境不斷的改變。因為今日的成功並不能保證未來的長治久安，相反地，今日的成功可能種下明日失敗的種子。成功者若一再盲目迷信過去成功的策略或經營模式，未能即時察覺經營環境已悄悄地改變，以致於未能徹底瞭解經營的病因並掌握問題的本質，常是其致命之處。

　　企業經營的關鍵成功因素在於隨著產業環境及科技的變化，而跟著不斷改變。面對網路時代的來臨，追求的是服務導向的特質，速度與彈性才是致勝的關鍵。例如，戴爾電腦即是因為能掌握此一競爭優勢的契機，方能執全球產業之牛耳。

　　即使是如紡織業之任何傳統產業，均可能由於投入研發而成為科技產業。一般而言，科技事業應符合下列條件：

▸ 投資於研究發展的費用，占營收的相當比例。

▸ 擁有較多的知識工作者。

▸ 持續產品或服務創新，以發明新技術為主。

▸ 具有先進的技術能力。

▸ 創新的成果能創造新的市場與需求。

　　在產品基礎方面，主要是以技術密集度為指標，高科技產品係為技術密集度較高者。通常其技術密集度會高於平均技術密集度。在產業基礎方面，則以研究發展費用和知識工作者比例為主要衡量指標。因此，高科技產業係指研究發展支出占營業額的比率大於3%者；或是研究發展費用占總產值之比例在10%以上者。而在知識工作者比例方面，員工中科學家、工程師及技術專家占10%以上。

　　此外，在面對科技迅速發展、技術密集度的提升及全球運籌與策略聯盟的影響之下，企業的研發策略也逐漸朝向分散式、全球化及交互授權的方向發展，藉由與公司上下游的合作夥伴、國外企業的策略聯盟或是學術機構的建教合作，利用外在的資源來提升自身的技術能力，是現代企業新的科技策略趨勢。

　　台灣已成為國際貿易組織的一員，未來必須更積極地推動經濟自由化、國際化、法制化，以順利發展知識型的經濟體制。亞洲各國已相繼提出該國產業的發展目標，例如韓國強調經濟自由化、技術研發與人力資源；新加坡則以發展知識密集的製造業與服務業為重點。為了加速推動知識密集產業的發展，知識經濟發展的各項政策及目標已整合在知識經濟發展方案中，其發展願景為十年內達到先進知識經濟國家水準：

▸ 全國研發經費占GDP之3%。

▸ 技術進步對經濟成長貢獻達75%以上。

▸ 政府及民間投入教育經費總和占GDP 7%以上。

▸ 知識密集型產業值占GDP 60%以上。

▸ 寬頻網路配置率及使用費率與美國相當。

　　有鑑於知識型產業將成為提升國家競爭力的主要動能，因此應建立終生學習的觀念，隨時吸取新知，才能創造本身較高的附加價值。另外，亦需持續建立發展知識密集產業的良好環境，並擬訂具體的策略。至於其發展知識經濟的策略則可分為以下幾點：

▶ 著重於基礎建設、法律及行政，以建立良好的發展環境，協助企業排除營運障礙。

▶ 建立新興產業，並藉由推動知識運用而創造新的市場與需求，成為孕育新興產業的溫床，以帶動知識密集型產業之發展。

▶ 消弭知識差距，提升民眾教育程度，以使全民共享知識經濟成果。

11.2.2 知識經濟的發展方案

　　發展知識經濟的具體方案，通常包含下列幾項：

▣ 健全研發與創新的機制

1. 保障發明者的專利權與創作者的智慧財產權，以確保創新者的權益；並鼓勵廠商交互授權專利，以擴大知識的利用。

2. 加強科技創新及研發比重，建立技術移轉民間的機制，讓民間進行商品化生產；妥善規劃產、官、學、研的合作機制，並提高科技合作研發之比重。

3. 依據促進產業升級條例，鼓勵民間企業持續投入研發。

4. 促進企業界成立研發聯盟，並建立租稅及獎勵措施，以加速研發活動之進行。

5. 擴大創新育成中心之規模及功能；並推動創新育成中心以網站連結，加速創新活動之進行。

6. 對商品化研究發展給予補助，並補助取得專利權之發明人，以加速研發成果的商品化。

▣ 強化網路應用之基礎建設

1. 完成全國寬頻網路建設，開放電信市場自由化，使所有的政府機構、企業、學校及家庭能網網相連，以創造有利於電子商務發展的環境。

2. 制定網際網路應用之相關法規，以確保資訊安全。

▣ 提升資訊科技之應用

1. 推動產業自動化及電子化方案，以促進產業升級；並加速建構產業之供應鏈，以改進管理的技術與效率。

2. 整合稅政業務與網路交易環境，以及金融交易管理系統與網路交易環境，以增加網際網路之應用，並提升行政效率與降低交易成本。

3. 建立電子化網路學習體系，例如虛擬圖書館、遠距教學及虛擬社群，以豐富網路資訊內涵，滿足學習需要；並鼓勵學術界及研究機構強化產業技術資訊之資料庫，以降低企業找尋技術資料之成本。

人才培育及引進

1. 加強培養創新的能力。

2. 依據發展知識經濟所可能造成之產業結構調整，來規劃所需之教學課程。

3. 推動全民資訊教育，促進資訊化普及程度。

4. 整合學校及民間的教育資源，加強培訓資訊軟體人才。

5. 聘請國外科技人才，充實科技研發之技術與人力。

提升效率與服務品質

1. 推動電子化計畫，並提供單一網路服務窗口，以便利人民透過網路即可完成申辦及查詢業務，進而建立以顧客為導向的服務。

2. 推動採購業務電子化，並公開各項資訊。

3. 推動民生基礎設施之電子化管理，以增進管理效能及人民生活便利性。

4. 對人員施予知識經濟與未來環境變化趨勢之教育訓練，使人員於擬定政策時，能事先考量與知識經濟發展方向是否相配合。

5. 有效利用民間資源，以提升行政效率。

預防社會問題

1. 普及城鄉的外語教育與資訊教育，以避免知識落差。

2. 避免企業轉型時，反而造成結構性失業問題。

3. 推動網站分級，保護青少年免受不良網站影響。

4. 查緝新的網路犯罪型態。

隨著時代的發展，對於經濟的成長一直扮演著重要角色的企業，面臨了市場開放、國際化，技術與資本密集的挑戰。在知識經濟、電子商務來臨的新時代裡，整體的產業環境就將產生結構性的變遷。企業如何透過策略聯盟，來合作研發及追求創新，已然成為企業創造明日競爭優勢的一個重要議題。

» 11.3 知識經濟時代的目標

11.3.1 知識經濟的目標

知識經濟最重視的兩大目標是：願景及價值。

「願景」可謂是組織所勾勒的一幅對組織內成員、股東、顧客，以及打動他們認同的未來圖像。願景提供了企業組織發展的指引，培養所有人都願意為之效命的使命，使得所有努力都朝向同一方向。當外在環境改變或內部條件改變時，如何清楚掌握企業發展的方向，是企業永續經營的根本，只要方向正確，即使路途再遙遠，也能產生恆久的信念，足見願景的重要！

「價值」則是決定企業能否永續發展的關鍵。新世紀企業的價值在於為顧客創造價值。因此，企業應致力於溝通與分享，來塑造組織成員共同的價值觀，所有組織成員透過分享來溝通彼此的觀念，找到價值和理想，塑造共同的價值觀，唯有員工的認同才會是真的，這樣才能凝聚企業向心力。

世界文明的高度發展，致使企業過度強調專業與技術的發展，有充分的行動能力，但嚴重忽略了文化與人文。新世紀的企業文化應扭轉以往偏重專業與技術，而疏忽文化與人文發展的現象。企業需要具備行動能力，更要具備人文素養與大格局的視野，亦需兼備管理知識、經濟知識與資訊知識，才能在競爭激烈的年代中立足。

11.3.2 創新體制

創新是知識經濟時代中重要的成功關鍵因素，創新體制之建立攸關競爭力，因此知識創新模式之建構是知識經濟最重要的工作之一。所謂創新體制是一個結合有形與無形的知識、管理、科技與資金，使企業創新能力得以發揮的機制。有了創新的體制，我們便可以創造高科技產業，培養創新的企業文化，使企業的經營能力得以不斷地提升。

在知識經濟時代，從基礎科學到研究與發展、最後到商業化的過程中，創新體制應該如何來建構呢？一般而言，學術單位與研究機構專門負責基礎科學的研究；政府負責營造基礎環境建設與制度；而企業負責商業化的工作。因此從產、官、研、學的觀點，彼此各司其職且分工合作，才能追求創新機制的建立。在我國的產業結構中，超過九成的廠商為中小企業，他們無法從事研究與開發的工作，因此成立工業技術研究院，由他擔任產業導向的研究機構，協助企業進行技術的研發與移轉。除了工研院

之外，科學園區的設立也扮演了科學研究及商業化的角色，同時也是創新體制中重要的組成份子之一。

創新育成中心制度最早誕生於1950年代末期的美國，其制度設計的目的是對有企業家精神的中小企業提供可以利用的空間。目前已經有許多大學設立創新育成中心的制度，這是今日創新體制重要的發展方向。創新育成中心的建立，可對創業期也是最困難時期的中小企業提供協助，並能使企業接觸到基礎科學；而學術單位也可以得知企業的需求，並取得研發的資金。此種企業和學術單位建立聯盟關係，直接參與基礎及應用研究，應是創新制度發展的方向。

11.3.3 產業政策

在知識經濟的時代，產業的成功除了有賴持續地創新之外，穩定的資金來源也是一個重要的條件，因此，創業投資扮演了扶植現有產業、發展新產業的重要角色。另外，適當的產業政策也是維繫產業發展與經濟成長的重要因素。一般而言，可採取下列幾項產業政策：

▸ 協助企業參與國際市場的競爭，將觸角伸向國際市場。
▸ 輔導與獎勵產業升級。例如，結合研究機構與學術界，共同推動產業知識化，並給予獎勵措施。
▸ 培養下一代新興的重點產業，21世紀醫療和生物科技將會是知識經濟發展的核心產業，因此應重視這些產業的發展，予以輔助。
▸ 建立良好的基礎建設，例如，提升寬頻數位網路、水、電、油、電信的基礎設施。
▸ 改革金融環境，導入電子化與自動化的服務型態。
▸ 加強人才的培育，強化學校教育內容與方向，以契合未來知識經濟的產業需求。
▸ 延攬國際專業人才，提升生活環境的品質。

知識經濟時代最需要的是知識工作者，而所謂知識工作者，是指具有專業知識及判斷能力，有創新及解決問題能力的人員。在知識經濟時代中，誰能掌握知識及活用知識，便能取得經濟上的優勢。近年來，各國都以就業輔助、所得稅的優惠、推行社會福利、推展職業訓練等方式來解決勞工問題，但是，這些方法尚有可改進之處，應嘗試下列幾種方法來解決勞工的問題：

▸ 照顧低所得家庭的子女，以免產生低所得與低教育的惡性循環。
▸ 大量提供職業訓練機會，鼓勵網路教學的普及，提升全體勞動人口的知識水準。

▶ 鼓勵勞動市場國際化，促使知識工作者能在國際市場上更具競爭能力。

▶ 建立職業證照制度，促使勞動人口學習工作上所需要的知識與技能，進而推展終身學習。

▶ 修訂現行的法律制度，契合知識經濟時代的潮流與需求。

» **11.4** 知識經濟的迷思與理念

11.4.1 知識經濟的迷思

☺ 知識經濟是經濟成長貢獻因素之一

知識經濟植基於科技而首重創新，因此知識經濟與舊經濟不同之處，除了科技之外，還特別注重創新的精神。近年來，美國科技業蓬勃發展，知識經濟所增加的經濟生產力還是整體經濟的一部分，所以知識經濟對美國近年來的經濟成長是有貢獻的。

☺ 從美國經濟的衰退觀之，知識經濟是否已逐漸消退？

近幾年來，美國經濟成長的趨緩只是景氣循環的一個週期現象，並不足以證明知識經濟已逐漸消退。知識經濟現在仍是萌芽階段，但未來會是各國所追求的經濟模式。從前傳統經濟的競爭要素是：資源、人力、資金和技術，但是隨著科技的進步、經濟的全球化、教育的普及化，使得經濟的競爭要素有了新的轉變。

☺ 只要具備知識即可進入知識經濟的境界？

知識經濟的產生，不但要有大量的知識，更重要的是要能活化知識，並創造出利潤。如果擁有知識是唯一的重點，則學術界的教師應是知識經濟時代最大的受惠者，但以美國為例，教師的經濟地位並沒有因而提高，換言之，擁有並應用知識比單純擁有知識更形重要。對於企業而言，雇用更多的知識工作者，更加重視知識的累積、分享、應用，並為企業帶來價值，才能在下一個世紀進入知識經濟的境界。

知識工作者的價值不在於投入時間的多寡，而在於產出、分享及應用知識的內涵與價值。知識工作者所創造的價值，乃是將最精華的能量貢獻出來，所以一個組織知識的應用境界，端視組織內部知識累積與分享的程度，而一個國家知識經濟化的程度，也繫於產業知識擴散的範圍。

🙂 知識經濟只適用於科技產業，傳統產業將被淘汰？

科技產業提供許多新產品和服務，也為經濟成長添加助力，因而能夠獲利；但是，能利用新科技而獲利者，也絕不僅限於科技產業。例如網際網路是一項科技上的新發明，但因它而獲利者，卻是能成功地應用網際網路的業者。而這才是知識經濟中能活化知識為利潤的真諦。對於傳統產業而言，他們也可以透過積極地應用知識而轉變成知識產業，才不至於被知識經濟時代所淘汰。

🙂 導入知識經濟能增加全民的經濟收入？

知識經濟在美國創造了許多的鉅富，但對絕大多數人而言，知識經濟並沒有為他們帶來多大益處，他們的所得如果去除了因物價上升的膨脹因素外，事實上並無增加。換言之，知識經濟時代極易讓非知識工作者更形弱勢，因而產生所得分配惡化的問題。因此，解決的重點應該擴大受益範圍，而不是把受益範圍尖銳化，同時也應為弱勢團體建立社會安全網。

🙂 只要富有創業精神即可發展知識經濟？

僅有創業精神不一定有助於知識經濟的發展。例如，一家便利超商的員工，出去再開一家相同的便利超商，是無法發展知識經濟的；但他如果發揮企業家精神，使自己不斷地追求新知識、新技術、鍥而不捨的創新精神，且另有創意，就可能發展知識經濟。此外，如果創新精神只出現在創業上而無法持續創新、持續成長，那麼現有企業一定會缺乏創意及活力的人才，也必然會漸漸走向失敗。

🙂 知識經濟是未來的趨勢，愈快獨立發展愈好？

儘管知識經濟是要讓經濟更上一層樓所必須走的路，也是未來的趨勢，但是，由於經濟是政治、社會、人才及法律的產物，因而在邁向知識經濟之前，仍需有許多配套措施，無法逕自獨立發展知識經濟。例如：若教育制度還依循舊經濟時代，社會的風俗習慣還停留在早期的農、工業社會，民主政治的發展未臻成熟，法律制度尚未建立健全，勢必讓經濟更上一層樓所必須要走的路較為長遠崎嶇。當這些配套措施都做好了，知識經濟將可快速發展。

▲ **11.4.2** 知識經濟的理念

在這裡，有幾個重點的理念，來分析知識經濟的意義：

⊡ 知識的重要性與日俱增

隨著經濟的發展，在不同的時代裡，能掌握經濟大權的生產因素也從漁獵農牧時代的勞力、土地、資源；到工業時代的資金、科技；乃至於今日的知識。在19世紀，知識是權力的表彰；到了21世紀，知識已成為促進經濟成長的關鍵因素，它不但影響個人追求優質生活、企業追求永續經營，也影響國家的永續發展。在當前十倍速的競爭時代裡，企業雖可藉由新技術來暫時取得領先，但是長期的競爭優勢則需仰賴新的知識來建立差異化的競爭模式。換言之，知識經濟的核心存於人的創新思想。

⊡ 創新來自科技，科技來自人才

美國經濟這幾年來的發展，造就了高成長與低物價的實績，一般認為是來自於資訊科技和一連串的創新活動。因此，知識經濟的發展動力來自於創新和科技，而科技的核心關鍵是人才。

⊡ 創新是致勝的關鍵

在十倍速時代中，快速掌握創新方向，以知識創新帶動經濟發展，才是企業經營團隊努力的目標；且事實證明，只要藉由科學研究，包括基礎研究和應用研究，來獲得新的科學知識，且能不斷出現創新，經濟就可繁榮。繁榮是創新的成果，知識是創新的要因；科技與創新以快速的速度在改變，而政治與社會的變化則以較慢的方式在蛻變。因此，面對科技與創新所帶來的改變，持續地創新是求生存的唯一方法。

⊡ 網際網路的應用，顛覆許多傳統的經營模式

由於科技的進步和人們價值觀的改變，未來的世界將是一個快速變動的世界，企業所面對的將會是一個顛覆傳統經營模式的網際網路和知識經濟的年代。自從1969年，美國國防部為了軍事用途開發出APPANet網路，從此開啟網路時代以來，短短幾十年間，許多新產品與新技術相繼運用網際網路。網路人口的快速增加，網際網路的蓬勃發展，使得電子商務成為企業用來提升營收或改善效率的首要選擇。雖然利用網際網路的電子商務無法完全取代傳統的經營模式，但是其發展必然會顛覆許多企業的經營思維。

⊟ 地球村世紀的危機與轉機

　　隨著全球經濟環境的變遷與資訊科技的進展，組織間的界限已漸漸被打破。在全球化整合過程中，無國界的經濟活動與網際網路的應用，帶來了商機，也帶來了危機。無論是人才、技術、資金或是商品，正跨越國界的藩籬，尋求全球化的市場。因此，要融入地球村的世紀裡，對於國家而言，必須在法令、金融、通訊、智慧財產權等議題加速改革；對於企業而言，則必須具有國際化視野、外國語文能力，並能瞭解世界新興的管理理念。

⊟ 速度是企業致勝的關鍵

　　孫子兵法有云：「兵貴神速。」而 e 世代的來臨，能掌握速度將會是致勝的重要關鍵。因為消費者對速度的要求愈來愈嚴苛，因此企業對客戶的回應要愈來愈快。企業唯有善用資訊科技，快速獲取並處理企業內外的資訊，適時地進行變革，方能掌握競爭優勢。

⊟ 企業的興衰取決於長期的競爭優勢

　　企業之成敗興衰最主要的關鍵為競爭力的升級與否。而所謂競爭力是指具備優秀的核心能力，而能在市場上創造出高報酬的能力；競爭力愈強，創造財富的能力也愈強。這個核心能力包括生產力、人力、行政效率、知識與創新程度。企業若能創造愈高的價值，而將成本降得愈低，自然能創造出長期的競爭優勢，並持續獲取成功的果實。

個案分析

⊟ 知識經濟在產業界的運用

　　在目前的知識經濟應用上，產生了三大迷思與三大挑戰。所謂的三大迷思，包括：加速創新就可以避免淘汰；掌握網路化就是掌握知識；透過智慧財產的保護就能獲利。而它的三大挑戰則包括：人力資源的改變；追求品質的步調過晚；終身學習的觀念尚未萌芽。因此，欲將知識注入產業內，必須有系統地發展，以期將知識具體化為行動。

　　知識經濟在產業的運用方面，最重要的生產要素有人力（Human）、資本（Capital）與土地（Land），以及知識（Knowledge）四項，由四大生產要素所組成的生產函數示意為$P(Q)=f(n1H+n2C+n3L+n4K)$。當然，生產要素不僅只限於人力、資本與土地，知識經濟不只有所關聯，更進而影響每一個產業的現代化，使產業有新的生產要素觀念。

▶ 規模報酬遞增的效益

　　規模報酬遞增的觀念，其意義在於當產量增加時，會帶動平均成本遞減。擁有知識越多，是否可以造成越低的成本，這關係著生產要素函數。不過基本上，將知識當成生產要素之一時，就具有規模報酬遞增的特性。如果範圍縮小到以個人為單位，假設一個人知識越多、學歷越高，在社會上的成就應該越高。但是企業的知識不能用學歷來評量，因此就必須借用別的指標加以評斷。舉例說明如下：

1. 專利權擁有數

　　專利（Patents）的意思在於專屬權利的保障，換言之，擁有實用的專利就能帶來商業利益，各大企業莫不以專利的擁有來創造優勢。例如，美國著名企業IBM連續十年都是專利申請通過最多的企業，也為該企業創造每年超過百分之十的成長率。

2. 員工的教育平均水準

　　企業知識的另一項指標是員工的教育平均水準，這項指標不一定是越高越好。例如高科技公司生產線可能要大學學歷、研發要博、碩士學歷，這些都是要依職務適切為主。

3. 知識的公共財

　　公共財的定義是具有排他性及非競爭性的財貨，意即使用後不影響數量、價值的財貨。知識是否有公共財特性，這是無庸置疑的事實，但是使用知識是否需要收費、是否影響他人，如果是成立的話，知識的特性應該是自然獨占。

J.W. Markham提出：R&D所需的技術與資本是規模過小的企業無法進入的障礙，但是他卻沒有證明廠商壟斷程度加倍，創新速度也會加倍。在說明了這兩種學說之後，除了希望讓大家思考這一個現實問題外，更重要的是要強調創新與研發離不開使用者的生活。

4. 風險與利潤的相對

知識經濟的確是以研發與創新為動力，但是企業經營不能忽略過程中的各種風險，這樣的風險不僅在於研發經費無法回收，更可怕的是產品推出後的市場不確定性。

由於領導創新的廠商往往寡占市場，因此創新與研發的與否，就可能淪入賽局理論探討；加上智慧財產權的保護，可能導致「先者全贏」的商業利潤。因此除了研發失敗的因素外，研發落後也可能使得全盤失利。由於研究與發展除了需要相當的人力之外，對應的資金投入也不可少，且資金的投入是否能夠回收都是未知之數，就財務的觀點而言，高風險就相對於高報酬，換言之，風險與利潤是相對性的。

知識經濟在產業整合的運用，將知識作為生產要素的主軸，對於經營策略進行有意義的整合。

▶ 產業知識化

產業的完整發展即是依循行銷4P's的策略學概念，將每一種環節注入知識的養分，促進原料知識化、生產科技化、物流專業化、服務人性化的產業升級，這樣的理想可能還不能呈現產業知識化的本質。產業導入知識的運作流程，可以清楚地看到產業知識化的方向，具體地說，可以歸納以下幾項重點：

1. 導入創新管理

加速創新不能等同於保持優勢，但是也不能否認，在知識經濟的運作內，創新的價值就是給予新的動力。這樣的關係是必須加以控制的，「新，不一定好」，也因此，由創新平台進入產業的同時，必須審慎評估創新的影響。

2. 知識資本標準化

知識的可貴，就是產生更多知識，這表示知識應該延續不斷地產生知識，透過更多人才投入，才可以達到此目的，因此，文獻記載的重要性就不言而喻了。西方科學進步的根基就在於此。目前的專利審查標準之一，也是知識標準化的推手之一，企業必須將自己的各項知識有系統的加以記錄，不僅限於專利申請時才這麼做，而是要靠平常的累積，例如：作業標準手冊的製作。

3. 知識交易模式

　　創新的成果固然甜美，但是創新的付出卻不容輕忽，小規模的企業無力支持創新的付出；大規模企業的研發邊際成本又較高。所以發展適合的交易模式，讓研發、創新的單位獨立化與專業化，成果可以讓企業競標，如此，小型企業也可以透過融資去購買智慧財產，不會使知識淪為壟斷的工具。這樣類似股票、期貨的交易單位，對於一個走向知識經濟的國家而言更是一項里程碑。

4. 知識產業化

　　將知識做水平化的散布，使相同的知識運用更加多元化，是知識產業化的最佳前題。相同的知識要進入不同領域的產業，在想像空間內似乎相當困難，但是依循著一定的科學步驟，這樣的發展並非不可能執行。

5. 知識標準化

　　承接知識資本標準化的概念，每一個原理、技術皆有書面的記載，也因此，發明家能順利運用超音波在各領域不斷創造與發明。在知識的水平發展上，首要的事情就是將知識付諸文字記載。

6. 知識商品化

　　知識運用到商品上的時候，能讓每一個人都輕而易舉地使用，不用知道分子原理也能使用，這樣的研發才能使知識廣為被利用，「不知亦能行」，也必須要看是否有良好的介面。今日開著汽車的人，不一定知道發電機的原理，但是依然能夠順利駕駛汽車，這就是將多樣知識同一商品化的例了。

7. 知識多樣化

　　將知識標準化、商品化之後，還不能夠將知識水平充分的利用，確實的水平化必然要朝向多樣化發展。例如紙的使用，由原先的記載事務，到今日紙的多元使用，如紙袋、紙盒、壁紙、紙幣等。同一發明經過改良與創新，能夠多方位地將知識廣為運用，更重要的發明如積體電路（IC），目前高科技產品與一般家電都需要它的存在，都是應用上的實例。

8. 知識體制化

　　將知識廣泛應用之後，重要的是將消費者的回饋反應給研發部門，運用完善的組織運作讓知識的創新不會悖離需求，建立知識回饋的機制，讓每一個知識個體都能貢獻智慧給後續的研究發展，知識體制的運作才能讓知識的運轉持續與永恆。

9. 知識的行動

　　知識是文明進步的動力。而知識的最原始型態就是資料與現象，人類運用了長時間的經驗累積，讓經驗成為吸收資料的管道，而管道內的資料成為資訊，當吸收了資訊之後化為行動，產生的就是智慧。

▶▶ 本章習題

1. 21世紀是以知識為核心的經濟競爭時代，經濟競爭時代有哪些特色？

2. 簡述知識經濟的迷思。

3. 簡述知識經濟的理念。

4. 解釋名詞：知識經濟（Knowledge Economy）

▶▶ 參考文獻

1. Adam B. Jaffe & Manuel Trajtenberg, Patents, Citations, and Innovations: A Window on the Knowledge Economy, MIT Press, 2002.

2. Alan Burtaon-Jones, Knowledge Capitalism: Business, Work, and Learning in the New Economy, Oxford University Press, 1999.

3. Debra M. Amidon, Innovation Strategy for the Knowledge Economy: The Ken Awakening, Butterworth-Heinemann, 1997.

4. Joseph H. & Jimmie T. Boyett, The Guru Guide to the Knowledge Economy: The Best Ideas for Operating Profitably in a Hyper-Competitive World, Wiley, 2001.

5. Louis A. Lefebvre, Elisabeth Lefebvre & Pierre Mohnen, Doing Business in the Knowledge-Based Economy: Facts and Policy Challenges, Kluwer Academic Publishers, 2001.

6. Robert Cross & Sam B. Israelit, Strategic Learning in a Knowledge Economy: Individual, Collective, and Organizational Learning Process, Butterworth Heinemann, 2000.

7. Amidon & Debra M. 原著，金周英等譯，知識經濟的創新策略：智慧的覺醒，米娜貝爾，2001年。

8. Anthony Giddens原著，陳其邁譯，失控的世界：全球化與知識經濟時代的省思，時報文化，2001年。

9. Charles Leadbeat原著，李振昌譯，知識經濟大趨勢，時報文化，2001年。

10. Lester C. Thurow原著，齊思賢譯，知識經濟時代，時報文化，2000年。

11. Michael J. Mandel原著，曾郁惠譯，網路大衰退，聯經，2001年。

12. Ruby Rugggles & Dan Holtshouse編著，林宜瑄等譯，知識優勢：杜拉克、梭羅等大師共譜未來市場新貌，遠流，2003年。

13. Turner & Colin原著，黃彥達譯，知識經濟入門：將知識資本變成企業優勢的致勝策略，藍鯨，2001年。

14. 丁錫鏞，台灣的綠色矽島與知識經濟發展政策，嵐德，2001年。

15. 大前研一原著，王德玲、蔣雪芬譯，看不見的新大陸：知識經濟的四大策略，天下遠見，2001年。

16. 天下雜誌，2000年4月。

17. 伍忠賢，知識經濟：Knowledge-Based Economy，全華，2004年。

18. 朱博勇，企業的新生存法則，遠見雜誌，2000年。

19. 施振榮，e世紀的聯網組織，標竿學院，2001年。

20. 施振榮著，蕭富元整理，IO：知識經濟的經營之道，天下生活，2000年。

21. 根井雅弘原著，劉錦秀譯，熊彼得：知識經濟的創造性破壞，商周，2003年。

22. 馬凱，新經濟夢幻終將回歸正軌，中國時報，2000年。

23. 高希均、李誠主編，知識經濟之路，天下遠見，2000年。

24. 高希均等著，李誠主編，知識經濟的迷思與省思，天下遠見，2001年。

25. 高秀霞，數位青年，新經濟文摘，2000年。

26. 張忠謀，國父月會致詞，2000年。

27. 郭峰淵，打破習慣領域緊抓舊繩掙扎，聯合報民意論壇，2000年。

28. 陳信宏、劉孟俊，主要國家發展知識經濟與知識產業之政策研究，經濟部，2001年。

29. 曾銘深、劉大和，知識經濟：引領知識新潮推動台灣進步，台經院，2001年。

30. 葉永泰、張朝清、曾秀芬，知識經濟下全球顧問服務業發展策略，資訊工業策進會，2002年。

31. 遠見雜誌，2000年5月。

32. 史欽泰，知識與產業，新世紀研討會論文集3，救國團社會研究院，2002年。

33. 林祖嘉，知識經濟下的產業發展，新世紀研討會論文集2，救國團社會研究院，2002年。

34. 高希均、李誠，知識經濟之路，天下文化，2001年。

35. 孫震，台灣發展知識經濟之路，三民書局，2001年。

36. 陳正澄，成長與消失——產業的管理經濟分析，華泰文化，1999年。

37. 胡文川、葛孟堯，"知識經濟在產業界的運用"，中大社會文化學報，第16期，2003年。

Chapter
12

電子商務

» **12.1** 電子商務簡介

12.1.1 電子商務的意義

隨著電子商務（Electronic Commerce，E-Commerce或EC）的興起，隨之而來的影響是以時效性、互動性、經濟性為訴求的電子商務價值鏈體系。這是因為一般人很難由電子商務事業的經營來判斷該企業的經營規模；也難以看出此一網頁的建構者是財團或是Soho族。電子商務致勝的關鍵，就在於時效與速度，亦即誰領先進入市場並創下足夠的知名度，誰就愈早回收相對的利益。例如Yahoo！就是因為掌握了時效性，才得以成為電子商務模式的原創者，因而享有龐大的市場地位與商機。

電子商務泛指不同單位間將傳統的交易行為轉移到開放的網際網路上，來進行資訊交換或交易處理，並以電子傳遞的型態經由網路來完成產品或服務的使用權或所有權的移轉，並透過線上交易與付款環境的建立，提升雙方在交易與付款上的效率。換言之，電子商務之本質為交易，是一種電子化的商業形式，它帶領企業思考如何利用網際網路環境作為訊息溝通管道，運用資訊與通訊科技協助交易雙方整合商業運作中的金流、物流以及資訊流，然後運用共通的交易流程，提升雙方的交易與付款效率。

下列為各學者對電子商務所下的定義：

⊡ Kalakota & Whinston

電子商務是一種現代的商業行為，是利用今日的電腦網路將資訊、產品及服務的購買與銷售活動結合在一起，藉此滿足企業、商店與消費者的需求，進而改善產品與服務的品質，提升服務提供的速度，並達成降低成本的目的。

⊡ Laudon & Traver

利用網際網路與網頁來處理商業交易活動，其焦點在於藉由數位科技來促進組織與個人之間商業上的交易。

⊡ Efraim Turban

電子商務是一種概念，它描述購買、銷售或交換各種產品、服務及資訊的流程，此一流程是藉由包含網際網路的電腦網路來完成的。

⊡ Elias Awad

透過網際網路，引起全球化的存取核心的商業流程，此核心的商業流程包括購買、銷售各種產品與服務。

12.1.2 電子商務的比較與實體架構

傳統電子商務與網際網路電子商務有很大的不同，其差異比較如表12-1所示。而實際的電子商務實體架構可由四個部分組成，分別是電子商店、消費者、物流業者、以及金融機構，如圖12-1所示。

表12-1 傳統電子商務與網際網路電子商務之比較

項目	傳統電子商務	網際網路電子商務
網路通訊成本	高	低
網路規模	小（區域範圍）	大（全球化）
資訊安全	高	低
交易可靠度	高	低
網路服務品質	高	低

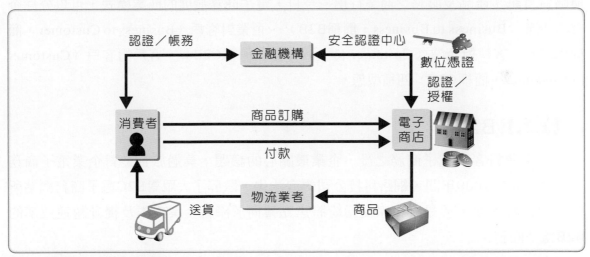

圖12-1 電子商務的實體架構

12.1.3 電子商務的四個構面

電子商務可以分別透過四個構面來探討：

商流

所謂商流，是指產品或服務的所有權轉移。由於網站本身就代表一種虛擬店面。因此，網站的規劃也就是店面的規劃。

⊟ 物流

電子商務上的物流是指商品實體的轉移,其與實體上的物流相似,但著重在銷售商店將產品運送至購買者手上的過程。

⊟ 金流

電子商務上的金流,其主要的重點在於與金錢流動有關的付款方式與資訊安全性。

⊟ 資訊流

電子商務上的資訊流是指透過網站上的消費紀錄、留言板等,來蒐集相關的消費者購買行為。另外,交易本身資訊的傳遞與流通商品資訊,亦是資訊流的範疇。

» 12.2 電子商務模式

電子商務是指透過網際網路的一種現代商業行為,係藉由交易活動,來達成銷售與購買資訊、產品及服務之商業行為。今日,電子商務發展的商業模式,可以分為企業對企業(Business to Business,簡稱B2B)、企業對客戶(Business to Customer,簡稱B2C)、客戶對企業(Customer to Business,簡稱C2B)、客戶對客戶(Customer to Customer,簡稱C2C)四種型態。

12.2.1 B2B

繼企業對客戶電子商務之後,企業最關心的議題,莫過於企業對企業電子商務了,特別是在2000年間,網路科技公司的泡沫化,跌碎了大眾對B2C電子商務網站所構築的營收美夢。於是,大家便紛紛將焦點轉向於降低企業成本及提升營運效率的B2B電子商務。

B2B電子商務的演進,可追溯到最早期的電子資料交換,其以點對點及批次作業的傳輸模式來處理大量且高度結構化的資料,雖然對企業常見的應用如採購管理、付款管理,能大幅縮短流程與時間;然而,由於電子資料交換成本太高、靈活度不足等缺點,使得B2B電子商務一直無法普及。直到網際網路技術的出現,才真正為B2B電子商務帶來曙光,而各研究機構也一致認為B2B電子商務的成長速度及規模,將比B2C電子商務快且大。

以企業與企業間的資訊整合來說,最簡單的應用是企業間使用電子郵件來交換訊息。若是已建置了完整的系統,透過企業間網路(Extranet)的連繫,將公司與公司

間的運作流程契合在一起，此一結合產業上、下游廠商的經營模式，將可使產品的供需與資源的利用能獲得最大的效益。從B2B的觀點來看，電子商務的發展可強化產業供應鏈內企業間的資訊流通，其密切地整合了供應商、製造商及經銷商，使得上、下游形成一個完整的價值鏈，有助於快速回應市場需求，進而降低營運成本，或進一步發展協同工程的跨企業活動，提升整體經營效率。由於各研究機構對與B2B電子商務相關的商業行為有許多不同的定義及分類方式，因此，本節將對這些名詞加以說明與分類。

Legg Mason將B2B電子商務定義為：任何企業之間，只要是透過網際網路而產生的商業行為，都可被稱作是B2B電子商務。Goldman Sachs則認為，B2B電子商務為透過網際網路進行的企業對企業的商業行為，並將其細分為電子化基礎建設與電子交易市集兩大類。

其中，電子交易市集是連結買方與賣方的交易平台，提供買賣仲介、新的交易市場及自動化的交易方式，以提升買賣效率。而電子化基礎建設扮演著支撐整個B2B電子商務的角色，它包含提供運籌管理、應用軟體服務、委外服務、競標機制、內容管理、系統整合及企業資源規劃系統，是整個電子商務的後端。其主要內容說明如下：

🖳 運籌管理

管理任何提供產品或服務之活動的科學。

🖳 應用軟體服務提供者

讓眾多的企業用戶透過網際網路連上其中央電腦設備，使用其應用軟體的服務。

🖳 委外服務

企業建構的電子化基礎建設，可以採取委外的方式進行，例如主機代管、網站代管、網頁開發等。

🖳 競標機制

讓電子交易市集能夠提供線上買賣競標的交易機制。

🖳 內容管理

管理電子交易市集網站的內容。

🖳 系統整合

透過XML標準的一致性編碼，讓企業與企業之間的資訊流通達到暢行無阻的地步。

□ 企業資源規劃系統

　　企業資源規劃系統是指協助企業基礎業務流程自動化的應用軟體，以企業資源規劃系統作為B2B電子商務後端的支援系統。

　　自從1970年開始，B2B電子商務的發展已經超過30年的時間，其發展過程中經歷了許多以科技為驅動的發展階段，每一階段皆反映出科技平台的主要改變，例如從早期的大型主機，演進到私有的專屬網路，到如今最後演進到網際網路的應用。B2B電子商務在科技平台應用的發展階段，如圖12-2所示。

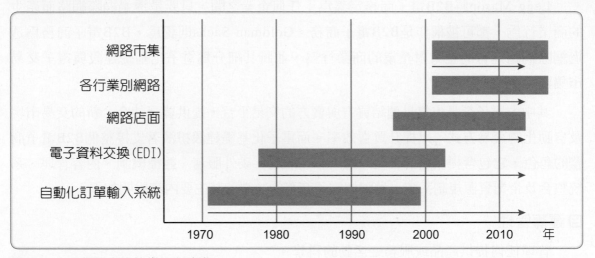

圖12-2　B2B電子商務技術平台演進

資料來源：Kenneth C. Laudon & Carol Guercio Traver, E-commerce 2012: Business Technology Society, Addison Wesley, 2012.

12.2.2 B2C

　　企業對客戶電子商務是指企業透過網際網路，提供客戶各種交易與服務，而客戶只要利用電腦連接該企業所架設的網站，即可取得各種線上即時服務或進行交易活動，例如查詢商品型錄資訊、產品售後服務、線上訂購商品等。B2C電子商務的發展已明顯地衝擊了傳統的市場結構與客戶消費模式，網際網路上各式各樣的網站已成為購物、行銷、廣告、顧客溝通、售後服務及資訊蒐集的主要媒介。

　　從消費者的觀點來看，B2C電子商務可滿足消費者在便利性與價格低廉上的需求。以網路購書為例，買書的人可以24小時不受時空限制，隨時至國內、外各大網站購書，並以較低的價格買到滿意的書籍。讓消費者不必受限於傳統的門市營業時間，對消費者而言可說是一種全新的交易型態。從企業的觀點來看，B2C電子商務可幫助企業節省行銷費用與開拓更多的客源；對企業而言同樣是開闢一條全新的行銷通路。

以經濟學的觀點而言，由於電子商務的資訊傳遞速度快、無時間性的限制，以及全球化行銷市場的特性，使得該市場極易擴充且帶來龐大的商機，以致於消費者需求也隨之增加，因此，若要實施電子商務策略，以下幾個重點是企業必須注意的：

委外策略

就目前分工合作的時代來說，企業致勝的方法就是將非核心競爭力的事交給更專業的合作夥伴，而自己則專注於本身的核心事業。例如全球知名的個人電腦廠商的委外代工策略即是最佳典範。

行銷與服務策略

B2C電子商務所要追求的不僅是將商品放在網站上銷售，而且是更進一步地實現一對一的行銷，以及為企業帶來正面的公關宣傳與評價。

產品策略

企業在產品策略上除了降低成本策略之外，更應強調產品差異化策略，以增加競爭者的進入障礙。

成功的網路行銷必定是瞭解網際網路本身不同於其他媒體的特性，且經過仔細地規劃與設計，藉以達成特定的行銷策略。一般常見的網路行銷，大致有線上購物、產品促銷、客戶服務、廣告收益、收費的有價資訊等幾種型態，也有許多網站會結合上述幾種型態中的若干種，以形成綜合性的網路行銷型態。以下即分別加以說明。

線上購物

線上購物主要是透過網際網路提供完整的商品目錄與介紹，並達成商品買賣交易，例如東森購物、AcerMall網路商場。AcerMall創立於1997年，其主要目的是要帶給消費者一個便利且安全的線上購物環境。AcerMall與商店合作的方式有兩種：第一種是由AcerMall出租虛擬的專櫃，並提供技術支援給租用的商店，同時也向其收取技術支援費用與專櫃租金；第二種是租用的商店只提供商品，其餘所有業務，例如上架與定價、行銷、物流配送等，全部由AcerMall負責。AcerMall希望廣邀知名商店一同進駐銷售，提供消費者一個類似購物中心的網路虛擬商場。

產品促銷

主要是提供企業的簡介、最新活動訊息，以及報導企業所提供的各種產品及服務，藉此達到推廣促銷與建立良好企業形象的目的。例如台灣產品網站就是一個典型的產品促銷網站，此網站依照商品類別分類，消費者可依照類別，尋找到生產廠商及其產品資訊。

⊞ 客戶服務

主要是協助消費者瞭解產品，解決使用產品時所面臨的問題，並藉由資訊化的商業訊息傳遞，加強企業與消費者之間的互動，進而提升顧客滿意度及企業形象。例如，趨勢科技公司的網站就是一個大家熟知的實例。由於新的電腦病毒不斷地出現，電腦使用者必須隨時更新病毒碼與掃毒引擎，因此該公司為了節省成本，也為了能在第一時間將最新的病毒碼與掃毒引擎提供給客戶，便將不斷研發出的新版病毒碼與掃毒引擎放在網站上供客戶下載，並自動完成更新。此外，該網站也提供相關電腦病毒常識，以教育客戶正確的電腦防毒知識。

⊞ 廣告收益

廣告收益是一種常見於各大入口網站的網路行銷型態，例如雅虎奇摩網站、PChome Online網路家庭及蕃薯藤網站等知名網站。此種網路行銷型態的網站是以賺取刊登網路廣告的收益為主。

⊞ 收費的有價資訊

收費的有價資訊是指提供資訊內容，透過網路傳輸的方式為使用者服務，並收取必要之費用。例如，數位聯合電信公司所經營的資訊百寶箱就是一個實際的案例。資訊百寶箱的收費是一種儲值點先付款後消費的方式，消費者可至便利商店或網站上購買，於消費後扣除點數；或是成為該公司客戶，於每月收到帳單後繳款。而資訊百寶箱所提供之收費資訊種類很多，包括生活娛樂、資料庫查詢、線上學習、電子書等。

⊞ 綜合性的網路行銷

許多網站往往結合上述幾種網路行銷型態中的若干種，形成一種綜合性的網路行銷。例如，通用汽車公司所經營的GM AutoWorld網站，便結合了產品促銷、線上購物及客戶服務等三種網路行銷型態。在產品促銷方面，該網站為GM全車系產品製作影像藝廊，藉由三度空間的虛擬展示，提供給消費者最完整的視覺效果；在線上購物方面，該網站具有線上購車、線上投保、預約維修等服務；在客戶服務方面，則提供了車主權益、保險理賠、汽車百科、休閒娛樂等服務。

根據電子商務系統的定義，商店系統必須具備以下的功能：

⊞ 存取權限管理

管理網路使用者對商店資訊系統的使用權限，例如，使用者代號和密碼。

⊟ 電子化商品型錄

可根據消費對象的不同，而顯示出個人化的產品與價格資訊，提供商品介紹、價格、促銷及最新訊息的功能。

⊟ 搜尋功能與網站地圖

搜尋功能以查詢為主要機制，藉以滿足消費者的採購方式。或是以網站地圖方式，便利消費者快速找到相關的資訊。

⊟ 購物車

可以隨時顯示消費者準備要購買的項目，在正式確認訂單之前，消費者仍可以變更購物車上的項目。

⊟ 網路下訂單

將購物車上的項目自動產生訂購清單，並直接輸入商店的訂單資料庫系統，不僅正確、快速，亦可避免錯誤的發生。

⊟ 網路付款

提供適當的安全交易模式，消費者可透過網路直接付款。

⊟ 訂單查詢

追蹤訂單處理進度，並可查詢過去個人的交易紀錄。

在B2C的交易機制中，線上付款與電子付款系統主要可分成三類，分別以信用卡、電子現金及電子支票為基礎，目前主要被廣為使用的是信用卡付款。而不同的付款系統各有其特性與優缺點，分別說明如下：

⊟ 信用卡

消費者在網路上購物時，網路商店會要求輸入信用卡的相關資料來完成付款程序，商店只要將該資料彙整成請款訊息傳送至往來的信用卡銀行，便可循傳統信用卡的交易方式取得貨款。

⊟ 電子現金

消費者在購物前要先在電子現金發行銀行購買一筆電子現金，系統則從消費者帳戶中扣除相同的金額。在付款時，消費者只要將電子現金傳送給商店，而商店可向銀行連線查驗該電子現金的合法性，以及是否有重複花費的情形，若一切無誤，即可儲存起來以便後續請款之用。

電子支票

電子支票是一種和傳統紙式支票很類似的電子文件，具有貨幣價值。當電子支票使用於網路付款時，消費者需先進行數位簽章，以取代傳統以筆或印鑑的簽章方式，並證明自己為該電子支票的所有人。

相較於國外市場，台灣B2C電子商務市場也如許多廠商的預期，相當快速地發展，例如，網路人口規模大、使用電腦上網的能力佳、物流配送系統佳、客戶的消費習慣、交易安全制度上的訂定，以及專業人才眾多等。茲分別說明如下：

網路人口規模增大

美國是網路購物市場相當發達的國家，而此與美國網路人口規模龐大有關。若比較美國和國內的情況，台灣上網人口比例不低。至於不低的原因，則與台灣電腦使用普及、網路連線分布廣、網路品質佳、頻寬足有關。

使用電腦上網的能力高

雖然具有上網能力者主要仍集中於學生、白領階級或知識分子，但僅有相當少數的人口對於電腦上網之操作完全陌生。由於使用電腦的能力強，使得網際網路的使用普及，進而也增加了網路購物的發展。

物流配送系統佳

台灣由於消費者習慣之故，目前網路購物大多仍以郵寄方式送達給消費者。消費者從線上下單後，平均僅需要三天的時間即能收到商品。在此一配送系統佳的情況下，對網路購物市場的發展形成相當大的助益。

客戶的消費習慣改變

對於地廣人稀的國家來說，外出購物是較不方便的，故郵購或電視購物相當盛行，消費者對網路購物也持正面態度。但在台灣，由於網路購物方便，消費者覺得可以透過網路進行購物，加以郵購或電視購物價格較低，且基於能看到實際商品樣式，故許多消費者對網路購物較能接受。

交易安全的保證

消費者在進行網路購物時，主要的疑慮是網路交易的安全性與信賴問題，許多人擔心個人的信用卡資料，在網路傳遞過程中未受特殊保護，以致於被他人盜用或是被商店詐騙，但目前網路安全機制已大有改善，所以，交易的安全性也是網路購物市場發展的重要因素。

專業人才的增加

網路購物事業需要結合程式設計、網頁美工與設計、網站管理、行銷管理等專業人才。在全球資訊人才日益增加的情況下，台灣的專業人才素質亦有顯著的提升。

目前網路購物市場的規模增大，主要是因為上述的幾項問題已解決，使許多企業願意在網路購物市場進行大量的投資。要增加上述的機制，可以考慮從以下幾個方面著手：

開放市場

電信市場已民營化，並尊重市場自由競爭，可提高經營效率，進而降低成本，並將降低成本所獲得的效益，反應到網際網路連線費用的調降上。

強化網路建設

提升寬頻網路等新技術的應用，將可改善網路連線品質與頻寬不足的問題。

加強資訊教育

加強資訊教育，提倡全民上網，鼓勵民眾學習電腦及應用網際網路，並擴大培育電子商務的相關人才。

開發資訊家電

使電腦成為有如家電產品一樣，便宜且操作簡單的產品。

促進電子商務的發展

鼓勵企業投入電子商務市場，改善網路購物的物流配送機制，提供消費者更多、更好的產品與電子化服務。

強化資訊安全

開發更簡易、安全的電子交易環境，並鼓勵消費者嘗試線上購物。

12.2.3 C2B

C2B是指客戶對企業電子商務，例如，合購就是一個最明顯的型態。潛在的購買者利用網路的訊息溝通來聚集人氣，集合消費者的購買實力，以集體議價的方式向供應商形成壓力，以獲得實質的折扣優惠價格。重視虛擬消費社群的凝聚是C2B成功的關鍵。

綜合而言，C2B是一群人與企業之間的買賣，在網際網路的世界中，一群具有共同目標的人群，經由網路的聯繫，彼此聚集成為某個虛擬社群組織。當這群具消費能力的人共同消費某種商品時，藉由集體消費力量的發揮，這群消費者就具有相當的議價能力，並能喚起企業必須更重視客戶服務，進而成為企業或廠商爭取的目標。因此，C2B是具有消費議價能力的商業交易型態。

12.2.4 C2C

C2C是客戶對客戶電子商務，最著名的是從商品開始，也就是線上即時競標的拍賣網站。對大多數的網路業者與消費者來說，拍賣網站是典型也是唯一的C2C模式。拍賣網站提供網友一個虛擬的競標與集體議價的通路，網友可在網站上瀏覽各項商品目錄，以尋求自己有興趣的商品來競標。此種新興的商業活動已經建立新的商場，衝擊原有的市場結構，也提供人類商業模式新的選擇。其實人類最早的交易機制就是以物易物，拍賣也是每個人最基本的消費動機，拍賣這項交易行為，從早期在市場中叫賣開始，早已在人類歷史中存在很久了。

商品的C2C，只是網路產業初期凝聚人氣，以客聚客來吸引網路消費者與培養網路品牌認知的手段，但以長期眼光來看，終究要以更多的手法與經營模式，才能獲得真正的利益。

目前最著名的拍賣網站，莫過於美國的eBay網站，任何人想要拍賣任何物品，皆可至eBay的網站上註冊登記參加拍賣。它一樣是利用大量的物品來作為吸引全世界網友上站的基礎，而這一類型的網站有時也成為業者發表新產品與蒐集市場資料的新管道，或是形成一種虛擬社群。

內容的C2C則是有別於前述的商品C2C。內容的C2C源自於早期的BBS，眾多的網友可在BBS上發表言論或參與討論。隨著資訊技術的進步，BBS已演進成為網路社群，這些社群網站容易凝聚人氣，讓網友彼此之間能互動與討論共同的主題。

服務的C2C則是圍繞在服務的主題上，例如房屋的買賣與租賃仲介服務、人力仲介服務的網站。此種服務是要收費的，例如人力仲介是向徵才的企業收費，而求職者不需要付費。此種服務的C2C特性是：一定是交易雙方互不認識，需要大量撮合的交易；一定要由一方付費、另一方提供交易的需求；靠資料庫資料的質與量，形成競爭者進入的門檻。

» **12.3** 電子商務相關技術

12.3.1 主機的選擇

🔘 虛擬主機

選用虛擬主機的原因：

1. 可節省相關設備、人力、技術等投資費用與維護費用、降低網站營運成本。

2. 享受高速的網路頻寬。

3. 提供企業網站行銷服務，增加與客戶雙向互動及溝通的機會。

4. 維護容易且完全不需花費硬體設備費用與專線費用，網頁設計者隨時可用FTP軟體進入虛擬主機，將檔案上傳完成網頁更新。

🔘 自行架設

1. 自行購置硬體與系統設備。

2. 需花費人力管理硬體與系統。

3. 較能掌控機器狀況。

12.3.2 網路頻寬

🔘 一般撥接

撥接上網是一種最經濟的方式，如果只是個人上網瀏覽網頁，或是收發電子郵件，那麼撥接上網將是最佳的選擇。撥接上網的缺點是不適合作為網站架設之用，這是因為撥接的網路並不是隨時保持與外界連線，所以別人就無法隨時進入網站。

🔘 整體服務數位網路

整體服務數位網路（Integrated Service Digital Network，ISDN）是從電話網路演變而來之全數位化的電路交換網路，能夠提供傳統的電話語音、數據、影像與多媒體等各種服務；亦即ISDN能整合語音、數據、影像與多媒體服務在同一個網站上，改善了過去為支援語音、數據與影像服務，至少必須分別透過三種不同網路的困擾，也大幅解決了昂貴的安裝成本與維護困難等缺失。

　　ISDN本身的傳輸速率為可提供每秒64K位元倍數之數位高速網路，非常適合應用於廣域網路，將遠端不同的區域網路透過ISDN加以連結。目前ISDN用戶可藉由ISDN，再透過網際網路服務供應商（Internet Service Provider，ISP）連上網際網路，執行網際網路的各種服務。另外，視訊電話亦可透過ISDN連線，提供如視訊會議、遠距教學等應用。這些整合性的應用能更有效發揮ISDN之功能，並讓使用者享受全數位化之整體通信服務。

🔲 專線

　　若企業業務需要長時間上網，則與ISP廠商建置固定專線是比較適合的，例如HiNet、SeedNet等都是國內常見的ISP廠商。另外，若利用專線上網，通常會使用路由器與ISP相連，它是一種高效能的網路資料導引器，能讓網路運作更加順暢。

🔲 寬頻網路

　　簡單地說，寬頻網路就是利用網路的壓縮及數位技術，以提升現有的網路傳輸效率及資料傳送的能力。例如，以現有的ADSL寬頻有線網路最小傳輸速率每秒約512K而言，其頻寬及效能比起撥接式網路每秒傳輸56K來說，約有10倍左右的快速及運載量。即使是要看電視節目或隨選視訊系統（Video on Demand，VOD），都能輕易地滿足需求。

　　目前寬頻網路種類大致可分為三種：纜線數據機（Cable Modem）、直播衛星，以及非對稱數位同步用戶線路傳輸（ADSL）。前兩者可以說是電視訊號傳輸的變形，只不過纜線數據機是使用纜線，直播衛星則是使用衛星；而非對稱數位同步用戶線路傳輸則是透過電話線路來傳遞資料訊息。以下即針對此三者做進一步的說明：

▸ 纜線數據機：纜線數據機是利用有線電視系統的同軸電纜線來傳輸資料之寬頻技術，通常有線電視系統的同軸電纜頻寬高達750MHz，每個電視頻道需要6MHz的頻寬，所以頻道數可高達121個。然而，有線電視系統很少能達到100個頻道以上。因此，多餘的頻道便可轉換作為傳輸資料的用途。為了將有限電視電纜中的影像資料與數據資料分離，在用戶端必須安裝纜線數據機。使用不同的訊號調變技術可以提供不同的資料傳輸量，平均每個頻道可轉換成27～36Mbps不等的傳輸通道。
由於傳輸數據資料與電視節目的頻道不同，因而不會產生互相干擾的情況。因此，一條同軸電纜線可同時傳輸資料和收看電視節目。有線電視網路之特色，在於具有充裕的頻寬，當頻寬不足時，只要將一個頻道轉換為資料傳輸用頻寬即可加倍。另外，亦具有速度快、節省電話費、免撥接及頻寬共享之優點。

▶ 直播衛星：直播衛星是由撥接或專線方式上網，再透過衛星直接將資料下載，也就是經由兩個不同網路系統來傳送資料，使資料的傳遞速度更快，且不受地形上的限制。直播衛星運作之示意圖如圖12-3所示。其優點為：(1)具有便捷與經濟效益的網際網路服務；(2)具備一對多同時接收的高速傳送服務；(3)利用衛星通訊，即使範圍再廣、再遠，其網際網路服務也不是問題；(4)可以最高3Mbps的傳輸速率，傳送資料到不限台數的電腦上；(5)具有比傳統數據機更快的傳輸速度。

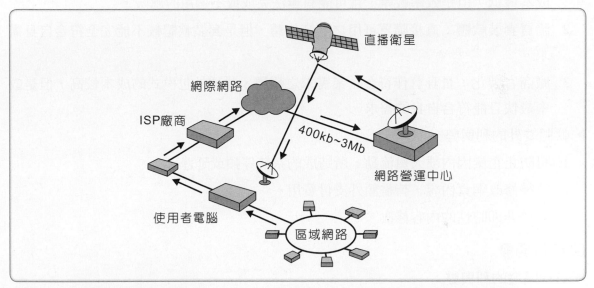

圖12-3 直播衛星資料傳輸示意圖

▶ 非對稱數位同步用戶線路傳輸：非對稱數位同步用戶線路傳輸是一種將現有電話雙絞線當作傳輸線來傳送資料，並且轉變成高速資料傳輸線路的數據技術。它是利用現有的電話線路，強化其數位壓縮及交換的技術，除了提供語音傳輸，並可將傳輸資料的速度提升到下傳最高8Mbps，上傳最高640Kbps的傳輸速度。以資料下傳速度來看，ADSL約是56K類比數據機的150倍。

ADSL的非對稱式傳輸特性和目前網際網路大部分的服務型態相當契合，大量的資料都是經由下行方向傳送，上行方向大多是少量資料的資料輸入。由於ADSL使用不同頻率來傳送資料和語音，所以它可在同一時間上網，也不會妨礙他人接聽電話。ADSL之優點如下：(1)提升電話頻寬的利用率；(2)現有電話線路的再利用，無需額外投資線路；(3)傳輸速度快且費用合理；(4)現行電話語音仍可繼續使用。

12.3.3 電子商務網站軟體規劃

電子商務網站軟體規劃可以由下列幾個方式達成：

軟體委外

▸ 軟體委外的方法

1. 建教合作：跟學校簽約、提供薪資，在一定時間之內做出成品。此種外包模式的成本最低，但是效率較差，且可能有無法完成或不適用的風險。

2. 購買套裝軟體：直接購買可用之套裝軟體，但是套裝軟體較不能完全符合自身需求。

3. 廠商客製化：量身訂作符合企業需求之軟體，此種外包模式的成本較高，但是效率最快且能符合自身的需求。

▸ 軟體委外的利與弊

1. 可防止企業因內部人員流動，所造成的系統停頓或延遲。

2. 往後修改網頁內容，皆需額外支付費用。

3. 適於非即時性的內容修改。

自行開發

▸ 自行開發的利與弊：

1. 開發需要較長的時間。

2. 較容易掌控網站的內容。

3. 容易自行修改，較能符合自身需求。

資訊委外服務

企業面對全球化的競爭壓力，必須專注於本業經營問題而非資訊技術問題，成功的委外案例使資訊委外服務漸漸成為決策者重要的管理策略。提供資訊委外服務的公司，稱之為應用軟體服務供應商（Application Service Provider，ASP）。ASP業者透過網路提供企業所需之應用軟體，並根據不同的服務等級來向企業收取不同之服務費。考慮是否採行ASP的因素如下：

▸ 資訊人才的穩定度

對於已大量應用資訊科技來輔助經營之企業，企業內部資訊人才的異動，多少會造成某些系統的維護問題，而新進資訊人員大都無法完全瞭解與承接原有的設計模式，長期累積下來將會造成人力資源與成本的浪費。

▶ 應用軟體開發與維護的能力

包括應用系統的整合規劃，以及維護、建置經驗、管理等各項能力與人力的配置狀況。

▶ 企業內部完整的資訊基礎建設

包括資料中心、主機設備、網路設備、系統管理、資料庫管理、網路管理等。

■ 12.3.4 電子商務的法律問題

電子商務所引起的法律問題，大致上有下列幾點：

☺ 稅賦課徵問題

由於電子商務如同國際間的貿易行為，因此各國政府是否對網路商業行為課以營業稅或關稅，乃有重大的影響。目前是資訊大國的美國已經在經濟合作發展組織架構下，推動國際間對電子商務交易免稅的構想，為了鼓勵電子商務的發展，主張不應對網路電子交易課徵任何稅賦，縱使課稅，亦應符合現行國際租稅的原則，並釐清課稅的管轄權及避免雙重課稅等問題。

☺ 契約問題

聯合國之國際貿易法委員會於1996年通過一份電子商務模範法，對網際網路電子商務提供了訂定國際契約的模範法，以解決困擾電子商務的主要法律問題，也就是「書面」、「簽名」、「原本」與「資訊之證據力」等重要的問題，並提供電子資料訊息與紙本相同的法律地位，以及提供電子契約的效力與仲裁等標準。雖然該模範法不具國際法的效力，但仍有其重要性。

☺ 智慧財產權問題

▶ 著作權：在世界智慧財產權組織（WIPO）的主導下，於1996年通過了相關著作權之保護條約，為著作權人專屬的散布權、出租權等，提供了重要的法律依據。

▶ 商標權：商標權在網域名稱的產生後變得更為複雜，為解決此擴大的爭議，國際網路管理單位於1997年確立了網域名稱制度改革的原則與方針，一方面改善網域名稱的登記制度；另一方面建立網域名稱爭議的解決機制，以改善原本採取「屬地主義」與「先申請主義」的註冊問題。

⊟ 隱私權問題

我國已通過「電腦處理個人資料保護法」，對個人資料的蒐集、處理、利用等問題加以規範，以落實個人隱私權的保護。也發起以網站自律的方式來保護個人隱私的運動，並對願意自律的網站頒發認證章。

⊟ 資訊安全問題

資訊安全是電子商務的基礎，而網路安全的維護，必須綜合利用各種可能的技術，例如加密、認證、密碼、防火牆等措施，方能建構可信賴且安全的網路環境。

» 12.4 付款機制與電子商務安全

隨著網際網路的蓬勃發展，電子交易也逐漸開始盛行，而線上交易的付款機制也益顯重要。因此，如何確保付款方式的安全性及可行性；企業如何選擇適當的付款機制，以加速電子商務運作，便成為重要議題。

目前付款方式五花八門，有信用卡、電子現金、電子支票等，消費者開始用電子現金或電子支票來支付款項；信用卡付款則需取得發卡銀行之授權才能進行消費付款，另外還可以傳統的方式，如貨到再付款，或者在便利商店取貨同時付款。至於安全性方面，則可以透過SSL或SET安全機制，來保障消費者資料不被竊取冒用。

付款系統包括幾個重要因素：以付款媒介而言，包含貨幣種類、貨幣單位、貨幣數量；以系統參與者而言，則包含付款者、收款者、仲介代理機構及保證機構；以付款系統之本質而言，包含付款期限、付款條件、付款方式等。付款系統和電子商務連結相當的複雜，倘若因未付款延遲或其他狀況，造成收支無法平衡，則整個商業體系將陷入混亂。所以電子商務應在進行付款的過程中，獲得立即、清楚且安全的服務。

12.4.1 交易付款方式

根據經濟部商業司電子商業協盟針對國內電子商店抽樣調查資料顯示，隨著網路交易安全性的愈受重視，2010年採用SSL安全技術的線上信用卡占28.3%，採用SET安全技術的線上信用卡占10%，而在線上傳送未加密信用卡資料的比率已不復見。至於電子付款方式，亦已逐漸應用於現代電子商務的交易環境中。總體而言，消費者付款方式如圖12-4所示。

圖12-4 消費者付款方式

貨到付款

消費者利用網路訂購商品,商家在收到訂單並確認無誤後,才透過快遞或郵寄的方式,將貨物運送至客戶手中,而消費者在收取商品並確認無誤後才進行現金付款。貨到付款為最單純的付款方式,由於是採用傳統的交易方式,對商店而言可節省線上付款的設置成本;對消費者而言,無需擔心信用卡資料遭盜用,對消費者較有保障。

劃撥或銀行轉帳

劃撥或銀行轉帳與貨到付款一樣,均是將付款機制完全獨立出來,避免線上付款的安全性疑慮。此種交易模式與貨到付款雷同,不同之處是選用不同的支付媒介及不同時間點的付款。有的商店要求客戶先將貨款劃撥或轉帳到指定的帳戶,然後才將商品寄出;有的則是允許消費者先提貨後付款。前者對消費者較無保障,因為消費者無從得知進行交易的這家公司是否只是一家騙財的空頭公司。

會員制

許多商店為了確保客戶的身分與降低呆帳等因素,而採用會員制方式來管制客戶。商店會先要求客戶在首次訂購前即需加入會員,並填寫個人基本資料,如姓名、地址、電話、身分證字號等,有些商店則會要求會員先預付一筆會費,日後每次的交易金額再由會費中扣除。會員制的好處是商店可以利用會員資料進行促銷活動或提供額外的服務。但消費者在加入會員的同時,需考慮到以下幾點:

1. 個人資料與隱私權是否會被不當利用。

2. 如需預付費用,需確知該商店是否眞實存在、合法性狀況、營運狀況是否良好。

3. 該商店永續經營的狀況是否良好。

🔄 信用卡付款

信用卡在現實世界已是非常普遍的付款方式,只要利用讀卡機解讀信用卡的資訊並傳送給發卡銀行做確認,一旦檢查該信用卡爲有效卡,商店便可取得付款授權碼,刷卡帳單經消費者簽名後,商店即可進行扣款的動作。信用卡付款的好處是免除了隨身攜帶大筆現金的麻煩,但也必須負擔失卡或被盜刷的風險。在網路上購物,然後再以信用卡付款的交易模式已逐漸普及,商店會要求消費者輸入信用卡號、到期日等資訊來完成付款動作。但就安全性而言,在無任何安全的保護機制下,若將信用卡資料直接在網路上傳送,非常容易被歹徒輕易地截取並盜用,造成持卡人或是發卡銀行的損失。針對以上的安全問題,目前已有許多解決方案,例如SSL或是SET,利用這些安全標準來保障網路上個人資料與金流的安全。

🔄 電子付款

傳統交易以貨幣作爲媒介,因受制於需實質交付貨幣,無法滿足電子交易的需求,於是電子付款機制因應而生。所謂電子付款,就是利用電子化工具,以網路方式進行付款的金融程序。其媒介通常是透過銀行或法定的數位金融工具,例如電子支票或電子現金等。

電子付款是由有線交易發展而來,早期的有線交易方式,是付款者在甲地把錢交給銀行,並要求銀行把錢轉到乙地銀行,轉交給某一位特定收款者。在1960~1970年代,利用電子資金轉帳系統,則可以縮短銀行間付款指示的交換。隨著電子商務的發展,目前應用於網路交易的電子付款系統包括:

1. 預付卡、儲值卡、自動櫃員機和電子銀行。

2. 電子現金:電子現金需要具有匿名的特性,依其運作的特性可分爲兩類:

    (1) 依附在硬體上的電子現金,一般稱爲電子錢包,它需要一個智慧卡之類的載具來儲存並攜帶電子現金,其效用與使用方式就類似眞實世界的金錢一樣。

    (2) 純軟體形式的電子現金,其安全性的技術難度較高。

3. 電子支票:可說是電子化的紙本支票,其適用於企業間採購的大筆貨款往來,以取代現實社會中的支票交易方式。

4. 小額付款:用來解決交易金額較少的付款問題。

　　電子商務最重要之處在於金流、物流和資訊流的整合。目前，消費者可以在網路上瀏覽廠商所提供的產品和服務，但是缺乏安全與便利的付款機制。因此，發展一套安全且可靠，並廣為消費者、商店和銀行都接受的付款方式，便成為首要之務。

12.4.2 電子商務安全

　　網路交易所提供的服務，如網路購物、傳送資料、繳款、轉帳等，這些都是經由公眾的網際網路來進行，要利用特殊軟體直接從網路上攔截封包是相當容易的，本章僅就電子付款相關安全機制加以說明討論。

　　在網路上進行交易要注意哪些安全問題？交易安全應包括四大基本原則：

真確性

　　資料內容不會被未經授權者所竄改或破壞，以免合法使用者蒙受損失。

機密性

　　資料內容不會被他人所揭露，更不能被竊聽或盜取。

身分識別

　　網路兩端的使用者在進行溝通前，需先確認彼此的身分，以免有詐騙之虞。

不可否認性

　　防止買賣雙方片面否認已發生的交易，以確保雙方的權利與義務。

　　許多安全機制乃因應而生。在真確性部分，有數位信封；在機密性部分，有對稱式加解密法及非對稱式加解密法；而在身分識別及不可否認性的部分，則均可使用數位簽章。

　　電子商務十分依賴密碼技術，許多的安全機制是建立在加解密的方法之上。為了避免資料遭攔截或破壞，在網路上傳送的機密性資料，可採用密碼技術加以保護。目前廣泛應用的加密技術有兩種：對稱式加密法和非對稱式加密法。

對稱式加密法

　　對稱式加密法又稱為秘密金鑰加密法，其訊息的加密和解密皆採用相同的金鑰。也就是說，發送者用一把金鑰將訊息加密成密文傳送給對方，再將金鑰以安全的管道交予對方，而對方收到密文後必須用同一把金鑰才能將訊息還原成明文，傳送過程即使遭攔截，也只能得到一堆亂碼。最廣泛使用的對稱式加密法，首推美國IBM公司於

1970年發展出來的DES（Data Encryption Standard）。對稱式加密法的優點是加、解密速度快，適合處理大量資料。缺點則是在公眾網路上如何使傳送者和接收者安全地共享同一把金鑰是個大問題，一旦金鑰被他人竊取，則所有加密動作都失去意義。

回 非對稱式加密法

　　非對稱式加密法又稱為公開金鑰加密法，它與對稱式加密法的差別在於加密和解密採用不同的金鑰，一把金鑰用來加密訊息，只有再用相對應的另一把金鑰才能將訊息解密還原。在網路上的通訊者，每人都擁有兩把金鑰：公鑰是任何人都可知道的金鑰；密鑰只有自己秘密保存且不可公開。如此一來，發送方和接收方免除了傳遞金鑰的困擾，解決了對稱式加密法的問題。公開金鑰密碼系統的概念是由Diffie與Hellman於1976年所提出；而最有名的公開金鑰加密法是RSA，它是在西元1978年時由麻省理工學院的三位學者Rivest、Shamir、Adleman共同提出。公開金鑰加密法雖然解決金鑰分配的問題，但是加、解密計算速度慢、金鑰的產生費時。因此，比較適合用來加密簡短訊息或者摘要資料。而放在公開的地方的公鑰有被非法竄改的可能，因而必須有數位憑證及可靠第三者的認證來提高安全性及可靠性。

回 數位簽章

　　數位簽章是由公開金鑰加密法應用而來，用以證明一個訊息的來源和內容之真確性。如同在真實世界中為了證明文件是某人所發出的，他必須對此文件親筆簽名以資證明。數位簽章可被用來驗證傳送者身分，接收者能檢查訊息有沒有被更改過，而傳送者也無法否認曾經傳送此一訊息。因此，數位簽章的文件具有身分辨識性、真確性及不可否認性。但是，數位簽章過的文件是以明文傳送，因而本身並不具備機密性的功能。若需要對文件簽章同時又想保有其機密性，則需與其他加密方法搭配運用。

　　數位簽章與驗證的過程，如圖12-5所示，每個人會產生一對非對稱性金鑰，將解密用的公鑰放在公開的地方讓人存取，而加密用的私鑰則自行保管。在傳送者要傳送文件前，先透過單向赫序函數將明文轉換成固定長度的訊息摘要，再將此訊息摘要和傳送者的私鑰做運算，產生數位簽章，將明文和數位簽章一起送出；接收者收到後，將明文透過單向赫序函數轉換成訊息摘要，並將數位簽章用傳送者的公鑰解密還原成訊息摘要，將兩份訊息摘要相互比較，若相同則表示此份文件和簽章是正確的。若發現運算得到的訊息摘要和經由數位簽章解密還原得來的訊息摘要不相吻合，則此文件已在傳送途中被偽造了。

　　數位簽章是利用成對的公開金鑰與私密金鑰計算所得到的一串數字，傳送者根據自己的私密金鑰製造簽章，而接收者根據傳送者的公開金鑰辨識簽章真偽；數位簽章的問題是如何確認公鑰是真正為某人所擁有，因此必須能將公鑰與擁有者做緊密的結合，才能預防詐騙行為。

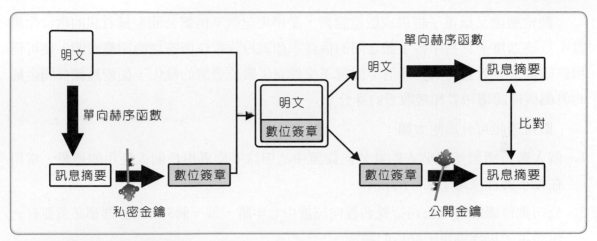

圖12-5　數位簽章與驗證的過程

⊟ 認證中心

　　目前電子商務的交易安全是以公開金鑰為基礎，為了將公鑰和合法持有人緊密結合，證明某一把公鑰確實為某人所擁有，使公開金鑰具有公信力與避免偽造，此時便需一位可信賴的第三者來做認證中心。認證中心必須是可被信賴的角色，其以簽發數位憑證的方式證明某一公鑰確實是某一擁有者所持有。認證中心會依據申請者的合法文件與請求發出數位憑證，數位憑證裡面包含了申請人的辨識資料、申請人的公鑰，以及認證中心用自己的私密金鑰對這把公鑰的數位簽章，有了認證中心核發的數位憑證後，就可以確信這把公鑰真的是為某人所持有。買賣雙方分別申請自己的數位憑證，在進行電子交易時便可用來證明自己身分及確認對方的身分，防止雙方事後否認交易的發生。

　　認證中心是一個公正、獨立、可信賴的組織，負責數位憑證的管理工作，其工作項目包括：

1. 申請者的管理。
2. 建立簽發數位憑證的原則，要求申請者需提供合法證明文件。
3. 數位憑證的簽發、註銷、更新、備份、提供仲裁、保存、查詢與分送。

4. 認證中心本身金鑰的管理。

　　目前提供認證中心服務的公司，在國外有VeriSign、Entrust、RSA Security等；國內有金資中心、關貿網路、HITRUST等。

🔲 數位憑證

　　數位憑證又稱電子證書或數位證書，是用來記載某個體公開金鑰資訊的數位化證書，以建立電子交易中各主體之間的信任。如同戶政單位所簽證的印鑑證明，便可信賴該印鑑是有效且是對方所有；而電子文件有了數位憑證的輔佐，便能鑑識公開金鑰的真偽與確認傳送者和接收者的身分。

　　數位憑證可分為兩大類：

1. 個人數位憑證：以個人的身分向認證中心申請，作為用戶個人使用的憑證，常用在電子郵件或電子文件的簽章。

2. 公司數位憑證：以公司行號名義向認證中心申請，每一個SSL伺服器都必須要有一份憑證，以作為電子商店的識別。

　　有了數位憑證，進行電子交易時消費者和商店就能辨識對方是否是真正的電子商店和有效的消費者。就消費者而言，可能是實際信用卡的數位電子代表物；就電子商店而言，則代表一家合法的特約商店。數位憑證的設計，是具有公信力的文件，所以必須被有公信力的機構簽署，它可以使交易雙方的身分得以被辨識、網路上傳遞的交易資料不會被竄改、一旦確定交易便無法否認。

🔲 SSL

　　SSL（Secure Socket Layer）是由Netscape公司於1995年首先發表的網路資料安全傳輸協定，如圖12-6所示，它是目前在電子商務購物網站中最普遍被使用的一種安全協定。SSL能提供用戶端與伺服器的身分鑑別、訊息加解密、訊息的真確性等服務。由於SSL建構於Socket層，介於傳輸層與應用層之間。因此，它能夠對TCP/IP以上的網路應用協定資料加密，提供安全服務給高層的協定，例如FTP、Telnet、HTTP、SMTP等。透過這個安全的機制，在網路上傳送的資料便不怕被破壞或盜用。SSL技術已廣為網站伺服器及瀏覽器使用，Microsoft的Internet Explorer瀏覽器即支援SSL技術。

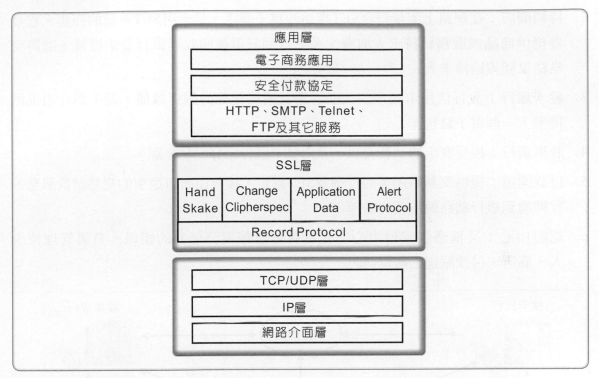

圖12-6 SSL的安全架構

⊟ SET

SET（Secure Electronic Transaction）是VISA、MasterCard、IBM、Microsoft等公司於1996年共同制定的安全電子交易標準。為了確保消費者在網站上使用信用卡交易的安全，SET運用RSA的公開金鑰加密技術，保護交易資料之安全及隱密性，讓使用者在網路上安心地使用信用卡進行交易。SET能提供的安全保護，包括交易雙方的身分鑑別、個人資料和交易資料的機密性，以及傳輸資料的眞確性保護。

目前大部分接受信用卡消費的網站都採用SSL安全協定，但為何又要發展SET呢？那是因為SSL安全協定雖然在交易資料傳輸過程中提供安全的保障，然而這些資料到了商店端經由解密後卻完全被暴露，導致個人隱私受損，以及形成信用卡資料被盜用的危險。SET的設計便是要解決上述問題，它除了提供基本的商業交易安全防護外，更加強保障消費者隱私，讓商店只能看到持卡人的訂購資料，而無法得知信用卡資料，銀行只能取得信用卡資料及消費金額，而無法知道持卡人的訂購資料。時至今日，SET已成為國際上公認在網際網路上的電子交易安全標準。SET的系統架構，如圖12-7所示，其包含六個參與成員：

1. 持卡人：持信用卡購買商品的人，使用含SET標準的電子錢包軟體。

2. 特約商店：在網路上架設符合SET規格的電子商店，是參與SET系統的商店。它負責提供商品或服務給持卡人消費，並於收到訂單後向收單銀行要求授權，並將交易結果回報給持卡人。

3. 發卡銀行：發行信用卡給申請人並管理其消費紀錄的銀行機構，發卡銀行須提供持卡人一個電子錢包。

4. 收單銀行：接受商店的請款資訊，並向發卡銀行結算交易金額。

5. 付款閘道：提供交易時所需的授權及SET協定，接收由商店送來的交易請款訊息，並轉換到銀行網路做後續的處理。

6. 認證中心：又稱憑證管理中心，是具有可信賴與公信力的組織，負責管理持卡人、商店、付款閘道之數位憑證。

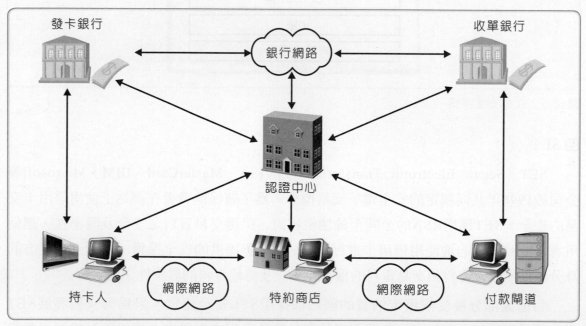

圖12-7 SET的安全架構

資料來源：IBM公司

個案分析

⊟ 汽車業電子商務之應用

　　為了因應公司對電子商務之總體需求，以及現階段所欲達成之經銷與服務體系資訊系統之變革，Ｓ汽車公司所欲建置的電子商務系統，將使用確實可行之系統架構，以符合經濟、效能、安全、可擴充性等整合性之考量。規劃內容包含下列三個項目：

▶ 電子商務系統架構：符合經濟、效能、安全、可擴充性等整合性考量之系統架構，滿足公司中長期電子商務發展之需求。

▶ 經銷商系統：其經銷商系統包含：經銷商訂車管理；經銷商進車管理；經銷商銷售管理；經銷商庫存管理；經銷商顧客資料管理；經銷商業績管理等子系統。

▶ 服務系統：服務系統則含括：快速保養作業管理；保固維修作業管理；一般維修作業管理；品質管理；維修零件庫存管理；顧客資料管理等。

　　Ｓ汽車公司之電子商務系統，已成功上線並為該企業帶來明顯的益處。以下將從系統架構、使用者連線規劃、系統安全性規劃、系統穩定性規劃、系統擴充性規劃、系統未來性及系統開發特色，來說明該公司的電子商務系統。

▶ 系統架構

1. 系統架構規劃

　　由於該公司初期上線的系統不多，因此若僅執行經銷商系統與服務系統，可先建置一台應用程式伺服器（Application Server）來服務上述兩套系統。未來若需擴增其他電子商務系統，則可利用應用程式伺服器的擴充性，建置額外的伺服器來服務上述的系統，以取得較好的執行效能。

　　關於資料庫主機的規劃，若現有資料庫系統的主機執行效能與安全可以兼顧，則新開發的系統可使用現有的ERP資料庫。但考量成本與安全因素，新系統的資料庫與現有ERP資料庫將採分離方式。並在初期負載量較低時先與應用程式伺服器並存，待日後交易量遽增時，再升級該主機或新增主機，以利維護工作，並可保障硬體之投資。Ｓ汽車公司的電子商務系統架構圖，如圖12-8所示。

　　以元件為基礎的多層式架構已是未來開發企業資訊系統的主流，而EJB規格的制定，更可以讓企業資訊系統的開發人員除了專注在企業邏輯的開發上，更不用擔心受限於單一廠商的束縛，除了可以縮短開發的時程、簡化資訊系統的部署及維護，並且具有高度的可攜性及穩定性。

IBM WebSphere Application Server（以下簡稱：IBM WAS）具有上述的優點，採用IBM WAS作為本系統之應用伺服器之平台，並將本系統的核心系統以EJB標準撰寫，可達事半功倍之效。

從「Enterprise」、「Java」、「Bean」這三個單字，可以知道該規格制定的目的：「企業資訊系統的企業邏輯是以Java程式碼所開發的，該企業邏輯是位於伺服端（Server-Side）的元件化（Component-based）標準模型，而透過其標準，該企業邏輯模型可以落實在任一作業系統平台的應用軟體系統下（只要是依循EJB的規格）而具有交易處理能力、高度的安全性、穩定性、分散式網路的多層式架構的資訊系統。」

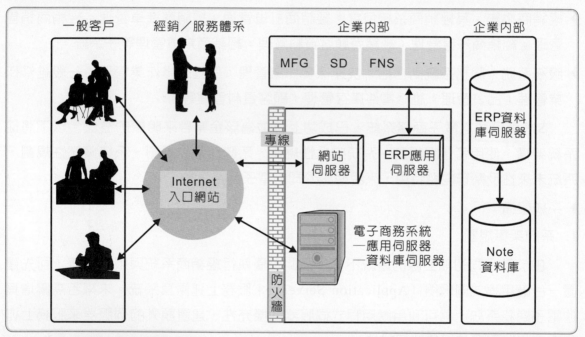

圖12-8 電子商務系統架構圖

2. Application Server軟體成員

IBM倡導之電子化企業，在建置時可分為建立／執行／管理（Build/Run/Manage）三個階段，此三個階段一脈相承，整合成一套完整的解決方案，使其符合業界開放標準、具有系統彈性、開發及維護容易、可隨需求增加而成長、管理容易等優點，在三個階段中，各有其相關工具產品可協助企業建置電子化企業。

(1) 建立（Build）

　　①WebSphere Studio：搭配WebSphere Commerce Suite環境，提供以網際網路為基礎的應用程式開發環節中所需的所有工具，包含網頁設計、JavaScript/JSP撰寫工具、網站架構管理等。

　　②VisualAge for Java：VisualAge for Java Enterprise Edition提供了更多的開發功能：提供EJB Developer工具，可以快速開發應用系統所需之元件。提供Team Programming for Java。提供功能強大的Enterprise Access Builders for Data，可以透過JDBC連接到資料庫。另外還提供MQ及CICS API。

(2)執行（Run）

　　IBM WebSphere Commerce Suite（WCS）是合乎三層式架構（3-tier）、因應以網際網路為基礎的應用發展潮流所推出的應用伺服器核心產品。支援Java Servlet、JSP（Java Server Pages）、EJB（Enterprise Java Beans）、CORBA、XML等功能，藉由提供企業一個高效能、穩固的應用系統執行引擎，協助企業加速系統開發、提升系統效能、增加系統彈性及擴充性，以達到增加競爭力並促進客戶滿意。

(3)管理（Manage）

　　WebSphere Performance Pack透過網路流量分配、代理伺服器等機制，可以做到網站伺服器間的負載平衡，並加速伺服器的反應時間、提高系統可靠度。

▶ 使用者連線規劃：各地經銷商與服務據點若要連線使用該系統，規劃使用ADSL或數據專線方式連上網際網路即可使用系統。

▶ 成本分析：以ADSL專線式上線，每個月不論連線時間長短的連線費用約1,000至3,000元之間（區分固定制與計時制）；而以一般撥接連線，假設每日連線時間超過4小時，每個月以25個工作天計算，則其連線費會超過ADSL，且速度較慢、品質又不佳，所以使用量多的單位，應採用ADSL或專線，其連線費用是固定的費率。

▶ 系統安全性規劃：該系統架構之安全性規劃，採用目前業界標準的電子商務基本安全設計架構，以下列的安全防護關卡阻絕網路駭客的入侵機會，如圖12-9所示。

1. 防火牆：提供網際網路與企業內網路之間最基本有效的安全防護，以IP的方式百分之百地阻隔網際網路上非法的入侵。但是電子商務主機在功能上必須提供使用者來自網際網路的存取要求，因此必須做適當的開放，在該系統的規劃中以DMZ（De-Militarized Zone）的方式，針對DMZ內的主機僅提供必要的功能，讓使用者在控管下使用。

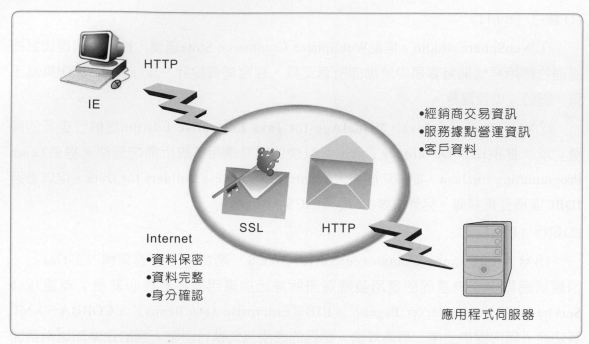

圖12-9 系統安全性的規劃

2. 網路位址轉換（Network Address Translation，NAT）：將電子商務主機對外的IP
   位址經過轉化之後再送到網際網路，使網路駭客完全無法得知電子商務主機的真
   實位址，進而減少入侵的機會。

3. SSL：電子商務主機本身所採用的應用程式平台——WCS完全支援網際網路的SSL
   標準資料加密規範，應用程式系統可在必要的時候對傳送的資料加密保護，用以
   防止網際網路上不法的窺視。

4. 使用者帳號與密碼：系統本身對於使用權的控管採使用者帳號、密碼的方式區分
   不同的使用者，不同的權限。使用者帳號、密碼的控管將完全與現有資料庫內的
   資料同步。

▶▶本章習題

1. 電子商務實體架構是由哪些部分所組成？

2. 目前電子商務可分為哪幾種經營模式？

3. 簡述C2C、B2C、B2B、C2B的模式。並各舉一例說明。

4. 何謂SSL？

5. 何謂SET？

▶▶參考文獻

1. Donal O'Mahony, Michael Peirce & Hitesh Tewari, Electronic Payment Systems for E-commerce, Artech House, 2001.

2. Efraim Turban & David King, Introduction to E-commerce, Prentice Hall, 2003.

3. Efraim Turban, et al., Electronic Commerce 2002: A Managerial Perspective, Prentice Hall, 2002.

4. Elias Awad, Electronic Commerce, Prentice Hall, 2002.

5. Grady N. & Drew, Using SET for Secure Electronic Commerce, Prentice Hall PTR, 1999.

6. Henry C. & Lucas, Strategies for Electronic Commerce and the Internet, MIT Press, 2002.

7. J. Christopher Westland & Theodore H. K. Clark, Global Electronic Commerce: Theory and Case Studies, MIT Press, 1999.

8. Kalakota, Ravi, and Andrew B. Whinston, Electronic Commerce: A Manager's Guide, Reading, MA: Addison-Wesley, 1997.

9. Kenneth C. Laudon & Carol Guercio Traver, E-commerce: Business, Technology, Society, Addison Wesley, 2004.

10. Mostafa Hashem Sherif, Protocols for Secure Electronic Commerce, CRC Press, 2000.

11. Paul Timmers, Electronic Commerce: Strategies and Models for Business-to-Business Trading, John Wiley & Sons, 1999.

12. Pete Loshin, Electronic Commerce: On-line Ordering and Digital Money, Charles River Media, 1995.

13. Ravi Kalakota & Andrew B. Whinston, Frontiers of Electronic Commerce, Addison-Wesley, 1996.

14. Ravi Kalakota & Andrew Whinston, Electronic Commerce: A Manager's Guide, Addison-Wesley Publishing, 1997.

15. Efraim Turban等原著，張瑞芬譯，電子商務管理與技術，華泰書局，2000年。

16. Friedman Matthew & Blanshay Marlene原著，郭和杰譯，B2B發展策略：企業如何成功經營電子商務，中國生產力中心，2001年。

17. Garfinkel Simson & Spafford Gene原著，李國熙、陳永旺譯，電子商務與網路安全，歐萊禮，1999年。

18. H. M. Deitel, P. J. Deitel & K. Steinbuhler原著，台大資管AIS實驗室譯，電子商務之經營管理，全華，2002年。

19. Jeffrey F. Rayport & Bernard J. Jaworski原著，黃士銘、洪育忠譯，電子商務，麥格羅希爾，2002年。

20. Judson Bruce & Kelly Kate原著，鍾玉玨譯，e世紀戰爭：電子商務時代企業求生與獲利的11項必勝策略，遠擎管理顧問公司，2000年。

21. Kenneth C. Laudon & Carol Guercio Traver原著，高卉芸譯，電子商務的商業科技與社會，台灣培生教育，2002年。

22. Marilyn Greenstein & Todd Feinman原著，林祺政、李澄興譯，電子商務概要：安全、風險管理、控制，麥格羅希爾，2000年。

23. Ravi Kalakota & Andrew B Whinston原著，陳雪美譯，電子商務管理概論，跨世紀電子商務，1999年。

24. Timmers Paul原著，高秀美譯，企業對企業電子商務，漢智電子商務，2000年。

25. 王瑞之，電子商務發展趨勢與我國業者機會分析，資訊工業策進會，1997年。

26. 朱正忠、張景勛編著，網際網路與電子商務，全華，2000年。

27. 余千智等著，電子商務總論，智勝，1999年。

28. 周樹林，北美新興軟體技術與電子商務應用趨勢分析，資訊工業策進會，2000年。

29. 林祝興、張真誠，電子商務安全技術與應用，旗標，2003年。

30. 林素儀、薛念祖、黃雲暉，電子商務總體發展及重點行業應用，資訊工業策進會，1998年。

31. 邵曉薇、郭雨涵，電子商務線上交易系統，旗標，2000年。

32. 邵曉薇、郭雨涵，電子商務導論，旗標，2000年。

33. 邱筱雅，電子商務中的付款機制：研究文獻回顧與評述，1997年。

34. 查修傑、陳雪美譯，電子商務概論，跨世紀電子商務，1999年。

35. 張真誠、林祝興、江季翰，電子商務安全，松崗，2000年。

36. 梁中平等著，ebXML標準與電子商務應用，經濟部技術處，2002年。

37. 梁中平等著，RosettaNet標準與B2B電子商務，經濟部技術處，2001年。

38. 梁定澎，電子商務理論與實務，華泰，2002年。

39. 郭木興，電子商務理論與技術，碁峰，2001年。

40. 郭再添、鄭玄宜編著，商務自動化與電子商務，第三波，2001年。

41. 郭冠甫，電子付款機制的興起與相關法律問題，（上）、（下），資訊法律透析，2000年。

42. 陳至哲，我國電子商務軟體與應用市場商機分析，資訊工業策進會，2000年。

43. 陳彥學，資訊安全理論與實務：介紹最實用的密碼學技術，文魁，2000年。

44. 黃景彰，資訊安全：電子商務之基礎，華泰，2001年。

45. 楊聰仁、張德祥，電子商務的經營模式與策略，新文京，2004年。

46. 資訊工業策進會，企業間電子商務總體研究，資訊工業策進會，1999年。

47. 廖啓泰編著，電子商務之數位貨幣，松崗，2000年。

48. 賓至剛編著，網路創業DIY電子商務的規劃與實踐，跨世紀電子商務，2000年。

49. 劉明德等合著，電子商務導論，華泰書局，2001年。

50. 樊國楨，電子商務高階安全防護／公開金鑰密碼資訊系統安全原理，資訊與電腦，1997年。

51. 鍾偉財、張正旭編著，電子商務開發——硬體與系統篇，學貫，2000年。

52. 羅家德，EC大潮：電子商務趨勢，聯經，2000年。

53. 羅家德、連麗真等編著，電子商務入門，跨世紀電子商務，2000年。

54. 欒斌、羅凱揚，電子商務，滄海，2002年。

55. http://alife.24cc.com/

56. http://ecrg.ba.ntust.edu.tw

57. http://netbank.icbc.com.tw/

58. http://w100set.ccl.itri.org.tw/ec/

59. http://www.cybercity.com.tw/

60. http://www.ecpress.com.tw（電子商務資源中心）

61. http://www.inex.com.hk/

62. http://www.jlweb.net/ec.htm

63. http://www.set.com.tw

64. http://www.software.ibm.com.tw/commerce/payment

65. http://www.syris.com/smartcard-basic.asp（璽瑞國際企業有限公司認識非接觸式智慧卡）

66. http://www.urs.com.tw/main/7.html（電子付款系統之研發）

Chapter 13

無線射頻辨識技術-RFID

RFID是2003年來在物流業、供應鏈業中最常出現的一個名詞，它雖然不是最近的發明，但卻在近年被越炒越熱。無論是物流業、軍方、零售百貨業、醫療院所、食品業、交通業等各行各業，都在思考這項技術的新應用。這是因為這項技術被認為是能讓ubiquitous（網路無所不在）社會實現的關鍵技術。

RFID是什麼呢？對於完全沒有概念的人，可以簡單地透過生活上常見的條碼系統來想像。當然，RFID並不是只能代替條碼，而是具備了更大的應用，接下來針對RFID相關的主題進行詳細的介紹。

» **13.1 RFID**的基本概念

13.1.1 什麼是RFID

RFID的全文是Radio Frequency Identification，中文稱之為「無線射頻技術」，這個技術被發明於1940年代，當時正是二次大戰發生的時間。英國深受德國空軍轟炸之害，為了辨識進入英國領空的戰機是敵機或是友機，而發明了這項技術。

近幾年來，RFID技術已不再只是被用於軍事用途，它開始成為學界、產業界的顯學。主要的原因是年營業額占全球二成、美國零售業六成，美國最大的百貨零售公司Wal-Mart在2003年6月於芝加哥舉行的零售系統業展覽會議中宣布，將要求與其合作的前100大供應商必須於2005年開始，在所有運往Wal-Mart倉庫的商品上加上RFID的標籤。

2003年，Wal-Mart又邀請了這100大供應商、全球零售相關業者，以及相關的科技公司如：Oracle、SAP、IBM等到該公司的總部。再次重申於2005年開始使用RFID標籤的政策。由於Wal-Mart掌握了相關業者的獲利，使得這些供應商都開始進行相關的導入。此外，全球與Wal-Mart相關的產業，也全部受到影響開始了解相關的技術。

隨著時代的進步，RFID的晶片體積已經很小了。此外，成本也不再像以往那麼的高。隨著Wal-Mart的登高一呼，不單在供應鏈上的應用，其他許多RFID運用的想法也陸續被發表出來，許多RFID的實驗也開始進行，目前也有許多RFID的商業產品開始推出。

13.1.2 RFID的組成與運作原理

要了解RFID如何運作，首先必須要介紹RFID的組成架構。一般而言，RFID由以下幾個部分所組成：

⊟ 標籤（Tag）

主要是由具有類比、數位與記憶體功能的晶片，以及依不同頻率、應用環境而設計的天線所組成。標籤依用途可分為四種，若一般以是否附加電池又可分為以下兩種：

▶ 被動式

被動式標籤的能源是由讀取器提供，因此標籤上不需要電池，所以體積小，但是讀取距離短。

▶ 主動式

與被動式最大的不同處就是標籤是附加電池的。其他的部分基本上沒有什麼不同。

⊟ 讀取器（Reader）

主要是由類比控制、數位控制、中央處理單元以及讀取天線組所組成。讀取器可以利用相關搜尋技術與協定，提供每秒辨識數百個不同電子標籤的辨識能力。

⊟ 中介軟體（Middleware）與應用系統（Application System）

中介軟體主要是透過有線或無線的方式，經由讀取器擷取或接收電子標籤內部的數位資訊，並利用這些資訊配合不同的應用需求，做進一步的加值處理。

此外，在說明運作原理之前，還要了解的就是RFID工作的頻率。一般來說，RFID的工作頻帶可分為：

▶ 低頻帶：如125K、13.56MHz等。

▶ 高頻帶：如2.45GHz。

了解了RFID基本的組成元件和標籤的兩種型式，以及RFID的工作頻帶之後，便能開始說明RFID的運作原理。RFID有兩種運作方式，分列如下：

⊟ 電磁感應式

是利用磁場的產生來引起電流，這種現象被稱為電磁感應現象。電流通過讀取器的線圈時，就會產生磁場，透過這個磁場，就會讓RFID標籤內的圈狀天線產生電流，而這種電流就能啟動RFID標籤中的IC晶片。

回 微波式

微波式是使用電波來交換信號。標籤裡的天線收到讀取器讓天線所產生的電波，在天線內部形成共振，進而產生電流。使用這個天線來通信，就可以交換讀取器和標籤之間的資料。

13.1.3 RFID特性

在實際應用上，學界與產業界日漸重視RFID，目前的研究中，所提出的優點不外乎是：

回 不用電池

RFID能從磁場中取得電力，因此不需要電池。以實際的案例來說，利用RFID的悠遊卡，其卡片上就不需要內建電池，如此一來，也就沒有在一定時間內需要為卡片充電的問題。

回 安全性高

RFID的標籤是以晶片製作的。一般用來儲存重要資料的RFID晶片除了具有儲存資料的功能之外，還會在晶片上設計有加密電路，進行演算法加密等，以提供更高的安全性。

回 可製成各種包裝類型

RFID具有體積小的特性，因此可以被貼在各種賣場商品上、物流的貨架上、IC卡片中等各種可能的包裝類型。

回 不用接觸，可在一定距離內通訊

被製成IC卡片的RFID利用不用接觸的特性，可以很快速地讀取到資料，節省了時間。此外，被貼在賣場商品上的RFID，也能讓結帳的流程不再像以往，需要每個商品拿到掃描器前，對準掃描器才能結帳，只要商品經過櫃台，在一定距離內就可以掃描到標籤並結帳，這些都是不用接觸的好處。

回 可讀寫資料

相對於條碼，RFID除了可以從晶片讀出資料外，還可以把資料重複地寫入RFID晶片中，可讀寫資料的特性擴大了RFID的用途。

使用壽命長

由於不用直接接觸，與一般晶片卡比較，就免去了接觸點會有金屬氧化的問題，也提升了RFID晶片的使用壽命。

事無二好，凡事有利必有弊，RFID也有缺點，它的缺點是：

目前標籤的製作成本高

由於目前RFID尚無一個統一的標準，各家廠商不能製造出通用的晶片、讀寫器材，也造成了RFID的成本仍然偏高。目前，以100萬個RFID標籤的大量訂購而言，每個單價台幣約20元。這樣的成本要運用在售價100元台幣的商品上是相當困難的。

天線的體積過大，成本過高

目前天線的體積仍然過大。一個2公厘的RFID晶片，卻要搭配一個約7.6公分乘4.5公分的天線，才能夠達成良好的通訊，而且這樣的天線也需要更高的成本來製造。體積與製造的成本是目前天線技術待突破的地方。

金屬屏障會干擾訊號

RFID訊號沒有辦法穿透金屬，也因此，當有個金屬物品擋在RFID晶片與讀取器之間時，讀取器將不會發現RFID晶片的存在。這將導致運用在賣場的RFID標籤在通過結帳櫃台時，有漏算商品的情形發生。

» 13.2 RFID的技術標準

雖然各項關於RFID的實驗或是實地測試仍在不斷地在進行，但是對於一項技術來說，要能夠普及化，最重要的就是標準的制定。關於RFID的技術標準目前有以下幾大派系：

EPC Global

是由美國的UCC公司與比利時的EAN International公司共同出資的非營利團體，由於它的兩位出資者是條碼等流通系統的標準化團體，也因此它以條碼界的正宗自居。美國的Wal-Mart以及英國的Tesco大型零售企業都在大約2003年前後，就開始以EPC的系統進行現場測試。

Ubiquitous ID Center

是由日本東京大學的坂村健教授率領的TRON專案為中心，於2002年底成立的。

該中心主要在日本對各種應用進行實驗，並且預計在2005年向ISO組織提出，希望成為國際標準。

▣ ISO/IEC

是遲遲沒對RFID提出任何標準的ISO組織首次在2004年中期提出，主要是規範使用13.56MHz至2.45GHz，以及UHF頻帶的RFID標準，但是其規範並沒有十分明確，也造成目前RFID的標準懸而未定。

標準的制定能造成的好處有：

▣ 技術規格的統一

RFID目前在技術規格上並沒有統一，因此各家所製造的RFID讀取器以及晶片，由於通信方式、ID編號規格的不同而互不相容，成為RFID推行的阻礙。

▣ 象徵技術日益成熟

當技術規格被制定，象徵著RFID的技術已經成熟，技術的成熟將使得人們對這項技術有信心，也有助於RFID的普及。

▣ 成本降低

統一的標準使得RFID讀取器以及晶片製造商能夠大量生產，並且有助於各家產品的互通。成本的降低有助於RFID的普及。

RFID技術規格要統一的有三大部分：

▣ 應用系統連結的技術

也就是讀取器與應用系統間的連結方式，如果能提出一個標準化的介面，那麼各家的應用系統就能與不同的讀取器相連結，並配合工作，有助於RFID的推廣以及市場競爭。

▣ ID編號的管理方法

RFID晶片必須要有唯一的識別碼，以便讀取器識別，但是目前各晶片的儲存方式各自為政，導致有可能會發生不同廠商生產的不同晶片具有相同的編號。這樣就會使得RFID的使用發生錯誤，因此這方面的標準制定是必須要有的。

EPC便是目前發展中的編號管理架構。EPC標準裡主要由EPC碼、EPC標籤與讀取器，和EPC資訊系統所建構而成。

⊟RFID的標籤與讀取器的共通標準

　　RFID標籤與讀取器間的通訊也需要共通的標準，這將使得不同廠家生產的讀取器能與不同廠家生產的晶片標籤互通。使用開放的標準是RFID能夠普及的重要指標。

» **13.3 RFID、條碼與EPC**

13.3.1 條碼與RFID

　　目前RFID的研究與相關的文獻中，都會提到未來的條碼將會被RFID的晶片取代，爲什麼條碼會被取代呢？我們可以輕易地從表13-1中了解：

表13-1 條碼與RFID之比較

識別方式	RFID	條碼
最大資料量	多（數萬bytes）	少（數十bytes）
最大通信距離	15~16公尺	50公分
不正當之複製行為	非常困難	容易
對環境變化的忍受度及耐汙性	高	低
一次讀取多個標籤	容易	困難
成本	高	低

　　RFID可以不用拆箱，就可以查出箱了內有哪些物品，而不用每件都拿出來檢查。另外，店頭及倉庫中，也能即時的進行庫存管理。而且，即使沾到灰塵，RFID也能正常運作，不會有問題。

13.3.2 RFID與EPC

　　EPC是目前與RFID技術最常被聯想的詞，它是由EPC Global公司制定的標準。EPC Global的前身是美國的AutoID Center，主要以開發商品編碼體系爲主，也負責進行RFID技術規格制定與教育訓練。

　　EPC碼爲EPC系統最重要的設計，其爲物件在資訊系統中的唯一代號，藉著EPC碼的幫助，物件相關資訊得以在散布全球的EPC網路中存取，進而建立資訊交換標準。如今，EPC碼被喻爲新一代條碼，編碼結構延伸自現行的傳統條碼，在物件資訊描述上，更爲豐富、詳細，並且更具時效優勢。

　　EPC碼的標示對象，除了包含使用傳統條碼的物品之外，小自物件單一品項、箱子，大至棧板、推車、貨櫃、貨車等，甚至擴及服務項目，皆適合採用EPC碼，提供這些實體或虛擬的物件一個全球唯一的編號。

　　EPC編碼的特色有：

回 號碼容量大

　　當EPC碼核發後，使用者可依據其產業需要進行後續編碼，其容量之大，不僅可容納現行的需要，也兼顧未來發展，進行擴充。

回 獨一無二的編碼

　　EPC碼的設計，視物件的單一品項為不同的個體。

回 可擴充性

　　由於標頭版本及其結構化設計，使EPC碼容量極大化，保留許多剩餘空間得以隨時擴展編碼。

　　EPC是一個可擴充的編碼系統，因應不同產業需求，可做編碼上的調整設計，以利賦予物件品項獨一無二的編碼。由目前已公布的EPC標籤規格書得知，標籤容量可分為96位元及64位元兩種，未來還會提出256位元的版本，可視使用者需要選擇標籤容量；隨容量大小，調整其編碼結構。

　　EPC的基礎編碼方式如下所述：

回 標頭

　　為EPC碼的第一部分，主要定義該EPC碼的長度、識別類型和該標籤的編碼結構。

回 一般管理者代碼

　　具有獨一無二的特性，為一個組織代號，也是公司代碼，並負責維護結構中最後兩組連續號碼。

回 物件類別碼

　　在EPC編碼結構的角色為辨識物件的形式以及類型，也具有獨一無二的特性。

回 序列號

　　序列號也同樣具有單一的特性，賦予物件類別中物件的最後一層，使得同一種物件得以區分不同個體。

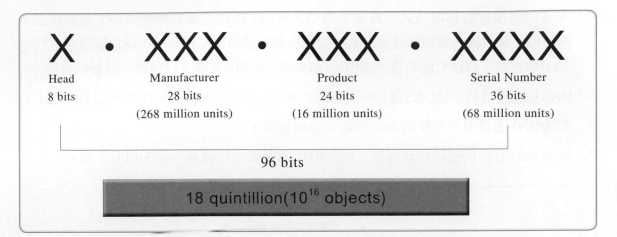

圖13-1　EPC編號方式

資料來源：EPC Global Taiwan

　　EPC標準中除了EPC碼外，還定義了EPC Global網路，它是結合EPC碼、無線射頻識別技術與資訊網路等科技，而建立的一個RFID全球標準架構，可在供應鏈自動化、追蹤與追溯管理要求下增進資訊能見度，提供高效率和資訊準確性的物件資訊交換。同時，也因為這些科技的應用，EPC Global網路使得交易伙伴間達成加速訂單的處理、快速反應顧客需求，同時也在物品的收取、計算、分類以及運送過程中增進效率。

　　EPC系統網路技術是EPC系統的重要元件，主要功能是在網際網路的基礎上，實現資訊管理和流通EPC系統的資訊網路系統，透過Savant管理軟體系統、物件名稱解析服務系統（ONS）及實體標記語言（PML），實現全球的「實物網路」。

　　以下就EPC網路幾個重要的元件加以說明：

🔲 物件名稱服務

　　EPC標籤只儲存了商品電子代碼，電腦還需要一些將商品電子代碼對應到商品資訊的方法。這個角色就由物件名稱服務（ONS）來負責；它是一個自動的網路服務系統，類似DNS系統，ONS運作過程分幾個步驟，如圖13-2，說明如下：

1. 從標籤上判讀一個資料字串EPC代碼。

2. 讀碼器將此字串EPC代碼發送到本地伺服器。

3. 本地伺服器對EPC代碼資料進行適當排列、過濾，將EPC代碼發送到本地ONS運算器。

4. 本地ONS運算器利用格式化轉換字符串，將EPC比特位編碼轉變成EPC域前綴名，再將EPC域前綴名與EPC域後綴名結合成一個完整的EPC域名，ONS運算器再進行一次ONS查詢，將EPC域名發送到指定ONS伺服器基礎架構，以獲得所需要的資訊。

5. ONS基礎架構給本地ONS運算器回傳EPC域名，對應一個或多個PML伺服器IP地址。

6. 本地ONS運算器再將IP地址回傳給本地伺服器。

7. 本地伺服器再根據IP地址聯繫正確的PML伺服器，以獲取所需的EPC資訊。

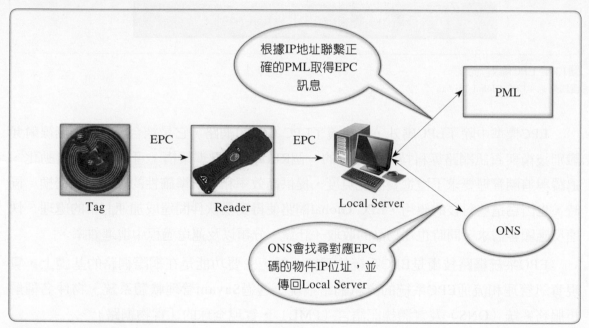

圖13-2 ONS伺服器運作流程
資料來源：EPCGlobal Taiwan

　　實體標記語言PML是以XML（eXtensible Markup Language）為基礎所發展出來的新標準電腦網路語言，為一通用標準，PML的目標是為物理實體的遠程監控和環境監控，提供一種簡單、通用的描述語言，可廣泛應用在存貨追蹤、自動處理事務、供應鏈管理、機器控制和物對物通訊等方面。

　　PML中所描述的資訊類型，是以直接從EPC網路的基層組織中蒐集來的資訊作為實體標記語言的一部分，以進行建模。舉例來說，這些資訊包括：位置資訊、遙測資訊、組成資訊、商品相關的資訊，以及與過程相關的資訊。

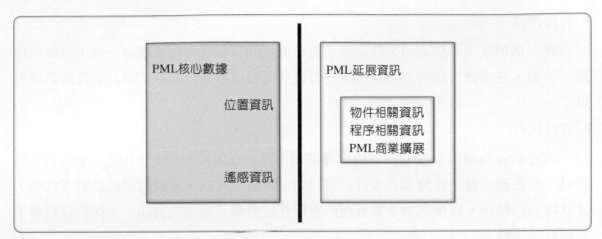

圖13-3　PML語言格式
資料來源：EPC Global Taiwan

　　PML語言在整個EPC系統中的作用，在於充當著不同部分的共同介面。例如，在第三方應用程式如企業資源規劃（ERP）、製造執行系統（MES），以及PML伺服器之間的資訊交換。

SAVANT系統

　　Savant為一軟體科技，擅長處理巨量資料、靈活過濾數據。在EPC網路裡，讀碼器將收集到的EPC碼傳送給Savant，依據這樣的資訊，Savant向散落各處的ONS提出詢問，由ONS找尋對應該EPC碼的商品資料位址，再回傳答覆給Savant。由此，Savant可找到物件資訊，並傳遞至相關單位的資料庫，或是供應鏈之應用系統，主要目的是管理並移動資訊，防止企業和公用網路的超載。歸納其主要任務有：

▶ 資料校對

　　處在網路邊緣的Savant系統，直接與讀取器進行資訊交流，它們會進行資料校對，並非每個標籤每次都會被讀到，而且有時一個標籤的資訊可能被誤讀，Savant系統能夠利用運算法校正這些錯誤。

▶ 讀取器間協調

　　如果從兩個有重疊區域的讀取器讀取信號，它們可能讀取了同一個標籤的資料，而產生了相同多餘的商品電子代碼，Savant的任務之一，就是分析已讀取的資訊，並且刪掉這些冗餘的商品代碼。

▶ 資料傳送

　　在一個層次上，Savant系統必須決定什麼樣的資訊需要在供應鏈上向上或向下傳遞。例如，在冷藏工廠的Savant系統，可能只需要傳送它所儲存的商品溫度資訊就可以了。

▶ 資料儲存

　　現在的資料庫不具備在一秒鐘內處理超過幾百條事件的能力，因此，Savant系統的另一個任務，就是維護儲存事件的資料庫。本質上來講，系統取得商品電子代碼，並且將資料儲存，以便其他企業管理的應用程式有權訪問這些資訊，並保證資料庫不會超負荷運轉。

▶ 任務管理

　　無論Savant系統在層次結構中所處的等級是什麼，所有的Savant系統都有一套獨具特色的任務管理系統（TMS），這個系統使得它們可以實現用戶自己定義的任務，進行資料管理和監控。例如，一個商店中的Savant系統可以藉由編寫程序實現一些功能，當貨架上的商品降低到一定水準時，會對倉庫管理員發出警告訊息。

» **13.4 RFID的產業趨勢**

　　RFID突然引人注目，且引起業界的興趣，是從2003年Wal-Mart向供應商提出要在2006年導入開始。不到三年的時間，RFID的熱潮已經燒向了全世界，目前世界各國，包括美國、英國、日本等，都在對RFID的技術與運用進行實驗或實地測試，應用產業遍及零售業、運輸業、農業、圖書業、製造業等，各國與應用產業別的分析數據可見表13-2。

表13-2 各國RFID應用狀況分析

產業別	累計應用案例	美國	英國	日本	瑞典	中國	南非	新加坡	加拿大	德國	荷蘭	義大利	台灣機會
零售業	36	***	**	*			*			*		*	*
海路運輸業	46	***	**	*	*	*	*	*	*	*	*	*	***
航空業	31	***	*	*	*	*	*	*		*	*		**
醫療業	36	***	**	*	*	*		*	*			*	**
農業	16	*	*						*	*			***

產業別	累計應用案例	美國	英國	日本	瑞典	中國	南非	新加坡	加拿大	德國	荷蘭	義大利	台灣機會
圖書業	28	**	**	*							*		
製造業	21	**	*	*		*	*			*			***
旅遊業	27	**	**	*	*		*			*			
洗衣業	4	*	*										
金融業	47	***	*	*				**		*		*	*
軍事	10	*											*
客運業	41	**	*	*	*	*			*		*	*	
總計	316												

資料來源：ID TechEx, 2004年／資策會電子商務究所整理

以下就各國的推動現況選擇較重要的加以介紹：

13.4.1 各國推動現況

⊟ 美國

美國零售業龍頭Wal-Mart公司在2003年宣布，要求旗下前百大供應商在2005年起導入RFID，而所有的供應商都必須在2006年全面導入。此外，國防部也要求軍備商導入RFID。在911發生之後，美國海關也以RFID技術，推動了貨櫃安全的相關計畫。

⊟ 英國

英國內政部成立了小型商品促進會，利用RFID技術對抗資產犯罪，同時也進行包括酒類、行動電話、船和輕便型電腦等標籤的八項示範計畫。

⊟ 日本

日本政府從2003年開始，推動了四個RFID的先導性應用系統，應用在家電業、服飾業、圖書業以及食品業。此外也積極地推動由東京大學坂村健教授帶領的Ubiquitous ID Center所提出的標準，向ISO組織（國際標準組織）提出以成為國際標準。

⊟ 新加坡

新加坡政府提入了一千萬星幣，要求在2006年完成五個RFID供應鏈體系。此外，新加坡也有投入其他RFID先導性應用。

13.4.2 台灣推動現況

台灣在2004年，在工研院與經濟部的主導下，成立了「RFID研發及產業應用聯盟」，以促進台灣的RFID商機以及國際領導地位。

在研發的部分，主要有經濟部商業司與工業局推動的S計畫以及R計畫。S計畫是要以新加坡為標竿，推動大物流聯盟的計畫；而R計畫是推動RFID平台的服務研發計畫，目標是讓所有貨櫃的運輸、通關等業務都能以無線通訊來掌握行蹤。此外，對於RFID讀取器、RFID標籤，以及系統軟體等技術，也都有許多相關的科專計畫在進行之中。

» 13.5 RFID與資訊安全和隱私權的保護

RFID技術為各行各業帶來了許多的好處，然而，我們不能對於RFID推廣後所帶來的安全以及隱私權問題掉以輕心。

13.5.1 資訊安全問題

對於資訊安全而言，以下簡單就一項RFID訊號破解的新聞，以及金融領域RFID安全性的介紹，來說明RFID的資訊安全問題。

一則2006年於網路上的報導，其標題是「手機即可破解RFID，專家呼籲研發更好的加密功能」，這則報導中提到，美國Weizmann學院電腦科學教授，於RSA會議的高層研討中，說明他們以功率分析技術破解了目前市面上流行的RFID標籤的密碼。他以定向天線和數位示波器來監控RFID標籤被讀取時的功率消耗。而透過對反射訊號的分析，發現其中包含了許多資訊。這位教授指出，當未來標籤價格降到5美分以下後，成本的壓力可能使得設計人員被迫放棄標籤中的安全機制，這是十分危險的。他也建議業界能對標籤所使用的安全機制提出新的演算法，以提升RFID的安全性。

於拉斯維加斯舉行的Blick Hat 2004會議上，有人公開展示，只要透過RFDump這個軟體，再利用在自己的筆記型電腦上加裝一個讀取器，便能讀取3英呎內被動式RFID標籤內的資料。

由上面的報導我們就可了解，RFID於資訊安全方面的問題已慢慢浮現。不過相關的工業標準也已逐漸強化，以提升RFID技術的安全性。而這方面的工作主要是提升對於晶片上的數據資料的安全性。如EPCGolbal所發表的第二代標準中，就加入了對

RFID資料的保護。其中最主要的設計，是對於UHF頻率第二代的通訊協定。根據第二代RFID標準規範，當資料被寫入標籤時，透過無線訊號傳送的資料會被加密。從標籤到讀取器的所有資料都已被加密，所以當讀取器從標籤讀或者寫資料時，資料不會被截取。一旦資料被寫入標籤，資料就會被鎖定，這樣就只可以讀取數據，而不能被改寫。

而在金融領域也導入RFID之後，會面臨什麼挑戰呢？對於金融業而言，基於在保護卡片上的資料方面擁有更多的經驗，它們會選擇EMV卡。EMV是由國際三大著名銀行發卡組織聯合制訂的金融IC卡標準，也是金融IC卡中具有最高權威性的一張卡片。EMV規範的實施，對於成員國銀行改善在國際化過程中的卡片處理環境、降低在國際商務應用中的信用卡風險等方面，起著舉足輕重的作用。

EMV卡使用Triple-DES加密措施，以保障卡片內資料的安全性。最新的非接觸EMV卡則遵守ISO 14443標準卡的規定，它可以在10cm的範圍內被各種設備讀取。而這些卡片是依各國發卡銀行認可的保密和安全的標準進行配置。EMV卡與對稱及非對稱的密鑰加密技術相容。

13.5.2 隱私權保護

歐美人士對於隱私權是十分注重的。許多我們習以為常的事情，對於歐美國家的人們，卻是侵犯隱私權的大事。以下就幾項報導，說明對於RFID隱私權方面，眾人關心的議題。

CNet新聞專區於2004年5月的一項報導標題為「何時該關閉RFID晶片？」其中便提到：「廠商大談RFID（無線電射頻身分辨識）的潛力，隱私保護人士則要求做好資料保護，而現在這項技術又多了一項論戰的戰場——這種追蹤晶片何時該銷毀？」當RFID技術正式普及之後，消費者在把附有RFID標籤的商品帶回家後，不論是用商店或者是不相關的第三者的機器，都仍然可以讀取RFID標籤—除非商品製造廠商將它關閉。

什麼時候該把標籤關閉呢？目前確實已有「Kill」的指令，讓標籤在通過某一點之後會自動的關閉，然而RSA實驗室的首席科學家兼總監Burk Kaliski卻認為，不關閉晶片可能比較好。當然，這並不表示它是永遠開啟的，相較於一般晶片，他所提出的論點有點像是「休眠晶片」（zombie chips）——晶片是有效的，但沒被開啟之下就不會有任何活動。

根據隱私保護團體「消費者反超市侵犯隱私」的Katherine Albrecht表示，這個模式弊多於利：「若是讓晶片原始製造商可以重新啟動，可能會比自毀式晶片更危險。如果你認為晶片已經死了，就不會有保護自己隱私的意識。」

　　BT自動ID服務的行銷總監Geoff Barraclough表示，個人隱私問題在商品級的標籤上比較有疑慮，但貨櫃級的標籤較不會有問題。「在供應鏈裡所用的RFID，沒有隱私權的問題。」

　　其他可能發生的問題有：

☺ 一個陌生人走向你，問你是不是叫作某某某？住在某某路的幾樓？

　　如果未來會利用RFID製成身分證，或是儲存有個人資料的卡片時，是不是會發生任何人只要具備RFID的讀取器，就能知道你是誰？或是得知其他的個人資料？這種情形發生的話，不單單是對個人隱私權有害，對於每個人的人身安全（尤其是女性）的危害更高。

☺ 公司對客戶在店內的行為追蹤是不是對隱私權的侵害？

　　未來是否有可能發生，每間商店中的商品都貼上了RFID標籤後，商店的高層可以很輕易的了解每個顧客曾經買下或看過哪些商品？其在店裡的動線為何？這些資訊都有助於CRM技術的發展，但是這種行為是否是另類的侵害隱私權呢？此外，公司的資訊人員如果心術不正，將這些資料盜賣出去，對於人們的影響更是不在話下。

　　科技是一個兩面刃，一方面可以提升人們生活的體驗，為商店公司創造利潤；而另一方面，使用不當，更可能侵害人們的隱私權，或是對人們的人身安全造成危害。

個案分析

⊡ RFID在製造業的運用

製造商永遠都在思考：「如何將最適切的商品，在適當的時間運交給適當的零售商」，而有效追蹤貨品、管理庫存狀態，並且隨著消費者的偏好，不斷推出新商品，是他們最關心的問題。為了降低庫存及商品流通的成本，以及掌握即時而全面的商品資訊，使產品更有競爭力，許多主要製造商，包括友達、台積電（TSMC）等廠商，目前都在著手發展供應鏈RFID標準及解決方案。

⊡ RFID在零售業的運用

在零售業中應用RFID的，一般有零售商店、銷售點、智慧貨架、供應鏈與倉庫管理等。實際上，如家樂福、成衣零售業都在進行相關的應用測試。此外，有些公司還在進行RFID防盜和追蹤的測試。

⊡ RFID在醫療上的運用

自從2003年SARS疫情爆發後，各醫療院所與研究機構，對於如何將RFID應用到醫療產業，以提升整體醫療品質便十分重視。一般對RFID應用於醫療的討論，主要分為病人照護以及製藥產業兩部分。以病人照護而言，可應用藥品管理、病人辨識、病人接觸史追蹤、醫療儀器追蹤、手術安全等。而在製藥產業來說，有製程管理、出貨管理、藥品追蹤、防偽保護⋯等。

⊡ RFID在物流上的運用

對於物流而言，RFID的價值在於能密切地監控運輸中的資產，除了確保資產的安全外，更能提高運輸配送流程中的最高效率。實務上，運輸業在進行的導入測試有追蹤貨卡位置、實際出貨時間，以及實際載送貨品的明細。如DHL、FedEx、UPS等國際知名的快遞公司，都在積極地嘗試在物流系統中結合RFID技術。

⊡ RFID在汽車上的運用

其實早在2000年，裕隆集團就已首度採用RFID，只是當時是用於生產線上，將RFID設於油漆槽，用於精準控制每輛車的上漆時間。而自動化科技不但有助於提升營運效率，也能提升客戶滿意度。裕隆日產於2005年導入RFID，以改進保修作業。在上下班尖峰時間，車子往往無法順利進入廠內，使得車隊回堵到大街上。車子運用RFID有許多挑戰。如何能在車子從大門開到保修人員面前時，保修人員即能掌握客戶基本資料，也考驗RFID的掃描準確性、網路傳輸穩定性，以及印表機列印速度。

⊟ RFID在國防上的運用

　　1990年波灣戰爭時期，美國軍方運送到前線的補給物資都必須透過人力開封，以確認內容為何？而到了小布希政府對伊拉克發動戰爭時，軍用物資已貼附了RFID標籤，因此加速了物資的運送速度與正確性。

▶▶ 本章習題

1. 何謂RFID？

2. RFID的組成為何？

3. 試述RFID的特性。

4. 試述RFID在3種不同領域之應用。

▶▶ 參考文獻

1. 邱瑩青，RFID實踐非接觸式智慧卡系統開發，學貫，2005。

2. 日經BP RFID技術編輯部，RFID技術與應用，旗標，2004。

3. 鄭同伯，RFID EPC無線射頻辨識完全剖析，博碩，2004。

4. 陳宏宇，RFID系統入門：無線射頻辨識系統，松崗，2005。

5. 荒川弘熙，RFID是啥？，向上，2005。

6. 謝建新等，RFID理論與實務：無線射頻識別技術，網奕，2006。

7. 溫榮弘，無線通訊技術與RFID，全華，2004。

8. 刁建成，RFID原理與應用，全華，2005。

9. 徐婉瑄，以ＵＭＬ構建之整合性物流派車資訊系統。中原大學工業工程研究所碩士學位論文，2003。

10. 蕭榮興、蘇偉仁、許育嘉，無線射頻技術最新應用與發展趨勢，資訊與電腦，2004/10。

11. 章至豪，全球擁抱RFID台灣加入陣容，資訊與電腦，2004/9。

12. IC應用設計雜誌編輯部，IC應用新革命RFID關鍵報告，IC應用設計雜誌，2005/5。

13. 工研院系統中心，RFID應用領域上的效益，工業自動化電子化，第14期，2003。

14. 曾建榮，創新技術及系統應用整合開啓我國RFID產業應用，技術尖兵，第117期，2004。

15. 曾建榮，打造幕後資訊流動管道RFID貨暢其流，技術尖兵，第117期，2004。

16. 東森新聞報，家樂福內湖旗艦店車位逾千可看書又上網，http://www.ettoday.com/2005/07/20/330-1820039.htm，2005。

17. 手機即可破解RFID專家呼籲研發更好的加密功能，http://www.eettaiwan.com/ART_8800407514_480802_50428dc7_no.HTM，2006。

18. Mike Ingamells, Jens Kober, Improving Final Test Throughput Via RFID Tracking Of Probe Cards, Semiconductor Manufacturing, 2005. ISSM 2005, IEEE International Symposium on, 13-15 Sept. 2005, pp 80- 83。

19. 陳瑞順，RFID概論與應用，全華，2012。

20. Sangwan, R.S. Qiu, R.G.　Jessen, D, Using RFID tags for tracking patients, charts and medical equipment within an integrated health delivery network, Networking, Sensing and Control, 2005. Proceedings. 2005 IEEE, 19-22 March 2005, pp1070 - 1074。

21. Joo-Hee Park Jin-An Seol Young-Hwan Oh, Design and implementation of an effective mobile healthcare system using mobile and RFID technology, Enterprise networking and Computing in Healthcare Industry, 2005. HEALTHCOM 2005. Proceedings of 7th International Workshop on, 23-25 June 2005, pp263-266。

22. Cavalleri, M. Morstabilini, R. Reni, G., A wearable device for a fully automated in-hospital staff and patient identification, Engineering in Medicine and Biology Society, 2004. EMBC 2004. Conference Proceedings. 26th Annual International Conference of the, 2004, Vol.2, pp3278-3281。

23. Cheng-Ju Li Liu Shi-Zong Chen Chi Chen Wu Chun-Huang Huang Xin-Mei Chen, Mobile healthcare service system using RFID, Networking, Sensing and Control, 2004 IEEE International Conference on, 2004, Vol.2, pp1014-1019。

24. Yu, W.D. Ramani , A., Design and implementation of a personal mobile medical assistant, Enterprise networking and Computing in Healthcare Industry, 2005. HEALTHCOM 2005. Proceedings of 7th International Workshop on, 23-25 June 2005, pp172 - 178。

25. Dipl.-Wirtsch.-lng Daniel Fitzek, MSc，Application of RFID in the Grocery Supply Chain: Universal Solution for Logistics Problems in the CPG Industry or a mere Hype?，2005。

Chapter 14

雲端運算

» **14.1** 何謂雲端運算

　　「雲端」泛指「網路」，即利用網路連線使用遠端電腦提供的服務，或是運用網路串連多台電腦的計算工作，都可視為是雲端運算。雲端運算的出現，讓使用者不需要像以往一樣，購買高效能的硬體設備及安裝軟體，只需擁有一台裝有瀏覽器軟體即足以進入雲端的設備，而獲得雲端（亦即遠端網路）提供的計算能力或所提供的服務。

　　「雲端運算」是指將日常資訊、工具及程式等資源放置到網際網路上的新式資源利用方式。因為所有資訊被放置在網路上的虛擬空間中，而被稱作「雲端」。透過任何可連上網路的終端裝置，使用者可隨時隨地接收或分享信件、日曆、圖文及其他資訊，打破時間空間限制，讓使用者隨時隨地透過裝置得到所需的資訊網路；促使使用者互動、協同合作；使用者可做資訊控管，並選擇與人分享資訊或保有隱私。

　　雲端的基本概念，是透過網路將龐大的運算處理程序自動分拆成無數個較小的子程序，再由多部伺服器所組成的龐大系統搜尋、運算分析之後，將處理結果回傳給使用者。透過這項技術，遠端的服務供應商可以在數秒之內，達成處理數以千萬計、甚至億計的資訊，達到和「超級電腦」同樣強大效能的網路服務。

🖪 雲端運算所帶來的益處

▶ 節省成本：大幅降低基礎設備、伺服器、認證及安全修補等維護成本。IT部門能將更多的資源投注在核心或策略性的業務上。

▶ 當軟體已經存置在雲端，即可提供更快、更廣、更強力的安全管理，不必再針對安全性做下載與修補的處理，可隨時隨地進入與存取。

▶ 增加彈性與生產力：高效能的雲端運算透過遠端，將運算能力變成任何時間、任何地點都能存取的空間，讓使用者輕鬆且快速地在網路上處理各種事務，包括個人以及企業主。

▶ 協同合作：打破傳統軟體限制，只要給予簡單的文件連結，即可同時協同作業。每個人皆能得到即時的更新。

▶ 開放性：每個人皆能參與開發，讓網路變得更開放、更健全、更具競爭力，下個世代將會有更多的空間提供給更多的使用者。

▶ 資料具可攜性：開放文件如同工具平台，使文件不僅只有圖文元素。Chrome超越一般瀏覽器，我們可透過Chrome瀏覽器在網路上應用程式，以網路套件為基礎，具有全面性開放的特性。

企業運用看Google雲端運算

▶ 對企業IT部門

1. 短期與長期皆能降低成本。

2. 安全性在雲端即被控制管理。

3. 對於對外尋找IT資源的公司而言，Google雲端運算服務將能使企業節省成本、更加專注在企業本身的開發。

▶ 使用者

1. 透過雲端（網路）即時告知使用者更新資訊。

2. 應用程式讓使用者簡單上手，例如：Gmail等。

3. 具有全球的規模與可靠性。

4. 透過協同合作，能讓使用者隨時隨地有生產力、有彈性地更新文件資訊。

▶ 雲端運算安全性

1. Google內部本身即使用Google Apps。

2. Google聘用世界級的頂級專家工作。

3. 大部分資訊的遺失多伴隨著裝置的失竊（筆記型電腦被竊等），雲端服務可降低這類的風險。

4. 創造虛擬防火牆，提供管理員進入與分享的權限。

5. 持續加強安全機制與技術，如反覆嚴密測試產品軟體的安全性。

» **14.2** 雲端運算服務類型

雲端運算的服務型式，歸類為三種，說明如下：

Infrastructure as a Service（IaaS）

基礎架構即服務。業者建置IT基礎建設，管理伺服器及網路頻寬等，使用者利用業者提供的計算資源，建立自己的作業系統環境，裝設任意應用軟體以完成運算，可視為傳統資料中心（Data Center）的延伸，例如：IBM Blue Cloud。

Platform as a Service（PaaS）

平台即服務。業者提供特定的運算平台，使用者在該平台上開發並部署自己撰寫的軟體以完成運算，例如：Google App Engine支援Python、Java程式設計語言編寫的應用程式，使用者將撰寫完的程式部署至該平台以完成運算。

⊡ Software as a Service（SaaS）

　　軟體即服務。為目前使用者最常使用的雲端服務，由服務供應者開發軟體供使用者使用，這些軟體完全由服務供應者所控制，例如：Google Maps提供使用者地圖查詢、Google Docs提供使用者線上辦公室應用軟體等。

» **14.3** 雲端運算平台

　　隨著網際網路的發展，以及Web 2.0概念的提出，網路使用者的行為也由單純的瀏覽轉變為創作與分享；另外，行動式的資訊設備越來越多，為了方便分享及取用，使用者把資料從個人電腦轉移到Web服務提供者的資料中心（Data Center）；而服務提供者為了提供更穩定、更迅速的服務，也需要一個新的服務架構，將運算資源及儲存空間更有效率地利用，同時提供服務開發人員更便利的開發環境。

　　雲端運算（Cloud Computing）就是將所有的需求整合在一起的概念。一方面是讓使用者以更便利的方式使用及取得服務，甚至用最簡單的方式開發新的服務。隨著各種雲端服務產生，對於運算能力及儲存空間的需求，也會驚人地成長。因此，雲端運算的另一個面向就是整合組織內部運算資源，以最有效率、最易於管理的方式，提供雲端服務穩定的運算及儲存能量。

　　以Google為例，許多服務都以雲端運算的形式推出，讓使用者隨時可以取得自己的資料，也能夠透過網路跟其他人分享；還提供了相當便利的開發環境，例如：Google App. Engine提供了介面和免費的運算及儲存資源，讓使用者開發各種有趣的web服務。但這些服務需要十分可觀的運算能力和使用者資料的儲存空間，因此，Google開發了許多雲端運算的技術與架構，例如：MapReduce以分散式運算提供整合的運算資源及減少運算時間、Google File System將大量而分散的儲存空間整合為一個可靠的儲存媒介、BigTable提供高效率的分散式資料庫。這些技術及架構都有一個特點，就是讓服務開發人員不用考慮在這些分散式系統上資料要怎麼放置、運算要怎麼切割，只需要專注在服務的開發就可以了；而資料與運算的切割及分散就交給雲端運算的架構來處理，可說是大大增加了開發服務的速度。

» **14.4** 雲端運算部署模式

雲端運算的部署模式，包括了以下五種型態：

⊡ Public 公有雲

公有雲是指所提供的是針對大眾的公開服務，例如：主機運算、資料庫、資料儲存等服務，這朵雲會是由某個組織所擁有，依照資源的使用量和時間來對使用者進行計價。

⊡ Private 私有雲

私有雲是相對於公有雲的一種佈建型態，主要是避免過度開放，以降低雲端服務提供給不同的使用者時可能造成的安全問題。因此，它只會針對單一組織來提供服務，並且由該組織或委任的第三方來管理。

私有雲是許多組織從現有的IT環境邁向雲端的第一步，藉由調配既有的IT設備，或是導入新的虛擬化技術，將可用的資源集中成為虛擬的資源池，再針對組織的使用者來提供服務，可充分利用雲端的彈性，同時藉由單純化的管理方式來降低風險。

⊡ Community 社群雲

這朵雲是由許多個組織來一起共享，以支援特定的社群服務。例如：目前由相關單位推動的醫療雲、教育雲等，以共同的訴求和具有相同使命的目的為號召，提供特定社群的雲端服務。這些雲端服務所需要的設備資源，可能會位於組織內部同一地點，或是委由外部單位來協助提供。

⊡ Hybrid 混合雲

雲與雲之間雖然是獨立存在，但是彼此卻可以相互連結應用，對於一個組織同時採取了兩種以上不同的雲端服務型態，稱之為混合雲。例如：企業可運用公有雲的運算資源，但是運算結果的資料儲存和分析歸檔，卻由內部的私有雲來協助完成，這種混合的型態，可以大幅增加應用服務的可移動性，同時降低企業完全採用公有雲的安全風險。

⊡ Industrial Cloud 產業雲

是指由產業內或某個區域內起主導作用，或者掌握關鍵資源的組織建立和維護的，以內部或公開的方式，向行業內部組織和公眾提供有償或無償服務的雲端運算平台。

» **14.5** 企業雲端運算服務

　　雲端運算服務（FET Cloud Service-IaaS）是建置大規模的資料儲存中心，運用虛擬運算的技術，提供接近實體伺服器的虛擬運算環境，可以讓企業客戶在多種的作業系統（例如：Windows、Linux）上操作運用，如同本地連線般的呈現，提供企業客戶佈署自己所需要的軟體及應用項目，讓企業客戶在系統安全的基礎上使用雲端服務所帶來的可靠環境。

　　例如：遠傳電信提供的基礎設施即服務(IaaS)，為滿足企業客戶在雲端運算上的需求，特別針對本身雲端機房的維運管理、電力設施、網路品質及資訊安全等投入龐大的資源。其所推出的雲端運算服務包含了三種類型：經濟型、進階型及專業型，滿足企業在運算資源上的考量，打造企業資料的備援、測試服務的環境或多媒體網頁伺服器的應用，建構屬於自己的雲端運算服務。

🖻 服務架構

　　遠傳雲端運算服務是採用虛擬化技術，將硬體資源（CPU、記憶體、硬碟等）加以分割利用，並透過遠傳雲端管理軟體進行資源部署、監控與負載管理，以提供企業最佳的雲端運算主機服務。

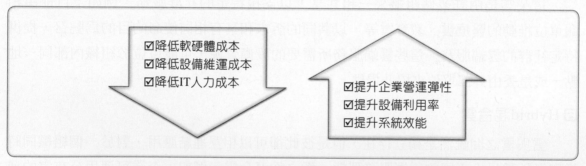

☑降低軟硬體成本
☑降低設備維運成本
☑降低IT人力成本

☑提升企業營運彈性
☑提升設備利用率
☑提升系統效能

圖14-1

▶ 服務效益

1. 系統面：使用遠傳雲端運算服務，企業可專注於營運相關的核心作業，不必再擔心系統相容性與擴充的問題，並可隨業務成長做彈性及快速的擴充，加快企業導入時程，滿足企業降低營運成本及彈性提升系統效能的雙向需求。而所有的實體主機都擺放在遠傳專業的雲端機房，提供24小時的專業監控及專業維運人員，安全有保障。

2. 成本面：使用遠傳雲端運算服務，企業無須採購昂貴的硬體設備，即可以月租的方式取得所需運算、儲存、作業系統等資源，用多少付多少的計費模式，有效降低企業持有成本與維運成本。

☺ 遠傳優勢

1. 雲端機房提供99.99%電信等級機房設施。
2. 24小時網路及設備監控中心與專業維運人員。
3. 可靠的國際路由及暢通的國內頻寬環境。
4. 擁有專業的雲端伺服器及網路工程團隊，確保雲端服務的負載機制。
5. 對資訊安全的要求把關，搭配硬體防火牆+入侵防禦機制（Firewall+IPS）。
6. 可搭配遠傳高品質傳輸的企業VPN，讓您的私有雲與遠傳公有雲通訊安全更有保障。
7. 有效彈性的擴充及網路速率的調整，順應時代潮流的發展。

▶▶ 本章習題

1. 何謂雲端運算？

2. 雲端運算服務型式有哪幾種？

3. 雲端運算的部署模式有哪五種？

▶▶ 參考文獻

1. Danielson, Krissi. Distinguishing Cloud Computing from Utility Computing..。

2. Gartner Says Cloud Computing Will Be As Influential As E-business..。

3. Gruman, Galen. What cloud computing really means. InfoWorld. 2008.。

4. 美國國家標準與技術研究院對雲端運算的定義。

6. Open source fuels growth of cloud computing, software-as-a-service。

7. VMware vSphere 5: Private Cloud Computing, Server and Data Center Virtualization。

8. OpenStack vs. Eucalyptus: Cloud Rivals or Friends?

9. 張德厚，與學界合作Google推廣「雲端運算技術」，中廣新聞網，2008年。

10. 伺服器新聞，雅虎惠普英特爾雲計算挑戰谷歌IBM. IT專家網，2008年。

11. 新浪科技，戴爾在美申請「雲計算」商標，新浪科技，2008年8月3日。

12. Rackspace Open Sources Cloud Platform; Announces Plans to Collaborate with NASA and Other Industry Leaders on OpenStack Project。

13. http://zh.wikipedia.org/zh-tw/雲端運算。

14. Google App Engine入門指南。

15. http://code.google.com/intl/zh-TW/appengine/docs/python/gettingstarted/。

Chapter

15

資料庫管理

» **15.1** 資料庫的簡介

🔲 **15.1.1** 檔案處理

🗔 簡介

傳統的資料庫形式是利用檔案處理系統來呈現，此種方式是將應用程式所儲存的資料交給作業系統來管理，通常使用數個不同檔案來儲存相關的記錄，並由資訊人員開發相關的應用系統程式，提供一般使用者透過專屬程式的介面來進行檔案內容的資料處理，並由作業系統中檔案管理系統來做資料的儲存與控管。

🗔 資料檔案類型

1. 文字檔格式：使用VB等程式語言，以Open()等函式來存取格式化的檔案；或以xml格式來做資料的處理。

2. 一般試算表：採用Excel軟體等試算表應用軟體，以行與列的方式做資料呈現，亦可透過資料連結功能做簡單的表格關聯。

3. 檔案資料庫：像是Foxpro或dBase的dbf檔案，或是Access的mdb檔案，雖具有資料庫的基本架構，但仍屬於檔案處理系統的運作模式。

🗔 檔案的結構

檔案處理系統的架構相當簡單，利用數個獨立的實體檔案來儲存資料內容，再藉由對應的程式模組來管理邏輯檔案，透過檔案系統的服務功能來存取實際資料。

檔案的結構可依檔案類型區分為邏輯檔案及實體檔案：

1. 邏輯檔案：各程式實際處理的是邏輯檔案，例如：C語言的struct資料型態，透過型別與變數宣告來儲存資料，使用者所處理的檔案資料則是以記錄與欄位方式來呈視。

2. 實體檔案：檔案管理系統所儲存的真實檔案內容，並透過應用程式來進行實體檔案的資料處理，檔案管理系統的資料處理功能如表15-1所列。

表15-1 檔案管理系統的資料處理功能

方法	說明
結構	即資料的關聯型態或表格架構，像是定義檔案的格式欄位
儲存	依據所建立的資料結構來儲存資料

方法	說明
取出	將儲存的資料讀取出來，以便做資料處理
更新	對資料記錄做新增、修改、刪除等異動
保存	長期將資料儲存在檔案中，以建立歷史記錄

⊟ 檔案資料處理的問題

　　檔案管理系統雖然提供資料處理的功能，但檔案管理系統的資料依不同單位而分別儲存在不同的檔案中，此模式除了使資料分散與孤立之外，也將產生以下的問題：

▶ 資料未集中管理：

　　資料分散在不同部門、檔案或作業系統，資料管理困難。

▶ 檔案格式不一致：

　　不同部門採用個別的應用程式與檔案來做資料處理，以多種檔案格式來儲存資料，經由數種程式語言所開發的應用介面來存取資料，造成系統更新困難。

▶ 資料重複性較高：

　　資料儲存在不同檔案，造成資料重複輸入；另外，資料異動過程亦產生不一致的作業模式，增加資料檔案的維護成本。

▶ 程式相依性過大：

　　檔案處理系統必須以額外的程式碼做稽核，若資料格式變更，需要一併修改程式碼，造成應用系統維護困難。

▶ 結構與資料相關：

　　檔案儲存的資料結構係由程式碼定義，若需要更改檔案的邏輯結構，需要一併修改所有程式碼，使得資料結構的維護欠缺彈性。

▶ 安全性管理不佳：

　　多人使用的檔案處理系統，需要針對使用者屬性來個別設定存取權限，檔案管理系統須逐一為所有檔案設定使用權限，管理作業十分繁複。

▶ 多工存取較複雜：

　　多位使用者同時存取檔案處理系統的資料時，需要自行撰寫程式來控制資料更新鎖定等問題。

15.1.2 資料庫

　　資料庫為資料儲存的單位，係針對某項特定需求而被組合在一起，使用者透過應用程式來存取資料庫裡的內容，例如：學生的成績資料、醫院的病歷資料、商家的庫存資料。

⊟ 特性

▶ 一致性

將不同來源的資料加以組織與整理，使資料格式能有一致性。

例：各交易記錄的日期格式均以YYYY/MM/DD表示。

▶ 關聯性

資料庫使用本身數據與相關的指標來建立關係。

例：差假記錄表透過員工職號來連結人事基本主檔，以取得員工基本資料。

▶ 結構性

資料儲存的資料，除了數據本身內容外，還包括資料的定義與描述。

例：員工身分證的欄位，資料內容為A123456789，型態為CHAR(10)。

▶ 管理性

資料庫的存取方式與存取權限都能受到控管，以確保其資料安全。

例：員工薪資檔為機密性資料，可限制一般員工進行讀取。

▶ 分享性

使用者可以存取相同資料，作為不同的處理用途。

例：對開放的資料，如圖書檔，使用者可下達不同條件以查詢資料內容。

⊟ 發展歷程

1. 階層式資料庫、網路式資料庫（1960年）

　　此一時期的資料庫能透過低階指標來指向與連結記錄，以直接存取檔案中的資料內容，改變原來只能從磁帶中進行循序存取檔案的方式。但由於資料儲存是以指標連結方式串聯所有的記錄，因此程式設計就必須考量記錄的連結指標結構，也就是程式與資料相依性仍高，造成資料維護不易。

　　主要的資料模型有二種，簡單的描述說明如下，不過現今市面上的資料庫系統已較少使用這類資料模型。

▶ 階層式資料庫模型：

　　將指標以樹狀階層結合方式來連結記錄，一個記錄只允許連結一個父記錄，形成一對多的連結關係。

▶ 網路式資料庫模型：

　　如同網路般以指標型態來連結記錄，每個記錄可以連結一個以上的父記錄，形成多對多的連結關係。

⊟ 實體關聯模型、關聯式資料庫模型（1970年）

　　透過實體關聯模型來表達出資料間的關係，使用者不需要熟悉程式技術亦能夠理解；而關聯式資料庫模型，使資料能夠被有效地儲存與管理，也使得各種資料處理機制與企業應用系統逐漸蓬勃發展，後面幾節將專門為此說明。

▶ 實體關聯模型（Entity-Relationship Model）：

　　利用高階圖形模型，如：實體、屬性與關聯性，來描述資料之間的關係，以利使用者專注在所使用的資料，而不是資料結構。

▶ 關聯式資料庫模型：

　　將資料庫的邏輯結構與實際儲存方式分開，以二維資料表格為基礎，將欄位值在記錄間建立關聯性。

⊟ 關聯式資料庫、結構化查詢語言（SQL）（1980年）

　　關聯式資料庫加上結構化查詢語言，使得系統分析人員能夠專注在使用者需求的解析，使得企業資訊系統能藉由關聯式資料庫的架構而持續蓬勃發展，包括：傳統的MRP系統，到現在的資料庫、供應鏈管理系統，以及商業智慧、與資料倉儲等應用。

▶ 關聯式資料庫：

　　採用關聯式資料模型來設計資料庫，以單筆記錄為資料存取單位；目前市面上關聯式資料庫系統有Oracle、MS SQL Server、MySQL。

▶ 結構化查詢語言：

　　ISO標準的資料庫查詢語言，有DDL（資料定義語言）、DML（資料操作語言）及DCL（資料控制語言）。

⊟ 物件導向資料庫模型、主從架構（1990年）

▶ 物件導向資料庫模型：

　　以物件觀念來代替記錄儲存資料，透過繼承以降低資料重複，並且資料庫與程式語言可使用一致的資料模型。

▶ 主從架構：

　　集中處理架構的資料庫系統已改為分散式的主從架構資料庫系統，將系統區分為兩部分：

▶ 伺服器端：為資料庫系統，負責回應使用者端的要求，並將查詢結果傳遞回使用者端的應用程式。

▶ 使用者端：為應用程式，負責使用者的資料輸入及顯示輸出結果。

⊟ 使用效益

▶ 達成資料格式的一致性

　　對表格欄位的型態或長度做定義，使得資料格式有一致性的表現結果。

▶ 資料與程式能相互獨立

　　型別與長度等定義由資料庫定義，程式能避免與資料有過高的相依。

▶ 降低資料儲存的重複性

　　將資料集中儲存於資料庫中，降低資料檔案分散在各部門而重複輸入。

▶ 強化資料的完整性問題

　　藉由資料庫模型內的表格關聯，使得資料連結與異動能更加完整。

▶ 提供資料安全管理機制

　　資料庫能夠集中管理與設定使用者的存取權限。

▶ 支援交易記錄的同步化

　　藉由資料庫能隨時儲存交易記錄的狀態，作為管理稽核的參考依據。

▶ 提供備份以及復原功能

　　資料庫有提供備援機制，並針對多人使用記錄能有記錄鎖定的機制。

» **15.2 資料庫的系統架構**

15.2.1 資料庫系統的組成

▣ **ANSI / SPARC的三階層架構**

目前資料庫系統廣泛採用ANSI與SPARC所制訂的架構,其三個階層分別為實際資料儲存的內部層、資料庫機制的概念層,以及使用者為觀點的外部層,說明如下:

▶ 內部層:

即實際資料庫儲存於電腦系統儲存裝置的資料。

例:在SQL Server中的master DB或其他使用者定義的DB,在資料庫系統中將實際佔有磁碟空間,以儲存實體資料內容。

▶ 概念層:

從資料庫管理者觀點所看到的資料,是從概念所呈現的完整內容。

在關聯式資料庫中,概念層所呈現的是二維資料表格與關聯。

▶ 外部層:

代表不同使用者在資料庫系統上所看到的資料,它包含了多種不同的觀點;外部層的資料都是來自於概念層,它並沒有對資料做實際儲存。

在關聯式資料庫模型中,外部層所顯示的資料只是一個虛擬表格,稱為視界或檢視表(View)。

▣ **資料庫系統的實體組成元件**

從實體角度來看資料庫的組成元件,包括:資料、硬體、軟體及使用者。說明如下:

▶ 資料(Data):指資料庫所儲存的相關資料,包括有:

▶ 交易日誌(Transaction Log):記錄所有的使用者交易狀態歷程,可作為追查與回復交易異常之用。

▶ 索引指標(Index):提供參考指標,以利資料庫做快速資料搜尋。

▶ 資料字典(Data Dictionary):系統用相關資訊,例如資料的型別或長度等。

▶ 硬體:資料庫系統上所運行的硬體設備,包括:主機、備援裝置、UPS系統等。

▸ 軟體：除了作業系統外，軟體還包括：

  ▸ 資料庫管理系統（Database Management System，DBMS）：提供使用者與資料庫進行溝通的介面，管理人員可以透過指令來進行管理或維護資料庫工作。

  ▸ 開發工具（Development Tools）：像是Microsoft Visual Studio、Oracle Developer等系統開發用軟體。

  ▸ 應用程式（Application Program，AP）：由應用系統開發人員針對使用者需求所開發出的程式，如：訂單處理、發票管理、人事薪資系統等。

▸ 使用者：主要可分為：

  ▸ 資料庫管理者（Database Administrator，DBA）：工作內容有資料庫維護與管理、備份及回復、效能調校、安全控制與稽核等。

  ▸ 系統分析師（System Analyst，SA）：依據使用者需求來規劃合適的作業流程，並制定系統開發需求規格，以利程式開發。

  ▸ 應用系統開發者（Application Developer，AD）：依據使用者的需求及系統分析師所制定的規格，利用Java、VB等語言，開發與資料庫連結的應用程式。

  ▸ 終端使用者（End User）：透過應用程式來存取資料。

15.2.2 分散式資料庫系統

🔲 概念

　　傳統資料庫管理系統將資料庫建置在網路上的特定節點，使用者的服務要求都透過這個節點的電腦系統來處理，但資料庫將會隨著資料量增長而使得負載變高。

　　分散式架構則將資料庫建置在不同地理位置上，各節點都具備獨立的運算能力，並且彼此透過網路通訊來連結，使區域內的各節點資料庫能夠相互支援，以回應應用系統的需求。

🔲 特色

▸ 資料的處理並非集中在一地，資料庫相關實體設備都散布在各地。

▸ 資料內容必須透過網路傳遞及連結，系統架構在建置與管理上較為複雜。

效益

▶ 改善資料庫運作效能

因使用者需求不斷成長，而使得系統資料量也持續增加，集中式資料庫系統的負載能力將會面臨瓶頸，並降低對使用者的回應效率；因此，藉由分散式資料庫來將系統工作分割，可同時對不同地理環境的主機做查詢，來達到較佳的資料庫運作效能。

▶ 提升系統可靠度

集中式資料庫系統若發生故障，所有作業就必須停頓，等待主機復原才能夠繼續作業。對於一些不能停機的商業交易，如金融業，就必須利用分散式資料庫，來避免因一部主機停止服務而使所有系統癱瘓，降低類似的資訊系統風險。

▶ 增進系統擴充的彈性

由於分散式資料庫每一個節點的主機都獨立運作，除了因應本地需求可以進行設備昇級外，並能夠視區域性需求再另外建置主機系統，並透過網路來進行資料通訊與容錯備援，較集中式架構更具彈性維護的機制。

▶ 降低通訊的費用

透過分散式系統的架構，使用者能夠就近連線到本地端或區域端的主機系統，相較於集中式系統更能夠節省通訊成本。

缺點

▶ 資料處理與管理之複雜度：

分散式資料庫環境需要比較複雜的資料整合與系統整合，來確保網路節點間適當的調整和平衡，容易造成軟體發展成本提高與潛在的錯誤。

▶ 處理的工作量：

為達成網路節點間的溝通協調，跨節點間之資料交換、訊息傳送以及額外的運算，都必須較集中式處理，以致多出相當的工作負擔。

▶ 資料完整性：

由於溝通協調的複雜度與需求遞增，資料完整性會更容易面臨不適當的更新與其他問題。

▶ 資料安全性：

為維持區域自主性，每一節點之資料庫管理系統均各有一套資料安全管理方法，但此一方法只侷限在單一資料庫產品中。一旦執行跨資料庫系統的整合性需求，可能會造成資料之保密性與安全性受到嚴格的挑戰。

▶ 回應時間緩慢：

如果資料的分布沒有依用途做適當的配置，或是查詢的寫法不正確，請求資料的回應時間就可能會非常緩慢。

» **15.3** 資料模型

■ **15.3.1** 資料庫綱要

🖂 綱要的概念

在資料庫管理系統中，儲存的內容除了資料本身之外，還包含描述資料的定義，即為綱要（Schema）。舉例說明：

▶ 資料：

  ▶ 資料內容的本身，就如同是程式語言的變數值。

  ▶ 例：欄位[姓名]為John，即Name = 'John'。

▶ 綱要：

  ▶ 資料描述的定義，就如同是資料型態。

  ▶ 例：欄位[姓名]的資料型態為長度20的文字，即Name : CHAR(20)。

資料庫綱要（Database Schema）指整個資料庫的描述，即整個資料庫的定義資料；在ANSI / SPARC 三層資料庫系統架構的每一層都可以分割成資料與綱要，有

▶ 內部層綱要：描述實際儲存的資料。

▶ 概念層綱要：描述資料本身的意義。

▶ 外部層綱要：描述使用的資料。

🖂 資料獨立性：包括了**邏輯資料獨立**及**實體資料獨立**

▶ 邏輯資料獨立：

  ▶ 指的是三層式架構中概念層與外部層的關係。當概念層綱要有所異動時，並不會影響到外部層綱要；也就是在資料庫需要更改概念層綱要的時候，只需對外部層與概念層所對應的定義進行修正即可。

  ▶ 例：對資料屬性做變更時，並不需要變更外部層綱要（如：View）或程式碼。

▶ 實體資料獨立：

  ▶ 指的是三層式架構中概念層與內部層的關係。當內部層綱要有所異動時，並不會影響到概念層綱要。

▶ 在資料庫需要更改內部層綱要的時候，只需要對內部層與概念層所對應的定義進行修正即可。

▶ 例：當系統的儲存結構需要變更時，並不需要變更外部層與概念層綱要。

15.3.2 關聯式資料庫

關聯式資料庫是以每一筆交易記錄（Transaction）為作業處理的單位，並利用二維表格（Table）方式來呈現資料儲存的內容，表格和表格之間能夠透過相關的資料欄位當鍵值作為連結之用，應用程式所對應的只有表格的結構來使用。

建立關聯式資料庫模型時，能夠分為以下四個階段：

需求分析階段

▶ 蒐集使用者需求，針對其需求內容進行問題確認與方案分析。

▶ 例：將使用者的問題，依資訊蒐集結果進行過濾，並整理成需求規格。

概念設計階段

▶ 針對使用者的需求來進行塑模，也就是設計資料庫模型。

▶ 例：根據需求規格，建立E-R Model或定義UML。

邏輯設計階段

▶ 將概念設計的內容，轉成資料庫管理系統的邏輯模式；

▶ 例：依需求建立欄位及屬性，以設計出表格與建立表格間的連結關係。

實體設計階段

▶ 將邏輯設計的內容，轉成特定硬體平台所適用的實體儲存結構。

▶ 例：一個資料庫管理系統，在不同伺服主機（IBM、HP）或作業系統（UNIX、Windows）的設定不一定相同，需進行實機調校作業。

15.3.3 關聯式資料庫表格元件

以下針對關聯式資料庫模型的相關名詞加以說明：

▶ 屬性（Attribute）：就是一般所稱的欄位，表格中將有一個以上的屬性，每一個屬性都有屬性名稱及屬性型態，屬性名稱不可重複。在<員工基本資料表>中，有員工編號、姓名、電話、出生年月日、身高、區域號碼等六個欄位，其相對應的資料型態為CHAR(5)、VARCHAR(20)、VARCHAR(15)、DATETIME、NUMBER(3)、CHAR(3)。

▶ 空值（Null）：代表不存在或未知的資料，並非為0或者為空白字串。

▶ 主鍵（Primary Key，PK）：用來區別表格中的每一列記錄，主鍵內容不可為空值，而且必須是唯一值，也就是說表格內的主鍵內容值均不得有重複。以<員工基本資料表>為例，員工編號即為主鍵，用以識別每一個員工。表格可以有複合主鍵，就是多個欄位組合成一個主鍵，但一個表格中只能有一組主鍵。

▶ 外鍵（Foreign Key，FK）：透過外鍵來連結到另一個表格的主鍵，使彼此之間建立關聯。以<員工基本資料表>為例，其區域號碼即為外鍵，並與<地區資料表>的主鍵區域號碼做連結，以得知相對應的縣市名稱。

關聯式資料庫模型是目前市面上各種資料庫產品中，最主要的資料模型，將資料以二維表格方式來儲存，例如表15-2即為關聯資料表格。

表15-2 員工基本資料表 與 地區資料表

員工基本資料表							地區資料表	
員工編號 CHAR(5)	姓 名 VARCHAR(20)	電 話 VARCHAR(15)	出生年月日 DATETIME	身高 NUMBER(3)	區域號碼 CHAR(3)		區域號碼 CHAR(3)	縣市名 CHAR(6)
00001	郭台鳴	02-28825252	1934/05/01	169	100		100	台北市
00002	王勇慶	Null	1921/02/21	171	300		300	新竹市
00003	張融發	0999-123456	1940/04/01	162	800		800	高雄市
00004	嚴楷太	Null	1953/05/03	180	970		970	花蓮縣

PK ↑   FK ↑   ↑ PK

» 15.4 資料正規化

「正規化」是將資料庫中資料內容重新組織的一種程序，像是建立資料表格，並在表格間建立適切的關聯規則，避免資料重複的狀況發生、達成資料記錄的一致性，使資料庫維護更具有彈性。

以下說明為資料庫正規化的步驟，並藉由實例描述以瞭解其實際運作的情形，舉例來說，針對電子產品的銷貨作業系統，於需求訪談後，從表單中蒐集到相關資訊，如表15-3，透過下列實例說明，以更瞭解正規化的過程。

表15-3 未經正規化的原始資料範例

發票號碼	發票日期	消費商店	銷貨明細（項次、訂購產品、數量與單價、及總金額）
KK08080001	2007/4/20	A 台北店	（桌上型電腦, 1, $25,000）；（電腦桌, 1, $5,000）；（遊戲光碟; 2, $1,500）
KK08080005	2007/4/22	B 新竹店	（LCD螢幕, 1, $10,000）
MN08080125	2007/4/23	C 高雄店	（iPod, 1, $5,000）；（DVD播放機, 1, $3,000）

15.4.1 第一階正規化

☐ 原則

▶ 能夠以行（記錄）、列（欄位）的二維表格來表示，同一個表格中的欄位名稱是唯一值。

▶ 每一個行的欄位中只能儲存一個單一內容。

▶ 任何兩筆資料不會有重複。

☐ 要點

▶ 每一個資料庫內容中的欄位名稱都必須為唯一。

▶ 欄位中只能儲存單一資訊。

☐ 範例

　　表15-3在經過一階正規化後將得到如表15-3-1之[銷貨資料表]內容。

表15-3-1 經一階正規化的資料表格

發票號碼	發票日期	編號	店名	項次	品名	數量	單價	總金額
KK08080001	2007/4/20	A	台北店	1	桌上型電腦	1	$20,000	$20,000
KK08080001	2007/4/20	A	台北店	2	電腦桌	1	$500	$500
KK08080001	2007/4/20	A	台北店	3	遊戲光碟	2	$1,500	$3,000
KK08080005	2007/4/22	B	新竹店	1	LCD螢幕	1	$10,000	$10,000
MN08080125	2007/4/23	C	高雄店	1	iPod	1	$5,000	$5,000
MN08080125	2007/4/23	C	高雄店	2	DVD播放機	1	$3,000	$3,000

　　在同一張發票中，每一個銷貨項次內只能有一個產品內容，因此 [銷貨資料表] 的主鍵值（Primary Key）將為「發票號碼」＋「項次」，使之成為唯一值，並且在該表格中不得為空值（Null）。

不過在這樣的表格中，卻引發資料異動的問題，以下針對欄位店名做一說明：

⊟ 修改異常

▶ 無法個別更新一筆記錄內容

▶ 例如：如果店名內容「台北店」需要更名為「桃園店」，資料表格中就需要同步修改相關的記錄，範例中就必須更改3筆記錄。

⊟ 新增異常

▶ 無法個別新增一筆記錄內容

▶ 例如：想要個別新增商店資料「花蓮店」，但由於「發票號碼」+「項次」為主鍵值，不能為空值；所以，一個未有任何銷貨的商店資料，將無法新增至[銷貨資料表] 中。

⊟ 刪除異常

▶ 無法個別刪除一筆記錄內容。

▶ 例如：想要個別取消「LCD螢幕」的銷貨記錄，但若刪除該筆記錄，那麼新竹店的商店資料也將一併被刪除。

▶ 因此，針對以上的異常問題，就必須再進行第二階正規化（2NF）。

15.4.2 第二階正規化

⊟ 原則

▶ 第二階正規化即必須消除部分相依性（Partial Dependency）。

▶ 「部分相依性」為表格內有二項欄位，從欄位A內容能夠獲得欄位B的所需資訊；例如：表格中有一欄位v_Birthday代表出生年月日，便可以從該欄位的數值與目前日期做運算，得到年齡資訊，而不需要再設計欄位v_Age來儲存年齡數值。

⊟ 要點

▶ 指表格必須符合第一階正規化的條件，並且主鍵欄位與非主鍵欄位都要有屬於完全功能性的相依關係。

▶ 也就是 [銷貨資料表] 可再拆作 [主要表]、[明細表]。

🔲 範例

[銷貨主要表]

發票號碼	發票日期	商店	店名
KK08080001	2007/4/20	A	台北店
KK08080005	2007/4/22	B	新竹店
MN08080125	2007/4/23	C	高雄店

[銷貨明細表]

發票號碼	項次	品名	數量	單價	總金額
KK08080001	1	桌上型電腦	1	$20,000	$20,000
KK08080001	2	電腦桌	1	$500	$500
KK08080001	3	遊戲光碟	2	$1,500	$3,000
KK08080005	1	LCD螢幕	1	$10,000	$10,000
MN08080125	1	iPod	1	$5,000	$5,000
MN08080125	2	DVD播放機	1	$3,000	$3,000

　　其中，原先的銷貨資料就由 [銷貨主要表] 及 [銷貨明細表] 做連結，並以欄位發票號碼作關聯；另外，再將商店個別獨立一個表格[商店表]，利用欄位商店編號將 [銷貨主要表] 及 [商店表] 做關聯。

　　經過第二階正規化之後，原本1NF所產生的問題都可以得到解決。若要將店名從台北店改為桃園店，只需要在商店資料表中修改即可，銷貨相關資料透過連結即可取得正確的資料內容。新增店名，只需要在[商店表]中增加記錄，也不影響銷貨的記錄。另外，刪除銷貨記錄，也不會影響[商店表]中的內容。這就消除了功能相依性，也就是資料的部分相依性。

▴ **15.4.3** 第三階正規化

🔲 原則

▸ 3NF是要消除關聯之間的遞移相依性（Transitive Dependency）。

▸ 遞移相依性：一個表格中，欄位A可以決定欄位B的數據，欄位B的內容又能夠屬於另一欄位的資料內容。

🔁 範例

[商店表]

發票號碼	發票日期	商店
KK08080001	2007/4/20	A
KK08080005	2007/4/22	B
MN08080125	2007/4/23	C

[銷貨主要表]

編號	店名
A	台北店
B	新竹店
C	高雄店

[銷貨明細表]

發票號碼	項次	品名	數量	單價	總金額
KK08080001	1	桌上型電腦	1	$20,000	$20,000
KK08080001	2	電腦桌	1	$500	$500
KK08080001	3	遊戲光碟	2	$1,500	$3,000
KK08080005	1	LCD螢幕	1	$10,000	$10,000
MN08080125	1	iPod	1	$5,000	$5,000
MN08080125	2	DVD播放機	1	$3,000	$3,000

» **15.5 資料庫語言**

　　資料庫中常會使用的語言工具是結構化查詢語言（SQL），依其用途可再分為 DDL、DML、DCL三種類別，各基本操作如下所述：

🔁 資料定義語言（Data Definition Language，DDL）

　　針對資料庫的相關物件進行創建、變更或消除的動作，例如：建立資料表格或視界（View），甚至撰寫預儲程式（Stored Procedure）。針對表格物件的操作，如以下三種指令：

▶ 建立資料表格 CREATE TABLE <Table_Name>

▶ 變更表格結構 ALTER TABLE

▶ 刪除資料表格 DROP TABLE <Table_Name>

回 資料操作語言（Data Manipulation Language，DML）

　　針對資料庫系統進行記錄之新增、更新與刪除等動作，並查詢資料內容，有四項基本的DML指令：

▶ 新增資料記錄 INSERT INTO <Table_Name> VALUES <Data…>

▶ 更新資料記錄 UPDATE <Table_Name> SET <Column_Name> = <Data>

▶ 刪除資料記錄 DELETE <Table_Name>

▶ 查詢資料記錄 SELECT <Column_Name> FROM <Table_Name>

回 資料控制語言（Data Control Language，DCL）

　　針對資料庫系統的物件授予或撤銷相關存取權限給特定的使用者或群組，存取權限包括系統權限（如：使用者連線到資料庫），以及使用權限（如：針對資料表格進行記錄刪除作業）。

▶ 授予存取權限 GRANT <Privilege> TO <User>

▶ 撤銷存取權限 REVOKE <Privilege> FROM <User>

▶▶本章習題

1. 試分別說明資料庫、資料倉儲及資料探勘，它們間的關係。

2. 試比較資料以檔案或資料庫的型態儲存，這二種儲存資料的方式有何優缺點，並舉列說明。

3. 說明WWW使用者如何應用Web資料庫。

4. 資料庫正規化有哪幾種？

Chapter 16

網路管理

» **16.1** 網路管理簡介

16.1.1 網路管理簡介

定義

▶ 企業資料通訊，就是電腦資訊藉由一點傳至另一點的過程。這些系統通常被稱為資料網路。

▶ 企業資料通訊網路中，彼此間可能使用不同的網路硬體與軟體，要讓彼此可以進行溝通，必須先定義出一套雙方都能夠瞭解的語言，這種語言便稱作協定。

▶ 如：E-mail、視訊會議之聲音、影像、資訊傳輸服務。

標準

▶ 正規標準

  ▶ 由一些工業組織或政府單位來制定。

  ▶ 例如：乙太網路（IEEE802.3）等。

▶ 業界標準

  ▶ 由某家公司或機構所制定，用於其本身的產品，若此產品在市場上有相當程度的佔有率，則其他公司就會將此標準納入其產品中，以便彼此能相互溝通，進而成為標準。

  ▶ 例如：微軟公司所制定的標準。

16.1.2 Open System Interconnect（OSI）模型簡介

基礎

▶ 國際標準組織（ISO）為資料通訊網路建立一標準的通訊模型，稱為開放系統互連模型。

▶ 此模型架構的主要目的在於建立一個標準化的通訊架構，以降低複雜度並簡化教育訓練。

▶ 此模型僅對各運作層建立基本的規範而不是細部的建立各運作層的通訊協定，各運作層的通訊協定則開放由各廠商去進行標準化的制定。

架構

▶ OSI模型利用分層的觀念,將網路運作分成實體層到應用層共七個運作層,如表
16-1,各運作層各自擁有不同的標準協定,各自定義資訊傳遞的方式,以完成網路
傳輸時所需的功能。

▶ 上下層間的溝通只需透過預定好的介面(API)就可以做溝通。

表16-1 OSI模型之各層功能

階層	名稱	用途
7	應用層(Application Layer)	存取網路資源
6	展示層(Presentation Layer)	加密和壓縮資料
5	會議層(Session Layer)	管理及終止傳輸
4	傳輸層(Transport Layer)	提供可信賴的點對點訊息傳送
3	網路層(Network Layer)	提供網路互連作業
2	資料鏈結層(Data Link layer)	提供節點對節點的傳送服務
1	實體層(Physical Layer)	提供機械與電的規格

16.1.3 OSI模型各階層功能

實體層

▶ 負責讓資料能夠在兩個相連接的機器間經由傳輸線路做位元資料(0或1)的傳送。

▶ 經由此一運作層的通訊協定,資料位元(bits)最後在兩部電腦之間經由傳輸媒介
傳遞時才有一共同遵循的標準,並使用中繼器(Repeater)與集線器(Hub)來重
整訊號。

資料鏈結層

　　主要是在做實體層與網路層之間的溝通橋樑。

▶ 媒體存取控制的功能是在有數個電腦需要共用一條網路傳輸媒體來傳遞資料之狀況
下,來控制彼此爭取使用此線路的權利,並制定一套電腦間共享通信媒體的方法。

▶ 其主要提供之功能如下:

　▶ 存取控制:控制電腦上的資料何時可傳輸至通訊線路,即實體層。

　▶ 錯誤控制:偵測及控制從實體層所傳來的資料是否發生傳輸錯誤。

　▶ 訊息描述:識別所要接受訊息框的開始訊號與結束訊號。

▶ 當媒體存取控制子層準備好要將資料往傳輸媒體上送時,會先將資料切割成較小的小封包(packet),此封包稱為訊息框(Frame);為了要讓接收端可以辨識訊息框的開始與結束,傳送端會在資料前後分別加上框頭記號及框尾記號。

⊟ 網路層

▶ 提供不同網路系統間的通訊機制,透過路由器或閘道器進行網路節點定址與路徑選擇並處理封包切割與組合。

▶ 其主要功能在兩部電腦間傳遞資料,將資料由某一電腦送至遠方的電腦,因此必須有一致的位址定義方式以及路徑找尋(routing)的方式,如此才有辦法將資料送到指定的電腦中。

▶ Addressing:決定正確的網路層和資料鏈結層的位址。

▶ 資料鏈結層的位址即是每個網路卡的編碼。硬體製造商有一個協定來指定每個硬體製造商有一連串唯一的位址。

▶ 網路層的位址通常都是由軟體指定。網路管理員可以指定任何他們想要的網路層位址,只要確定在相同的網域裡,每台電腦有唯一的網路層位址,彼此不會重複而產生衝突的情形就可。

  ▶ ARP(Address Resolution Protocol)以IP位址取得實體位址的方法,傳送端的電腦會傳送一廣播訊息給子網域中所有電腦以尋找目的電腦的實體位址,此廣播的訊息就會被區域網路中的所有電腦接受並加以比較是否為目的地電腦的IP位址,若是則回應給發送端其實體位址。由實體位址取得IP位址的方法即稱為RARP(Reverse Address Resolution Protocol)。

▶ Routing:決定這個訊息被傳送到最終目的下一個路徑。

  ▶ 「路由」是一個決定訊息從傳送端到接收端的路徑的處理過程,每個電腦上都有一個路由表,其主要的功能是用來指定訊息經由網路傳送的路徑。 網際網路路徑選擇的過程中,有一網路設備稱為路由器會將資料記錄起來形成所謂的路由表。路由表中包含目的IP位址、下一行程路由器的IP位址或是直接連接網路的IP位址、一個旗標及所傳送的資料是經由哪一個網路介面傳送。

▶ Packetizing(封包化):當訊息或資料很大時,須分割成數個封包來傳送,接收端再將每個封包組合成一個大區段的資料。

傳輸層

▶ 經由網路層協定能將資料由某一電腦送至遠方的電腦做點對點傳送，但並不保證資料能夠安全的到達目的地，因為在傳送的過程中，可能因為中間某一節點把資料遺失，或因環境因素使得資料失真。

▶ 傳輸層的運作即為了解決上述的問題，在兩使用者間提供可靠性的資料傳輸。

交談層

▶ 電腦連線模式的建立、管理及終止，確認連線雙方的通訊協定與通訊模式，提供資料同步與檢查功能負責資料流的控制。

▶ 當兩部電腦要傳輸資料時，交談層負責控制資料收送的時機，例如：何時該送資料，何時該接收資料，或者同時進行收送的工作。

表達層

▶ 使用者與電腦溝通上資料格式的轉換，提供了資料加密、解密、壓縮、解壓縮的機制。當資料成功的由某電腦傳遞到另一電腦中時，其所收到的資料其實只是一連串的0與1的數字。

▶ 這些資料須經由表達層做處理使其成為有意義的資料，以表達給使用者知道。

應用層

▶ 不同機器上的應用程式提供網路的連接，使用者或使用者程式與網路溝通的介面。

▶ 應用層提供一套應用程式讓使用者能夠使用網路中的相關資源，以達成資料傳輸的目的與方法，包括如何建立及終止連線關係、網路管理等。

16.1.4 OSI模型與網際網路協定之對應

雖然OSI模型是全球通用的架構，但目前網際網路實際應用的參考標準則是TCP/IP通訊協定。

表16-2 OSI七層架構與TCP/IP協定及通訊協定的對應圖

OSI七層架構	網路通訊協定	TCP/IP協定組
應用層	HTTP，HTML（web），MPEG（video），POP（email），X.400	應用層
展示層	ISO8822/3/4/5	
會議層	ISO 8326/7	
傳輸層	UDF, TCP	傳輸層
網路層	IP（internet），X.25,	網際層
資料鏈結層	802.3（Ethernet），，PPP	網路層
實體層	IEEE 802.3，CCITT V2.4 RS232C Cable,	

» **16.2** 網路的分類

▄ **16.2.1** 依「規模範圍」區分

▣ 區域網路（Local Area Network，LAN）

▶ 是群組了一群小型電腦和其他工作站裝置在一地區中，藉由連接線路連結在一起。區域網路適用於較小型地區，也就是一般辦公中心、企業或組織的部門，一層樓或同一工作區域，一棟建築或數棟建築間，例如：校園網路。

▶ 區域網路使用多點連接線路，所有的電腦必須輪流使用共用的連接線路，由於其所佈置的空間較小，區域網路可提供較高的傳輸速率。

▶ 區域網路的特徵：

  ▶ 區域網路中允許很多獨立裝置彼此直接通訊。

  ▶ 區域網路侷限在特定的範圍之中，通常不會超過十公里的距離。

  ▶ 區域網路擁有一個實體通信管道。區域網路中的各個電腦都以專用的電纜媒介直接串連在一起。

▣ 都會網路（Metropolitan Area Network，MAN）

▶ 連結著數個不同地區的骨幹網路與區域網路，都會網路通常延伸至30英哩，一般的企業並不會自己架設此種網路，而是向電信公司租用網路線路。

▶ 常用於都會網路的技術包括：非同步傳輸模式（Asynchronous Transfer Mode，ATM）、分散式光纖數據介面（FDDI）、千兆乙太網（Gigabit Ethernet）。

☐ 廣域網路（Wide Area Network，WAN）

▶ 連接著骨幹網路與都會網路，由於廣域網路的建置，成本及規模都相當龐大，大部分的組織並不會架設此種網路。目前大多由電信網路公司向線路交換公司租用其線路來傳遞資料，而大部分的企業則向電信網路公司申請提供此服務。

▶ 廣域網路的線路大都由線路交換公司所提供，長度則至數千英哩，範圍從環島到跨越洲際等，整個網際網路儼然成為全球資訊流的大通道。

▶ 存取網路資訊的工具將是網頁瀏覽器，網頁瀏覽器將成為世界共通的網際網路通訊設備的圖形化介面應用工具，資訊的存取將變得更有彈性。

16.2.2 依「拓樸架構」區分

☐ 匯流排拓樸（ Bus Topology ）

　　網路中各節點是網路設備連接到一條共用之線路，訊息沿著匯流排傳送，與主匯流排連接的網路節點皆可接收訊息。

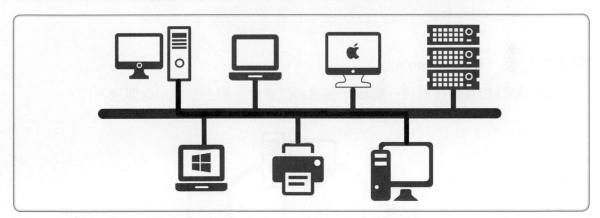

圖16-1 匯流排拓樸架構示意圖

🖃 星狀拓樸（Star Topology）

透過一個中央控制節點與其他節點連接，除了中央控制節點以外之其他節點間並不直接相連。

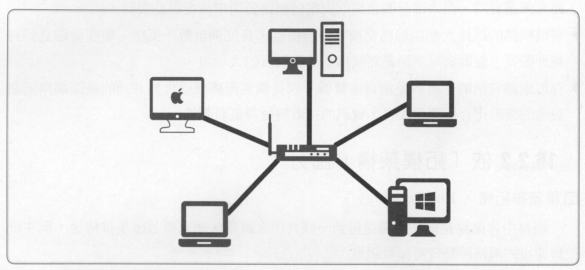

圖16-2 星狀拓樸架構示意圖

🖃 環狀拓樸（Ring Topology）

網路節點相互連接形成一個環，傳送的訊息會在環上進行單向傳送。

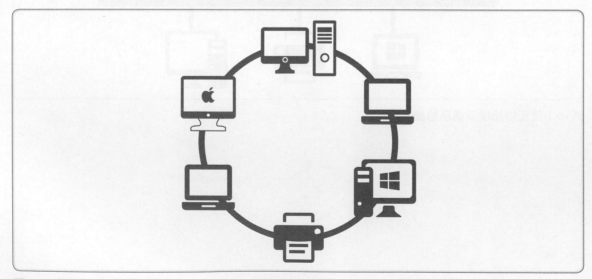

圖16-3 環狀拓樸架構示意圖

🗒 樹狀拓樸（Tree Topology）

樹狀網路中之各節點連接形成樹狀結構，任兩個節點間僅存在一條傳輸路徑。

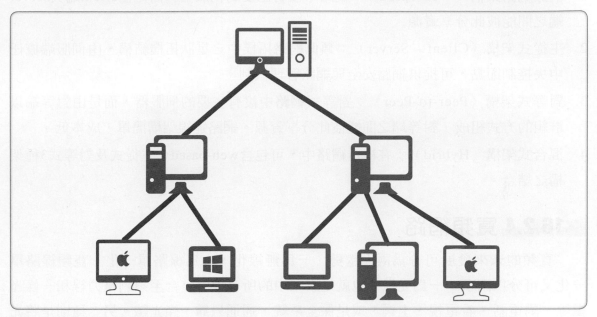

圖16-4 樹狀拓樸架構示意圖

🗒 網狀拓樸（Mesh Topology）

網路中的各節點均與系統中之其他所有節點存在直接相連的路徑。

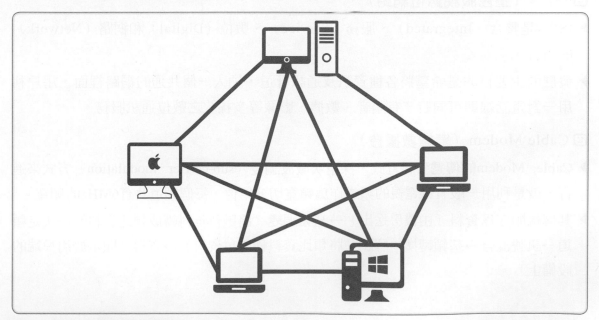

圖16-5 網狀拓樸架構示意圖

16.2.3 功能角色

1. 網際網路架構（Web-based）：網路中沒有主要的伺服器，而是由client端與server端之間能彼此分享資源。

2. 主從式架構（Client - Server）：類似網路拓樸中之星狀拓樸結構，由伺服端擔任中央控制節點，可提供網路安全與網路管理機制。

3. 對等式架構（Peer-to-Peer）：對等式網路中沒有主要的伺服器，而是由對等端以群組的方式組成，對等端之間能彼此分享資源。網路連線架構簡單，成本低。

4　混合式架構（Hybrid）：在複雜網路中，可包含web-based，主從式及對等式3種架構之結合。

16.2.4 寬頻網路

　　寬頻的未來發展可分為兩大趨勢，一為無線化，一為線路單一化。寬頻線路單一化又可分為兩項，一為光纖，也就是讓家中的所有線路整合至只剩電力線和一條光纖線，講電話、看電視、上網、或是保全系統，通通只靠一條光纖。另一種則是將光纖整合至電力線當中，讓電力線的電力還夾帶電信訊號，而不需要像ADSL、Cable Modem這類的寬頻。前者的缺點是架線費用昂貴，後者則是因環境雜訊多而技術較不易突破。

☐ ISDN（整合服務數位網路）

▶ ISDN是整合（Integrated）、服務（Service）、數位（Digital）和網路（Network）的組合。

▶ 發展的主要目的是希望將各種資訊及通訊管道，納入一個共通的網路裡面，用戶利用一對電話線即可同時享有語音、數據、影像等多樣化之數位通訊服務。

☐ Cable Modem（纜線數據機）

▶ Cable Modem的傳遞資料方式，採用次載波調變（sub-carrier modulation）方式來進行，就是利用一般有線電視的頻道作為頻寬切分單位，每個頻道共有6MHz的頻寬。

▶ 其傳輸順序為資料（由機房送出）→基頻調變（將數位資料轉成類比資料）→決定頻道→訊號混合→基頻轉換→解調（將類比資料轉數位資料）→資料（顯示於用戶端的設備上）。

▶ 傳輸服務方式

  ▶ 下行：資訊由網際網路傳輸至用戶端電腦。

  ▶ 上行：用戶在個人電腦輸入資料，下達指令或傳送郵件。

  ▶ 單向服務：只有下行訊號能透過有線電視網路傳送，上行仍需經電話撥接線路。

  ▶ 雙向服務：上行及下行均透過有線電視網路。

🔲 ADSL非對稱式數位用戶迴路

▶ ADSL（Asymmetric Digital Subscriber Loop）為利用數位訊號調變技術，在傳統電話雙絞線上傳送高頻寬資料的網路技術。

▶ ADSL使用高頻信號，所以在兩端都還要使用ADSL信號分離器將ADSL數據信號和普通音頻電話信號分離出來，避免打電話時出現噪音干擾。

▶ 通常ADSL終端有一個電話Line-In，一個乙太網連接埠，有些終端集成了ADSL信號分離器，還提供一個連接Phone的介面。

▶ 由於受到傳輸高頻信號的限制，ADSL需要電信服務提供局端接入設備和用戶終端之間的距離不能超過5千米，也就是用戶的電話線連到電話局的距離不能超過5千米。

▶ ADSL通常提供三種網路登錄方式：

  ▶ 橋接，直接提供靜態IP。

  ▶ PPPoA，基於ATM的端對端協議，動態的給用戶分配網路地址。

  ▶ PPPoE，基於乙太網的端對端協議，動態的給用戶分配網路地址。

🔲 Direct PC直播衛星

▶ Direct PC為運用人造衛星來傳輸資料，用戶端以碟型天線接收器來接收資料，但需靠撥接Modem上傳資料，因此不是雙向服務的寬頻網路。

▶ 上傳與下載是經由兩個不同通道傳送資料，使資料的傳遞更加快速且不塞車。

▶ 優點：

  ▶ 提供快捷與有經濟效益的網際網路服務。

  ▶ 提供一對多同時接收的高速傳送服務。

  ▶ 網際網路服務擴大。

🔲 骨幹網路

▶ 骨幹網路，乃指一讓企業內不同的網路間彼此可以相連結的軸心網路。高速網路的技術常被用在建立骨幹網路上，以使得網網相連時，骨幹網路可以有較快的傳輸速度，而不會形成整個網路傳輸的瓶頸。而區域網路需經由骨幹網路和其他廣域網路相連接，以便能連接上網際網路。

▶ 骨幹網路的選擇標準的考慮要素：

  ▶ 骨幹網路的流量。

  ▶ 成本。

▶ 效率的評估標準：

  ▶ 增進電腦與設備的效率：用更適合的路由通訊協定、購買相同品牌的設備與軟體、減少在不同通訊協定間的轉換、增加設備的記憶體容量。

  ▶ 增進線路的容量：升級至更快的線路、增加線路的數目。

  ▶ 減少網路使用的需求：改變使用者習慣、減少在網路上廣播的訊息量。

🔳 16.2.5 企業連結

🔲 企業內網路（Intranet）

▶ Intranet指的是一個網路的辦公室環境，利用各種Internet協定與工具，彼此分享資訊，促進公司內部溝通、提昇作業效率、資源共享，以達到企業內部資訊快速傳遞並強化企業競爭力。

▶ Intranet則是專屬的、非開放的，它往往存在於私有網路之上。

▶ Intranet對企業經營的影響：

  ▶ 企業公用資訊分享：公司電話目錄、員工手冊、技術手冊等。

  ▶ 結合商際網路：和採購單、電子資料交換（EDI）結合。

  ▶ 提供溝通管道：經由討論群、佈告欄，讓企業內部充分溝通。

🔲 企業網路（EXTRAnet）

▶ 企業對企業（Business to Business，B2B）：企業與企業之間的商務往來。

▶ 企業對消費者（Business to Consumer，B2C）：輔助消費者透過網路上的資訊了解產品資訊，並使用電子安全交易機制進行線上交易。

▶ 消費者對消費者（Consumer to Consumer，C2C）：輔助消費者間透過網路上的資訊了解產品資訊，並使用電子安全交易機制進行線上交易。

⊟ 網際網路（Internet）

▶ Internet原是起源於美國軍方計畫，計畫的內容是想要把座落於各地方的電腦，透過某種方法來高速的交換訊息，為了要把不同地域不同品牌的電腦連結起來，必須制定一致的溝通方式，即共同的通訊協定規範。

▶ 計畫執行的時期是自1961-1967年，逐步發展出我們現在使用的TCP/IP通訊協定，使用這種通訊協定可以使不同的子網路、不同的主機彼此進行資料傳輸。而後這個計畫的應用被擴展到美國政府單位、學術及研究機構。

▶ 在1985年之後，已可見到美國的商業機構逐漸加入其中；而後更擴及到國際間，各國的電腦都採用這個通訊協定來溝通，逐漸構築而成一個複雜的網路綜合體，也就形成了「Internet」。

⊟ Internet、Intranet與Extranet之比較

▶ Intranet是建置在企業內部的一個封閉網路，除了具有網際網路的優點外，因為使用的人員有限，所以存取速度不至於太慢，且由於網路與外界隔絕，資料的安全性也受到保護。為了確保資訊安全，必須限制在Intranet上的群體存取Intranet上公開的資訊，則企業可透過架設防火牆（Firewall）保護區域網路來達成。

▶ 凡在防火牆（Firewall）內就是Intranet，在外的就是Extranet（企業網路）。兩者最大不同，在於Intranet僅供組織內部使用，而Extranet則可有目的或有條件地與外界交換資訊。

表16-3 Internet Intranet與Extranet之比較

	Internet	Intranet	Extranet
使用者	任何透過網際網路登入之個體	經過授權的公司員工	合作公司中經過授權的工作群組
使用權限	沒有時間，地域之限制	非對外開放，有條件限制	有條件式開放部分私有資訊
資料類型	一般公開資訊，產品廣告性質	企業內部的特定資訊	工作夥伴間之共享資訊

» 16.3 無線網路通訊

16.3.1 基礎

隨著網路以及電腦科技的逐漸普及，實體世界與虛擬世界的界限也越來越模糊。利用手機或無線網路進行資料交換、分享、傳播，甚或無線商業資料的傳送也日漸普及。從推行的WAP手機無線上網，到近年來的GPRS、i-mode上網等等，都是無線網路融入無線網路生活計畫。

無線區域網路標準IEEE 802.11的提出及快速的成長，已經使得行動計算的目標一一實現，WLAN可用來延伸有線網路甚至取代有線網路的架構，802.11基本存取方式是以分散式協調函式Distributed Coordination Function（DCF），即以（CSMA/CA）這樣的方法來決定線路存取權，而前提是對於每個站台都必須能夠聽到其他使用者對線路的存取，因此，其他站台便能夠傳送資料，然而若是通道正有人在使用中，則任一站台等待這次傳送完成後才能執行傳送的動作，並且會進入一個隨機後退等待程序，這是用來避免某些站台會持續霸佔著通道不放。

無線區域網路需考慮的幾項特點：

▶ 無線網路的傳輸媒介會影響整體無線網路的設計。

▶ 無線網路的目的位址和目的地點有可能不同。

▶ 無線網路要有處理會移動的無線工作站的能力。

16.3.2 Wi-Fi

⊟ 發展歷程

▶ 802.11，1997年，原始標準（2Mbit/s 工作在2.4GHz）。

▶ 802.11a，1999年，物理層補充（54Mbit/s工作在5GHz）。

▶ 802.11b，1999年，物理層補充（11Mbit/s工作在2.4GHz）。

▶ 802.11c，符合802.1D的媒體接入控制層（MAC）橋接（MAC Layer Bridging）。

▶ 802.11d，根據各國無線電規定做的調整。

▶ 802.11e，對服務等級（Quality of Service，QoS）的支持。

▶ 802.11f，基站的互連性（Interoperability）。

▶ 802.11g，物理層補充（54Mbit/s工作在2.4GHz）。

▶ 802.11h，無線覆蓋半徑的調整，室內（indoor）和室外（outdoor）通道（5GHz頻段）。

▶ 802.11i，安全和鑑定（Authentification）方面的補充。

▶ 802.11n，導入多重輸入輸出（MIMO）技術，基本上是802.11a延伸版。

🔲 內容

▶ Wi-Fi為IEEE定義的一個無線網路通信的工業標準（IEEE802.11）。

▶ Wi-Fi第一個版本發表於1997年，其中定義了介質訪問接入控制層（MAC層）和物理層。物理層定義了工作在2.4GHz的ISM頻段上的兩種無線調頻方式和一種紅外線傳輸的方式，總數據傳輸速率設計為2Mbit/s。兩個設備之間的通信可以自由直接（ad hoc）的方式進行，也可以在基站（Base Station，BS）或者訪問點（Access Point，AP）的協調下進行。

▶ 成立於1999年的Wi-Fi聯盟是一個非營利國際協會，成立宗旨為認證基於IEEE 802.11標準的無線區域網路產品操作互通性，致力解決符合802.11標準的產品的生產和設備相容性問題。

▶ 目前Wi-Fi聯盟擁有205名會員公司，從認證以來，已有1000個以上的產品通過了Wi-Fi認證。

▶ Wi-Fi聯盟會員的目標是以產品的操作互通性增進使用者對無線網路產品的使用經驗。

🔲 Wi-Fi特性

▶ 傳輸性：使用無線傳遞資料時，能量產值的要求。

▶ 安全性：多種的加密組合WPA-TLS , PSK,WEP,WPA2…。

▶ 靈敏性：在規定的時間內需適時反應及回應訊號。

▶ 互通性：能與Wi-Fi所提供的標準週邊連線，並做有效性傳輸。

16.3.3 WiMAX

▶ WiMAX（全球微波存取互通介面）是一項基於IEEE 802.16標準的技術，提供最後一英里無線寬頻接入，作為電纜和DSL之外的選擇。這兩年來，WiMax已經成為無線網路界最流行的專用字彙。

▶ WiMAX Forum所進行的驗證測試，主要是針對802.16-2004標準、工作頻率在3.5GHz、以TDD及FDD調變方式的設備，WiMAX Forum表示預定再擴大測試範圍到其他頻率的設備。

▶ 英特爾（Intel）、諾基亞（Nokia）等國際大廠力推的WiMAX，屬於IEEE 802.16的無線傳輸規格，傳輸速率高達70Mbps。與3G最大使用上的區隔，就在於3G從語音角度出發做無線傳輸，而WiMAX則是從數據的角度出發，連帶地影響到使用者終端設備的配合，透過整合在筆記型電腦（NB）、PDA等數據為主的終端，較適合做WiMAX接收設備。

▶ 透過WiMAX來提供無線網路語音，由於比現行的行動語音有較低的話費，同時WiMAX網路的建置成本比傳統蜂巢式行動系統為低，因此一般認為這是WiMAX的最主要應用。

16.3.4 GSM

▶ GSM（Global System for Mobile Communications）也稱為泛歐式行動電話，因為其規格最早是由歐洲幾個主要國家所協定的，即是第二代行動電話中最受人矚目、使用率也最廣的一個規格。

▶ GSM使用窄頻式TDMA，讓一個無線電頻率中可同時打八通電話。

▶ GSM在1991年起開始採用，到了1997年底，GSM服務已遍佈全球超過100個國家，並成為歐洲及亞洲的工業上的標準（defacto standard）。

▶ GSM所提供的服務有打電話，與PSTN或ISDN相容，可傳簡訊，就是傳送160Bytes的訊息給其他用戶。

▶ 使用GSM的主要好處，在於手機和門號是分開的，門號資訊是記錄在一片小小的SIM卡上，任何相容手機都可成為您個人的話機。國內除了最早期的中華電信090系統以外，其他所有行動電話都是GSM規格。

▶ GSM系統提供許多附加價值的服務，例如高速率的資料傳輸、傳真、及短訊服務等。

▪ **16.3.5** GPRS（General Packet Radio Service）

⊟ 簡介

▶ 目前最流行的無線通訊當屬GSM行動電話通訊系統，在有線通訊上則為當紅的網際網路，儘管如今這兩種網路皆蓬勃發展，但是因為GSM網路的連線是以電路交換（Circuit-Switch）方式，而網際網路上的資料傳遞則以封包交換（Packet-Switch）的方式，不同的交換架構，導致彼此間的網路幾乎都是獨立運作，並不互相連接。

▶ GPRS服務是在現有的GSM網路上，加上幾個數據交換節點，因為數據交換節點具有處理封包的功能，所以使得GSM網路能夠和網際網路互相連接，GSM網路無線傳輸的便利與網際網路資訊的豐富都能彼此共享。

▶ 透過GPRS應用將GSM網路和電腦網際網路相互連接，電腦和手機彼此間能互相通訊後，可以預見的是未來GPRS不僅能夠更加普及與加速目前的WAP發展，還能開發出更多潛在的應用服務。

▶ 延伸WAP的應用

  ▶ 目前網際網路上最常使用到的WWW（World Wide Web）瀏覽功能，都可能利用GPRS傳輸到手機上。所有現在WAP提供的內容與服務，都將更加豐富，不再只是簡單的文字資訊。

  ▶ GPRS網路的發展，為現在的GSM網路升級至第三代行動通訊網路，提供了絕佳的發展平台。

▶ 因為第三代行動通訊的目標在於能夠傳送聲音、影像等多媒體資訊，而且可以處理大量的封包資料。所以運用GPRS的技術，不僅有些技術規格會和第三代行動通訊相似，GPRS的應用服務和第三代行動通訊也是互通的。

▪ **16.3.6** 3G第三代行動通訊系統

▶ 第三代行動通訊系統與目前的第一代（類比語音技術傳輸）、第二代以及第二代進階（數位化技術、國際漫遊、收發簡訊、電子郵件）的系統功能是不相同的。

▶ 第三代行動通訊系統是朝向寬頻的研發設計，可以提供更多容量、更快速度的資料傳輸，將所有行動電話、電腦軟硬體、網際網路、家電等做整合，使行動電話不只是單純的溝通工具，而可以提供更進步的個人化與多媒體互動式服務，藉此可以傳輸影音資料、上網、顯示通話雙方影像、行動電玩、隨選視訊、互動式遠距教學、視訊電話等。

▶ 未來3G核心網路Core Network將會朝向全IP化的方向發展，尤其在目前的3GPP R5 的規格中，整個Core Network都已經以IP作爲主要的通訊協定。

　▶ IP原是網際網路使用的技術，目前被應用於無線通訊網路上。

　▶ IP技術可讓單一網路提供新類型的行動通訊服務，例如通話時可看到對方影像的 多媒體通訊服務，使得MMS多媒體簡訊服務得以實現。

▶ 3G開展了一個行動通訊的新世界，它將過去許多固定式的服務變成了行動式，例如 網路電話（Voice over IP，VoIP）、多媒體視訊會議（Video Conference），或是 手機上的網路連線遊戲。

▶ 未來，消費者能選購的3G產品將會非常多樣化。單純的3G手機（例如專門供使用 者上網瀏覽或收發電子郵件的大螢幕手機）、聲控或網路遙控的無線通訊設備和一 些整合性質的產品（例如與車或各類家電結合的3G設備）都會紛紛出爐。

16.3.7 藍牙（Bluetooth）

▶ 藍牙無線技術首先由易利信於1994年開發出來，1998年由英特爾、朗訊科技 （Lucent）與其他Bluetooth Special Interest Group（SIG）會員，共同發表Bluetooth 1.0規格。

▶ 是一種低成本，低功率運用於短距離溝通的無線連接技術，使用2.4GMz ISM附近的 無線電頻段，爲避免此頻段電子裝置眾多，因而採用1600次跳頻及加密技術來避免 相互的干擾，傳輸速率在432Kbps到721Kbps不等。

▶ 藍牙採用電路式及封包式交換技術，使得藍牙能夠支援同時傳送一道非同步的資料 通道及三道同步語音通道。配合專用的擴大器（Optional Amplifier），傳送範圍更 可遠達100米，因此也應用於可攜式設備的無線連接技術。

▶ 藍牙可用來連結溝通幾乎所有的裝置，並且可處理個別單點對單點（point-to-point）或單點對多點（point-to-multipoint）的技術，對於多點傳輸，其最多連結於 8個裝置，而這樣的網路模型，便是所謂的piconets。

▶ 藍牙除了可以實現電腦之間的連接，也可以與配備藍牙連接埠的手機連接，更爲迅 速的傳輸手機中的圖片、遊戲、鈴聲。

▶ 藍牙在使用上：

　▶ 優點是速度上比紅外線要快得多，作用範圍廣，裝設使用簡單。

　▶ 缺點是配備藍牙的機種比較昂貴；外接藍牙配備比較貴，安全性較差，可能出現 無法識別的現象。

16.3.8 VoIP（Voice Over IP）

▶ VoIP也可稱為網路電話，是一種透過網際網路（Internet）以數位化的方式來傳輸語音封包（package）的技術。

▶ 它最大的優勢是能廣泛地採用全球IP網路的環境，提供比現有的傳統業務更為豐富的服務。

▶ 目前VoIP有四種國際上公認的實現方式：

　▶ Phone-Phone（電話到電話）。

　▶ Phone-PC（電話到電腦）。

　▶ PC-Phone（電腦到電話）。

　▶ PC-PC（電腦到電腦）。

» **16.4** 網路管理

16.4.1 簡介

☒ 網路管理

▶ 經由網路管理系統，透過標準的通訊協定，與連接在網路上的各種不同設備做資訊交換，以取得這些設備的訊息與組態，藉以達到管理的目的。其包含：網路上的硬體配備、網路流量、目前使用的狀態、CPU及系統資源使用率等。

▶ 目標

　▶ 適當的網路管理，減少網路問題的數目。

　▶ 當發生問題時將損害減到最小。

☒ 管理人員的責任與工作

▶ 管理網路每日作業。

▶ 提供網路使用者的支援。

▶ 確認可靠的網路作業。

▶ 評估及取得網路硬體、軟體、服務。

16.4.2 管理架構

⊡ 網路組態管理

▶ 把網路運作的各種遊戲規則和條件事先設定好。

▶ 在網路上事先設定各設備彼此間對話的通訊協定、位址、和參數等。

▶ 規劃網路上的各項資源如資料庫、應用軟體、網頁伺服器、電子郵件伺服器、各項
  網路硬體設備等使用者的權限與使用人數。

▶ 使用者管理：新增、刪除、修改使用者帳戶裡的組態文件。

⊡ 效能的管理

頻寬分配問題、伺服器太慢、負載過重等等。兩個主要部分：監聽、控制。

⊡ 故障的管理

當機之類的故障時、如何偵查錯誤和排除故障問題。

▶ 設備故障紀錄表

  ▶ 發現的時間和日期。

  ▶ 發現問題者的姓名和電話號碼。

  ▶ 問題位置。

  ▶ 問題種類。

  ▶ 問題為何未發生、如何發生。

▶ 故障偵測：錯誤訊息收集及趨勢報導。

▶ 故障區隔：利用檢測技術及錯誤計數找出故障元件及位置。

▶ 故障診斷處理：修復。

⊡ 安全管理

類似稽查的功能，控制網路上的資訊，不會有出軌的行為，確保遠方的軟體和資
料是完整無缺。

⊡ 會計管理

查到在網路上所有元件和組件的庫存資料，進而用這些資訊來計算網路通訊的成
本，並掌握各項資源的應用。如使用率、網路流量、延遲時間等等的資料與數據，以
供分析。

16.4.3 網路管理的工具

⊟ 硬體管理軟體

▶ 主要提供硬體組態管理，提供網路上特定設備的資訊。

▶ 使網路管理者監控重要的設備，產生基本的組態資訊報表及每個設備的錯誤情況等。

⊟ 系統管理軟體

▶ 提供了網路組態及錯誤的資訊，供軟體遞送（ESD）的功能。

▶ 分析整體架構，當線路設備發生問題時，不只顯示單獨問題，而且會顯示對整體的影響。

⊟ 應用管理軟體

▶ 建立在設備管理軟體的基礎上，用來代替監控的系統。

▶ 可追蹤應用層封包的延遲及問題，並通知網路管理員。

▶▶ 本 章 習 題

1. 網路技術或服務相關名詞解釋：

    (1) 推播技術（push technology）

    (2) 防火牆（firewall）

2. 何謂TCP/IP？

3. 請舉例比較Client/Server與Peer-to-Peer之系統架構及其優劣。

4. 區域網路有三種不同的Topology型態，並比較其優劣。

Chapter 17

資訊安全

» 17.1 資訊安全簡介

17.1.1 資訊安全的基礎概念

⊟ 資訊安全生命週期的四個階段

▶ 風險評估：評估資訊安全的風險，並且判斷各種風險的可接受程度。

▶ 安全性的規劃與實施：納入資訊安全政策、規範、程序以及技術，作為所有資訊系統及網路的規劃與實施方面的基本要素。

▶ 安全管理：在整個資訊系統與網路的運作期間，都要採用全面性的方式來進行安全性的管理。

▶ 檢討評估：檢討並重新評估資訊系統及網路的安全性，在適當的地方修訂政策、規範、程序以及技術。

⊟ 資訊安全的種類

▶ 硬體安全：包含硬體環境控制及人為管理控制等。

▶ 軟體安全：包含資料安全、程式安全及通訊安全等。

▶ 個人安全防護：包含人身安全、個人隱私權安全、通訊（網路）安全等。

⊟ 網路安全的防護措施

　　網路使用帳號，應由權責部門統籌管理設定。

▶ 網路密碼必須定期更換，且不得洩露給他人，並於人員異動及職務變更時，註銷帳號或調整其使用權限。

▶ 下載資料或程式必須先確認無病毒感染後，再行下載。

▶ 連線設備應使用防毒及合法版權軟體，嚴禁更動原系統設定。

▶ 為防範電腦遭到非法侵入，應該要設置防火牆。

▶ 設定警示訊號，隨時提醒系統管理或使用人員處理突發狀況。

▶ 網路安全的控制程序。

▶ 預防控制：

　　緩和一個人所想要採取的行動。例如：密碼的設定，避免非法的存取資料或是進入到私人的系統裡。

▶ 偵測控制：

發現有害的事件，如：尋找非法網路入口或病毒的軟體可以偵測這些問題。偵測軟體必須即時地描述發生了什麼問題。

▶ 校正控制：

矯正一些我們所不期待發生的事情或是非法的侵入。如：當資料的傳達失敗時，軟體可以自動地恢復和重新啟動通訊電路。

⊟ 資訊安全管理制度的建立

資訊安全管理制度，不僅是一套軟體或硬體設備，而是對組織內部資訊架構徹底分析後所產生的管理政策。

▶ 目的：保護資訊資產，建立內部合作機制，提升組織競爭力。

▶ 成功因素：

▶ 資訊安全政策的目標與活動能夠確實和組織的營運目標契合。

▶ 管理階層的支援。

▶ 掌握組織的安全需求、進行風險評估及風險管理。

▶ 以最符合經濟效益的方式達成對資訊資產的保護。

▶ 最重要的核心資訊可得到最完整的保護。

▶ 落實組織內部管理階層及所有人員的安全教育。

▶ 資訊安全政策融入組織文化。

» **17.2** 資訊安全技術

17.2.1 資訊加密技術

⊟ 對稱式密碼器

▶ 密碼器分類：

▶ 塊狀密碼器（Block Cipher）：將明文分成許多個小區塊（Block），每個小區塊為64位元或128位元，再利用加密金鑰加密成相同長度的區塊密文。

▶ 串列流密碼器：將明文以一位元為單位，以金鑰位元流逐一加密成相同長度的密文。

▶ 一般認為塊狀密碼器之加密金鑰與解密金鑰成為簡單的關係，亦即由加密金鑰可求得解密金鑰，反之亦然，故稱為對稱密碼器（Symmetric Ciphers）。

▶ DES之明文區塊為64位元，利用56位元的金鑰產生16把不同的48位元子金鑰（Subkey），分別以16種相同結構的加密方式將明文加密為密文。在解密時，此16把子金鑰依相反順序將密文還原成明文。

🖩 非對稱密碼器及數位簽章

▶ 非對稱式密碼器亦是一種塊狀密碼器，惟為維護安全性，其區塊長度通常在512位元甚或1024位元以上。

▶ 在非對稱密碼器與數位簽章中，每人均擁有一公鑰與私鑰對，其中公鑰與私鑰存在著一種單向且複雜的數學難題關係，使得知道公鑰並無法得知相對應的私鑰，因此，公鑰可以向外界公開而不影響其對應私鑰的安全性。

▶ 非對稱密碼器與數位簽章最大的差別在於：

　▶ 在非對稱密碼器中，發送方先使用接收方的公鑰對明文加密，使得接收方得以利用其私鑰解密。

　▶ 在數位簽章中，簽章者先使用自己的私鑰對明文簽署，使得驗證者得以利用簽章者之公鑰驗證此簽章之真偽。

▶ 因此，若有一公鑰與私鑰對系統可滿足交換律，即先用公鑰運算再用私鑰運算其結果不變，則此系統就可同時作為非對稱密碼器與數位簽章。

▶ 現今只有RSA演算法可同時作為密碼系統與數位簽章。

17.2.2 交易安全技術

🖩 SET

▶ 由VISA、Mastercard、Netscape、Microsoft一起共同開發。

▶ 主要應用在電子商務中的信用卡交易。

▶ 主要有消費者、網路商店、消費者信用卡發卡銀行與網路商店銀行四個成員。

▶ SET的使用步驟：

A. 使用者選定交易商品、啟動SET安全軟體。

B. SET用商店與使用者的秘密鑰匙將訂單加密後再用網路商店的公開鑰匙加密，付款資訊則用網路商店銀行公開鑰匙加密。

C. 網路商店用其秘密鑰匙將付款資料加密後傳給網路商店銀行。

D. 網路商店銀行收到並確定網路商店所傳送的付款資訊後，根據付款資訊向信用卡發卡銀行查核授權。

E. 信用卡銀行確認網路商店銀行身分後，確認消費者信用，若是良好則授權此交易。

F. 網路商店銀行收到信用卡銀行授權後，授權網路商店此筆交易。

G. 網路商店收到授權後，告知使用者此筆交易完成並處理相關訂單。

田 SSL（Secure Socket layer）

▶ 目前已應用在各瀏覽器中，包括Microsoft公司的IE等。

▶ SSL協定由Netscape　Communication公司於1994年10月所提出，應用於HTTP、SMTP等協定中。

▶ 主要目的在提供網路上交易過程中基本的點對點（End-to-End）通訊安全機制，避免交易訊息在通訊過程中被攔截、竊取、偽造及破壞。

▶ SSL的特性：

　▶ 資料的保密性。

　▶ 使用者的認證。

　▶ 資料的正確性。

　▶ 與舊有系統相容。

▶ SSL的使用步驟：

A. 客戶端向伺服端發送訊息。

B. 伺服端向客戶端傳送相關訊息。

C. 伺服端傳送其認證與公眾鑰匙給客戶端。

D. 確認伺服端身分後，客戶端傳送訊息給伺服端。

E. 伺服端收到訊息後，雙方會傳送訊息給對方。

F. 開始利用雙方所談好的對稱式加密方式與秘密鑰匙值，將以後連線中的資料加密後傳送給對方。

17.2.3 網路資訊安全

▣ 網路上的安全問題

▶ 入侵與破壞系統。

▶ 資料竊取。

▶ 資料阻擋或竄改。

▶ 假冒身分。

▶ 否認事實。

▶ 病毒、特洛依木馬程式。

▣ 資訊安全機制

▶ 使用者認證（Authentication）。

▶ 資訊安全系統最基本的要素，目前常見的認證方式有：

　▶ 電子鑑別技術（密碼、晶片卡）。

　▶ 生物特徵技術 （指紋、視網膜、聲紋、臉部特徵辨識）。

▶ 存取控制（Access Control）：控制使用者對資訊的存取。

▶ 不可否認性（Non-repudiation）：針對被提出的事件或動作來產生證據，並收集、維護、提供使用及檢驗其有效性，以解決關於事件或動作之發生或未發生之爭議。

▶ 資訊機密性（Confidentiality）

　▶ 確保唯有通過認證的使用者才能存取資料。

　▶ 機密性為資訊安全必須能確定唯有通過認證的使用者才得以存取資料。

　▶ 當不論任何人都可以輕易得知「機密」或「極機密」等級文件內容，這就形同沒有資訊安全。

▶ 資訊完整性（Integrity）

　▶ 避免透過網路傳輸資料時發生傳送方與接收方資料不一致的情形。

　▶ 完整性是指當資訊在經過保護及傳送的過程中，仍能確保資訊的正確性及真確性。

　▶ 現今所指的資訊完整性，大多是發生在網際網路的傳輸品質以及加/解密技術上。

17.2.4 公開金鑰基礎建設

概念

▶ 公開金鑰基礎建設（Public Key Infrastructure，PKI）是運用公開金鑰及憑證進行網路交易或傳輸，以提高安全性並確認對方身分之機制。

▶ 基本上，它必須雙方均同意相互信任其憑證機構及所簽發憑證，並藉此進行身分核驗、數位簽章等相關應用，以提供資料完整性（Integrity）、資料來源鑑別（Authentication）、資料隱密性（confidentiality）、不可否認性（Non-Repudiation）等安全保證。

PKI組成元件

▶ 安全政策（Security Policy）

▶ 憑證機構（Certificate Authority，CA）

▶ 註冊機構（Registration Authority，RA）

▶ 憑證廢止清冊（Certificate Revocation List，CRL）

▶ 目錄服務（Directory Service）

PKI元件間之關係

PKI各元件間之關係，如圖17-1所示。

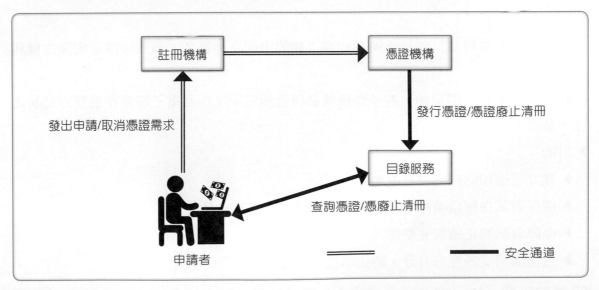

圖17-1

🖃 認證

為確保收件者或傳送者為真實而非由第三者所假冒，必須要使用盤問與回應的方式來確保收件者或傳送者的真實身分。

▶ 利用秘密鑰匙加密法做認證。

▶ A傳送訊息給B。

▶ B利用A的秘密鑰匙將訊息加密後傳回給A。

▶ A利用A的秘密鑰匙將訊息解密對照原訊息來確認B的身分。

▶ B可以利用相同方式確認A的身分。

▶ 利用公眾鑰匙加密法認證。

▶ A用B的公眾鑰匙將訊息加密後傳給B。

▶ B解密後利用其私密鑰匙加密後傳給A。

▶ A利用B的公眾鑰匙解密後對照訊息確認B的身分。

▶ 為避免他人得知B傳送給A的加密文件遭到竊取，可在認證的過程中約定一暫時性的秘密鑰匙，利用此秘密鑰匙進行資料加密。

17.2.5 數位簽章

🖃 電子簽章法

▶ 原由

　▶ 傳統的商業貿易行為是透過契約書之類的書面文件簽名、蓋章來確定相關之權利義務。

　▶ 在網際網路的環境中，電子商務勢必得依賴電子文件及電子簽章作為雙方交易之基礎。

▶ 目的

　▶ 建立可信賴的網路交易環境。

　▶ 確保資訊在網路傳輸過程中不曾遭到偽造、竄改或竊取。

　▶ 保障資訊的正確與完整性。

　▶ 透過識別交易雙方身分，防止事後否認已完成交易的事實。

🖃 數位簽章（Digital Signature）VS.電子簽章（Electronic Signature）

▶ 「數位簽章」為最早發展且成熟的技術，運作原理主要利用「非對稱式密碼學」。

▶ 「電子簽章」所涵蓋的範圍廣泛，除了數位簽章技術之外，其他各種生物辨識技術亦包含在內。

▶ 為了讓使用者無法否認曾經發生的行為，利用數位簽章來確定使用者曾經發生的交易或行為。

» **17.3 電腦病毒的防治**

17.3.1 發展歷程

　　隨著電腦科技的進步與發展，電腦病毒也從簡單的感染檔案模式，進步到透過網路應用迅速的擴散、破壞企業E化資料。因此，就電腦病毒的發展史來看，可區分為簡單的傳統型電腦病毒與複雜的新型電腦病毒兩類。

曰 傳統型的電腦病毒

▶ 特性：

　▶ 是一段小程式所組成，小程式大小通常4K到10K左右。

　▶ 電腦病毒本身會將自己的程式依附在其他程式上。

　▶ 透過寄主程式的執行，伺機將病毒程式傳出去。

　▶ 有特定潛伏期，於一定條件成立時，才進行破壞行動。

▶ 類型：

　▶ 檔案型病毒特性是執行檔案時，附著於.EXE或.COM檔案中的感染源會控制住該系統，然後複製病毒程式於其他檔案。

　▶ 開機感染型病毒則是附著於磁片開機區或開機時載入記憶體的硬碟磁區，因此病毒會比其他程式先載入記憶體，這些病毒會監控DOS的中斷向量，然後感染其他再插入磁碟機中的磁片，最後於一特定的條件成立時，開始進行破壞。一般以刪除檔案為主，最具殺傷力的就是格式化磁碟機，讓企業辛辛苦苦建立的資料付諸流水。

曰 新型電腦病毒

　　隨著電腦資訊的蓬勃應用以及科技的發展，電腦病毒也伺機搭上這班列車，而且利用科技的技術製造感染模式更多、擴散管道更廣、破壞範圍更大、甚而結合駭客行為製造出更新型的電腦病毒，讓企業E化環境防不勝防。

▣ 特性

▶ 不需要寄主程式。

▶ 利用Java / ActiveX / VB Script等技術，潛伏在網頁的HTML頁面裡面，在使用者上網瀏覽時觸發。

▶ 可以結合傳統電腦病毒，進行破壞。

▶ 跨作業平台Windows、Linux、Set-top Box、IA等。

17.3.2 病毒種類

▣ 開機型

開機型病毒是藏匿在磁碟片或硬碟的第一個磁區。因為作業系統的架構設計，使得病毒可以於每次開機時，在作業系統還沒被載入之前就被載入到記憶體中，這個特性使得病毒可以針對DOS的各類中斷得到完全的控制，並且擁有更大的能力去進行傳染與破壞。

▶ 典型案例有：米開朗基羅

▣ 檔案型

檔案型病毒通常寄生在可執行檔（如*.com，*.exe等）中。這些檔案被執行時，病毒的程式就跟著被執行。檔案型的病毒依傳染方式的不同又分成非常駐型以及常駐型兩種。非常駐型執行寄生檔案時才感染其他檔案；常駐型：暗藏在記憶體，伺機感染正在執行的檔案。

▶ 典型案例有 ：Friday 13th （黑色星期五） （常駐型）

▣ 複合型

複合型病毒兼具開機型病毒以及檔案型病毒的特性。它們可以傳染*.com，*.exe檔，也可以傳染磁碟的啟動磁區（Boot Sector）。

▶ 典型案例有 ：Filp （翻轉）

▣ 隱形飛機型

隱形飛機式病毒又稱作中斷截取者。顧名思義，它藉由控制DOS的中斷向量來讓DOS以及防毒軟體誤認所有的檔案都是乾淨的。

▶ 典型案例有：FRODO（福祿多）

🔲 千面人

千面人病毒可怕的地方在於每當它們繁殖一次，就會以不同的病毒碼傳染到別的地方去。每一個中毒的檔案中所含的病毒碼都不一樣（好像戴面具只剩兩個眼睛露出來）。

▶ 典型案例有：PE_MARBURG

🔲 文件巨集

它主要是利用軟體本身所提供的巨集能力來設計病毒，所以凡是具有寫巨集能力的軟體都有巨集病毒存在的可能，如Word、Excel都相繼傳出巨集病毒危害的事件。

▶ 典型案例有：履歷表殺手（W97M_Resume）

🔲 特洛伊木馬

特洛伊木馬不會自我複製，也不會主動散播到別的電腦裡面，是一種會執行非預期或未授權之動作的程式，它不會感染其他寄宿檔案。經常偽裝成某種有用的或有趣的程式（如螢幕保護程式、算命程式、電腦遊戲等），可以騙取使用者的密碼等。清除本病毒的方法是直接刪除受感染的程式。

▶ 典型案例有：
  ▶ Troj_KILLBOOT開機殺手病毒
  ▶ Troj_Sircam思坎病毒
  ▶ TROJ_MSWORLD.A（世界選美各國佳麗照）
  ▶ TROJ_NAVIDAD.E（別名EMMENUEL）
  ▶ TROJ_POKEY.A（口袋怪獸皮卡丘）

🔲 電腦蠕蟲

電腦蠕蟲病毒是一種自含程式，可將本身的功能或程式碼的一部分散播到其他電腦。這種病毒通常是透過網路連線或電子郵件的附件散播。清除蠕蟲病毒的方法是直接刪除它們。

▶ 典型案例有：
  ▶ WORM_OPASOFT.A 走後門病毒
  ▶ WORM_FRETHEM_K 通關密語變種
  ▶ WORM_GONE.A（消散病毒）
  ▶ Code Red 紅色密碼

⊟ 駭客型

　　駭客型病毒主要是透過多重管道在網路上大量散播（如電子郵件、微軟IIS伺服器、網路資源分享）。當其植入後門程式後進行破壞，騙取使用者密碼，以便駭客用來假冒使用者身分入侵網路或讀取/篡改機密資料。

▶ 典型案例有：Nimda（娜妲）

⊟ Script型

　　Script病毒是以script程式語言如VBScript以及JavaScript撰寫而成。VBScript（VisualBasicScript）以及JavaScript病毒透過Microsoft的WindowsScriptingHost（WSH）即能夠啓動執行以及感染其他檔案。由於WSH只可用於Windows98以及Windows2000，因此您只要在Windows檔案總管按兩下*.vbs或*.js檔便會啓動病毒；而HTML病毒使用內嵌在HTML檔中的script來進行破壞。當使用者從具備script功能的瀏覽器檢視HTML網頁時，內嵌script便會自動執行。

▶ 典型案例有：VBS_HAPTIME.A（B）（歡樂時光）

⊟ 謠言/玩笑/惡作劇型

　　主要是利用人性弱點，透過電子郵件流傳。並且鼓勵你再把這封警告訊息轉寄給你的親朋好友。當電腦使用者很快速且努力的將此郵件傳送給諸親好友的同時，佔據了網路頻寬或讓電子郵件伺服器塞爆進而癱瘓。如此病毒本身不需自行感染、擴散即已達到破壞企業E化應用環境。

▶ 典型案例有：貞子病毒

▋ **17.3.3** 感染途徑

⊟ 網際網路與電子郵件使用者

　　使用網際網路與電子郵件交換訊息的過程中，病毒經常隨之而來，例如電子郵件、網路交談系統及電子佈告欄等均成爲病毒主要的感染源。當有毒之檔案上傳至檔案伺服器後，只要使用者下載此檔案，電腦就會被病毒感染，感染速度快且範圍廣。

⊟ 區域網路（LAN）

　　由於網路環境所提供的服務既便利且廉價，不論政府機關、企業行號、學校及軍事單位，近年來均積極建構資訊網路環境，以增進其作業效能。相對而言，如果區域網路內未規劃與配置完善的安全防護措施，則此區域網路會成爲病毒感染之禍源，一旦受感染的電腦登入網路，網內其他電腦就會跟著被感染。

⊟ 公用之個人電腦

　　設置供多人使用之電腦，雖然提供了資訊存取的管道，但是若缺乏完善的管理措施以及必要的安全防護機制，多人在其上隨意操作及拷貝，自然成為傳播病毒的溫床。

17.3.4 破壞方式

⊟ 傳統的電腦病毒的侵害

▶ 以單一電腦為對象，僅造成受感染電腦的毀損。

▶ 將資源伺服器（檔案伺服器、電子郵件伺服器）塞爆，使其無法運作。

⊟ 新型的電腦病毒的侵害

▶ 以透過全球資訊網（WWW）伺服器為媒介，大量感染上線的電腦設備。

▶ 除了破壞硬碟資料外，另外透過植入後門程式，進行遠端遙控之駭客攻擊行為。

▶ 非以破壞資源伺服器為滿足，而是癱瘓整個企業網路，並且以級數方式降低生產力。

17.3.5 趨勢

⊟ 透過應用程式或作業系統漏洞、弱點掃描攻擊

　　目前，全球使用者在作業系統方面主要是以Microsoft XP為作業平台、Office辦公室管理系統以及IE瀏覽器為市佔率最高，也常遭受到電腦病毒的侵擾。

⊟ DDoS網路癱瘓式攻擊

　　阻斷式（DoS）的攻擊儼然已經是相當嚴重的電腦病毒攻擊模式，但阻斷式攻擊仍是屬於單點、無法控制的雜亂式癱瘓資訊環境手法，比較容易在重現的攻擊行為中，快速的製造解毒良藥。

　　未來可預期的是透過結合駭客手法，先將後門程式散入（Distributive）受感染之資訊應用環境，然後製毒者就可以隨心所欲於任何時間發動攻擊，造成資訊應用環境暫時癱瘓，然後再迅速停止攻擊，讓掃毒人員無法立即判斷出攻擊手法。此種行為稱之為分散式阻斷式攻擊（DDoS）。

☒ Key-Logger竊取密碼及機密資料

隨著電腦資訊教育普及化，網路咖啡店透過大眾到網路咖啡店的應用過程中，可以先在該電腦設備上安裝遠端監控類軟體後，在客戶不知不覺的情況下，利用網路咖啡店之電腦設備輸入一些機密性資料，因而取得該私人資訊，後續進行違法事宜。

☒ 由手機、PDA、Notebook等工具無線上網

隨著無線資訊應用環境的快速發展，在尚未嚴謹的資料加密，抑或頻寬使用考慮下，電腦病毒透過無線上網設備，更快速，影響範圍更廣的將病毒散播出去，甚至當無線資訊設備接上有線資訊應用環境時之短暫時間，將電腦病毒植入企業E化應用環境，造成企業無上損失。

☒ Script病毒逐漸增加

資訊應用程式能夠跨平台，使用Script語言進行資訊應用程式撰寫，所以在Script語言使用越來越多的資訊環境下，成為電腦病毒成名的目標，未來Script類型之電腦病毒將會越來越多。

» **17.4** 企業的電腦病毒防治

17.4.1 電腦病毒感染

☒ 用戶端

電腦設備終端使用者因為資料來源可區分為來自檔案伺服器的檔案資料、群組伺服器的電子郵件、網際網路的web網頁，以及透過網路芳鄰所取得的資料，都是病毒感染的途徑。

☒ 檔案伺服器

由於檔案伺服器是提供企業內file service之資料儲存空間，所以電腦病毒有可能的感染途徑包括電腦設備終端的檔案存取、先前未被偵測出含病毒之備份磁帶、軟碟片、光碟片，而在restore時受到感染感染，另外就是檔案伺服器彼此間資料的replication也是電腦病毒感染途徑之一。

☒ 群組伺服器

群組伺服器主要資料傳輸途徑包括電腦設備終端的資料存取、群組伺服器彼此間資料的replication，以及由網際網路傳入企業內之資料等三種電腦病毒感染途徑。

⊟ Internet閘道器

　　由於Internet閘道器除了提供企業內部用戶端電腦設備存取網際網路資料外，對於協助後端群組伺服器之應用服務都是造成電腦病毒感染途徑。

17.4.2 部署防毒

⊟ 電腦病毒防毒防治

　　範圍：Internet閘道器、群組伺服器、檔案伺服器、用戶端電腦等。

▶ 方式：

　▶ 採用集中式的控管模式，只要更新一部或幾台電腦病毒防治伺服器，其他的電腦設備則由此中央控管伺服器自動更新病毒元件。

　▶ 由於電腦病毒感染擴散的速度相當快，若要在企業內使用人工方式一一對每一電腦設備進行防毒元件更新，恐怕在手動更新過程中已造成大部分電腦設備受電腦病毒破壞，因此透過集中式系統以有效阻止電腦病毒擴散。

⊟ 防毒產品的選擇

▶ 正面表列防毒產品：是一種採事先預防病毒感染機制，主要是使用軟體認證方式達到防毒效果。

▶ 優點：

　▶ 有效的防止新型病毒感染。

　▶ 影響軟體執行效率低。

▶ 缺點：

　▶ 軟體需經認證後才可執行。

　▶ 軟體認證機制程序較複雜。

　▶ 較適用於一般用途固定之電腦設備。

▶ 負面表列式防毒產品：

　▶ 是一種採事後預防病毒感染機制；主要是透過電腦病毒碼檔、掃描引擎及掃毒程式組合而成的防毒機制。

　▶ 所謂的病毒碼，是從病毒程式中截取一小段獨一無二而且足以表示這隻病毒的二進位程式碼（Binary Code），來當作掃毒程式辨認此病毒的依據，這段獨一無二的二進位程式碼就是「病毒碼」。

▶ 所謂的掃毒引擎就是當防毒軟體掃描某一個磁碟機或目錄時，是把這個磁碟機或目錄下的檔案一一送進掃描引擎來進行掃描，真正決定掃描速度及偵測率的因素就是掃毒引擎。掃毒引擎是一個沒有畫面，沒有包裝的核心程式，它被放在防毒軟體所安裝的目錄之下。

▶ 優點：

安裝應用程序簡單。

任何軟體均可執行，故任何用途之電腦均可適用。

▶ 缺點

無法預防新型病毒感染。

隨著所參考之電腦病毒碼檔變大，影響軟體執行效率。

17.4.3 電腦病毒防治解決

⊡ 企業使用單一防毒產品時，由於防毒產品如下的特性，造成潛在危機：

▶ 防毒廠商對於電腦病毒破壞力自訂研判方式及危害等級。

由於各家防毒廠商採用不同的防毒技術，因此製造解毒方案時效上無規則。所以，當只有使用一家防毒產品時，除了無法即時的確定是否電腦病毒來襲外，對於新病毒的解毒方案必須依賴單一防毒廠商的作業時效，因而提高了IT應用環境受電腦病毒危害之風險。而且防毒產品有可能有漏掃之情形發生。

▶ 防毒產品未具備自動通報系統

用戶端電腦防毒軟體有(1)使用者可隨時移除防毒軟體；(2)防毒元件更新失敗時，無法自動回報等特性，所以容易造成防毒漏洞。

▶ 防毒產品無法指出病毒攻擊源

企業內部電腦設備可能為因應研究領域之需求有意或不經意條件下未安裝防毒軟體，導致受病毒感染並成為一電腦病毒攻擊源而不自知。而大部分防毒產品以自保電腦設備為原則所設計，所以對於遭受電腦病毒攻擊源之攻擊時並不會明確的通報該電腦病毒攻擊源，造成該病毒攻擊源持續去攻擊尚未具備防毒功能的電腦設備。

🙂 企業用解決問題的方法：

▶ 加強防毒元件更新速度

　　藉由引進不同防毒廠商之產品，視即時之狀況快速的取用有利的解決方案，降低受電腦病毒之危害。此外，在企業E化環境出入口利用雙防毒產品把關，做到防治單一防毒產品漏掃之風險。

▶ 建置「電腦未裝防毒軟體之偵測」機制

　　為了確實掌握企業內用戶端電腦是否安裝電腦病毒防治軟體且防毒元件已更新到最新版本，可依據如下方式達成：

▶ PC安裝防毒軟體偵測機制。

▶ 週期性的偵測企業內PC防毒軟體安裝狀況。

▶ 產出防毒元件更新機器之報告。

▶ 依據防毒元件更新週期性，適時產出防毒元件更新失敗之報告，並將該報告轉與資訊工程師協助處理。

▶ 建置病毒攻擊源誘捕機制。

▶ 透過病毒攻擊源誘捕機制之建立，強化防毒機制。

▸▸本章習題

1. 請列出資訊安全三要素並簡要說明。

2. 解釋：SET、SSL？

3. 請說明在電子商務中的下列三個名詞。

    (1) 電子簽章（Digital Signature）

    (2) 電子認證中心（Electronic Certificate Authority，CA）

    (3) 安全電子交易協定（Secure Electronic Transaction Protocol，SET）

4. 何謂SET？並說明及圖示網路商店和SET付款流程。

5. 何謂數位簽章？

Chapter

18

大數據－Big Data

» **18.1** 大數據概述

大數據（Big data或Mega data）或稱巨量資料、海量資料，指的是所涉及的資料量規模巨大到無法透過人工，在合理時間內達到擷取、處理、成為人類所能解讀的資訊。在總資料量相同的情況下，與個別分析獨立的小型資料集（data set）相比，將各個小型資料集合併後進行分析，可得出許多額外的資訊和資料關聯性，可用來察覺商業趨勢、判定研究品質、避免疾病擴散、打擊犯罪或測定即時交通路況等；這樣的用途正是大型資料集盛行的原因。

至2014年，技術上可在合理時間內分析處理的資料集大小單位為艾位元組（exabytes）。在許多領域，由於資料集過度龐大，科學家經常在分析處理上遭遇限制和阻礙；這些領域包括氣象學、基因組學、神經網路學、複雜的物理模擬，以及生物和環境研究。這樣的限制也對網路搜尋、金融與經濟資訊學造成影響。資料集大小增長的部分原因來自於資訊持續從各種來源被廣泛收集，這些來源包括感測的行動裝置、感測科技、軟體記錄、相機、無線射頻辨識（RFID）和無線感測網路。至2014年，全世界每天產生2.5艾位元組（2.5×10^{18}）的資料。

大數據幾乎無法使用大多數的資料庫管理系統處理，而必須使用能在多達數千台伺服器上同時平行運行的軟體。大數據的定義取決於持有資料組的機構之能力，以及其平常用來處理分析資料的軟體之能力。隨著大數據話題越來越熱門，大數據時代到來了，在商業、經濟及其他領域中，未來的決策將會是基於資料和分析而作出，而並非基於經驗和直覺。

大數據時代的來臨帶來了無數的機遇，但是與此同時，個人或機構的隱私權也極有可能受到衝擊，大數據包含了各種個人資訊資料，現有的隱私保護法律無力解決這些新出現的問題。有人提出，大數據時代資訊為某些網際網路巨頭所控制，但是資料商收集任何資料未必都獲得用戶的許可，其對資料的控制權不具有合法性。2014年歐盟法院判決Google應根據用戶請求刪除不充足的，無關緊要的，不相關的資料，以保證資料不出現在搜尋結果中。這說明在大數據時代，加強對用戶個人權利的尊重才是時勢所趨的潮流。

大數據由巨型資料集組成，這些資料集大小常超出人類在可接受時間下的收集、管理和處理能力。大數據的大小經常改變，截至2013年，單一資料集的大小從數兆位元組至數十兆億位元組不等。在一份研究指出，資料增長的挑戰和機遇有三個方向：量（Volume，資料大小）、速（Velocity，資料輸入輸出的速度）與多變（Variety，

多樣性），合稱「3V」。現在大部分大數據產業中的公司，都使用3V來描述大數據。於2012年修改了對大數據的定義：「大數據是大量、高速、或多變的資訊資產，它需要新型的處理方式去促成更強的決策能力、洞察力與最佳化處理」，有機構在3V之外定義了第4個V：真實性（Veracity）為第四特點。大數據必須藉由計算機對資料進行統計、比對、解析方能得出客觀結果。美國在2012年就開始著手大數據，歐巴馬更投入2億美金在大數據的開發中，更強調大數據會是之後的未來石油。資料探勘（data mining）則是在探討用以解析大數據的方法。

» 18.2 大數據資料應用

大數據資料的應用範例包括了大科學、RFID、感測網路、大氣學、基因組學、生物學、社會資料分析、網際網路檔案處理、網際網路搜尋引擎索引、通訊記錄明細、軍事偵查、社群網路、通勤時間預測、醫療記錄、照片圖像和影像封存、大規模的電子商務等。

◉ 應用於科學部門

大型強子對撞機中有1億5000萬個感測器，每秒傳送4000萬次的資料。實驗中每秒產生將近6億次的對撞，在過濾去除99.999%的撞擊資料後，得到約100次的有用撞擊資料。將撞擊結果資料過濾處理後僅記錄了0.001%的有用資料，全部四個對撞機的資料量複製前每年產生25拍位元組（PB），複製後為200拍位元組。如果將所有實驗中的資料在不過濾的情況下全部記錄，資料量將會變得過度龐大且極難處理。每年資料量在複製前將會達到1.5億拍位元組，等於每天有近500艾位元組（EB）的資料量。這個數字代表每天實驗將產生相當於500垓（5×10^{20}）位元組的資料，是全世界所有資料來源總和的200倍。

◉ 應用於衛生部門

國際衛生學教授漢斯·羅斯林使用「Trendalyzer」工具軟體呈現兩百多年以來全球人類的人口統計資料，跟其他資料交叉比對，例如收入、宗教、能源使用量等。

◉ 應用於公共部門

已開發國家的政府部門開始推廣大數據的應用。2012年歐巴馬政府投資近兩億美元開始推行大數據的研究與發展計劃，計劃涉及美國國防部、美國衛生與公共服務部門等多個聯邦部門和機構，意在通過提高從大型複雜的資料中提取知識的能力，進而加快科學和工程的開發，保障國家安全。

🔲 應用於民間部門

Amazon.com在2005年的時候，其資料庫是世界上以LINUX為基礎的三大資料庫之一]。威名百貨可以在1小時內處理百萬筆以上顧客的消費處理。相當於美國議會圖書館所藏的書籍之167倍的情報量。Facebook，處理500億枚的使用者相片。全世界商業資料的數量，統計全部的企業全體、推計每1.2年會倍增。西雅圖不動產使用約1億匿名GPS訊號。軟體銀行，1月間約10億件（2014年3月）。

🔲 應用於社會部門

大數據產生的背景離不開臉書、社群網路的興起，人們每天通過這種自媒體傳播資訊或者溝通交流，由此產生的資訊被網路記錄下來，社會學家可以在這些資料的基礎上分析人類的行為模式、交往方式等。美國計劃依據個人在社群網路上的資料分析其自殺傾向，透過臉書的行動App收集資料，並將用戶的活動資料傳送到一個醫療資料庫。收集完成的資料會接受人工智慧系統分析，接著利用預測程式來即時監視受測者是否出現一般認為具傷害性的行為。

🔲 應用於市場部門

大數據資料的出現提升了對資訊管理專家的需求，Software AG、甲骨文、IBM、HP、微軟、SAP、Intel，已在多間資料管理分析專門公司上花費超過150億美元。在2010年，資料管理分析產業市值超過1,000億美元，並以每年將近10%的速度成長，是整個軟體產業成長速度的兩倍。

經濟的開發成長促進了密集資料科技的使用。全世界共有約46億的行動電話用戶，並有20億人連結網際網路。至2005年間，全世界有超過10億人進入中產階級，更進而帶動資訊量的成長。全世界透過電信網路交換資訊的容量在2007年則為65艾位元組。根據預測，在2015年網際網路每年的資訊流量將會達到1000艾位元組。

»18.3 大數據資料基礎

Big Data的意涵：那麼何謂Big Data？它並非定義嚴謹的專業名詞，雖然眾說紛紜，但業界共識的3V1C是很好的描述，如下：

▶ 資料量（Volume）：動輒以Terabyte計，甚至要處理Petabyte等級的資料量。

▶ 處理速度（Velocity）：從批次、即時到串流，線上廣告要在40毫秒內決定回應內容，而授信系統必須在1毫秒裡面完成客戶信評的計算。

▶ 內容多樣性（Variety）：資料的樣式包括結構化、非結構化與半結構化，以及三種型式的組合。

▶ 複雜性（Complexity）：面對前述3V的綜合需求，Gartner說結構複雜。

上述3V1C展現了Big Data的特性，這就是Big Data被提出的原因－傳統的IT Infra.與RDBMS資料庫技術無法對其有效處理。常有企業說IT資料只有數個TB，實在太小，應該稱不上BigData；其實只要其符合3V的一至二個特性，仍可歸屬Big Data，重點是其為既有傳統IT技術難以處理者。

因此業界的Big Data是下述面的統稱：

▶ 資料面：包含以前即存在的衛星遙測、石油探勘、飛機引擎、生產線機台、電話交換機與錄音、DVR影像、網路封包等log資料，與網路上的網頁、論壇、Social Media等資料；這些資料不同於傳統資料庫的結構化資料，包括數據、文字、圖像、語音、影像等，需要以新的技術來處理。

▶ 技術面：具備NoSQL、Column-oriented、In-memory、Shared　Nothing等技術的新一代資料庫產品相繼面世，尚有CEP（Complex　Event　Processing）的即時處理技術；它們都是因應須快速處理巨量資料。

▶ 應用面：主要是針對資料分析，尤其是個人化的精準預測分析。目前最成熟的當屬網站營運相關應用，包括網站與網頁優化、電商購物推薦、網頁廣告投放等；這並不奇怪，Cloud　Computing/Social　Media/Big　Data本就是Internet業者主導發展出來的。當然，其他的企業也應用中。

» **18.4** 大數據資料分析

雲端時代的應用-Big Data大數據資料分析，關於Big Data，各個領域、行業、國家在Big Data的應用，涵蓋醫療、政府、交通、金融、節能等各領域的案例。

4V（Volume、Velocity、Variety、Veracity），下方說明4V：

▶ Volumn（數據量）：大量資料的產生、處理、保存，談的就是Big Data就字面上的意思，就是談海量資料。

▶ Velocity（時效性）：就是處理的時效，Big Data其中一個用途是做市場預測，那處理的時效如果太長就失去了預測的意義了，所以處理的時效對Big Data來說也是非常關鍵的，500萬筆資料的深入分析，可能只能花5分鐘的時間。

▶ Variety（多變性）：指的是資料的形態，包含文字、影音、網頁、串流等等結構性、非結構性的資料。

▶ Veracity（可疑性）：指的是當資料的來源變得更多元時，這些資料本身的可靠度、品質是否足夠，若資料本身就是有問題的，那分析後的結果也不會是正確的。

　　Veracity點出一個很關鍵的問題，過去的數據分析，資料大多來自於內部的系統，例如從客戶滿意度來分析使用者對產品的意見，在做滿意度調查時，往往會設計一份問卷，然後透過服務人員或者委託其他單位代為調查，將上萬份的問卷收集回來後再做分析，這些資料在可靠度上相對較高，但這種調查的問題在於，願意接受調查的人，往往已經對公司的產品抱持著一定的好感，而你並沒有接觸到那些對公司產品抱持不好觀感的客戶（連接受調查都不願意），以及那些對公司產品不感興趣的人，若你真的想要改善產品、擴大市場，那這些人的意見對你來說，可能才是關鍵，所以你開始委託擅長社交分析的公司幫你分析在社群網路上大家是怎麼談論公司的產品，但因為來自社群網路的資料並非經過正式管道，有機制的被取得，所以真偽難辨，品質也很難被識別，若要依據這些網路上收集到的資料來做決定，其實是有很大的風險的，而這就是Veracity這個V所提出的觀點。　簡單的來說明4個V：「大量（Volume）且多元（Variety）的資料，必須以高時效（Velocity）完成取得、分析、處理、保存，而這些資料本身必須要是可靠無虞的（Veracity）。

☺ 3I（Instrumented、Interconnected、Intelligent）

　　這3個I的解釋如下：

▶ Instrumented（物聯化）

　　所謂的物聯化，就是當所有的物件都可以被當成一種資料時，所有的物件自然可被記錄其狀態、變化，過去輸入資料的裝置可能是電腦、手機、平板或者其他能讓進行錄影、錄音的裝置，但透過RFID或者其他感測裝置，能時時的記錄下一隻鳥、一朵花、一條河流的狀態，而這些狀態就是需要的資料。

▶ Interconnected（互連化）

　　M2M（Machine to Machine）其實也是物聯網的一環，讓物件彼此做連結，例如可以用手機控制電視，也能控制電腦，因為當兩者透過一些數據交換建立起連結，兩者就不再是單一的個體，而是互相連結的相關物件。

▶ Intelligent（智能化）

2011年，IBM研發的華生電腦，在機智問答大賽上戰勝了兩位超強的高手，華生電腦有2800個處理核心，每秒運算能力高達80兆次，而其獲勝的關鍵在於充分運用內建的知識庫，當問題提出後，華生電腦立刻進行快速的搜尋、排序、分析，並挑選出最可能的答案，並作答，這就是智能化的結果。

更好、更廣、更有價值的應用資料

各行業使用Big Data的困難點與潛在價值，包含不同行業的資料取得難易度、是否習慣用資料驅動業務、資料的變動性等等，不同行業的Big Data案例，例如用在零售上面，如何能更快探索出消費者的需求，更好的滿足客戶；在醫療上，如何提高早產兒的生存機率，以及加快關鍵醫療技術的發展；在政府部門，如何透過資料的分析，預先排定好警力的配置，有效降低犯罪率；在製造業，如何有效協調產銷；在金融業，如何有效防堵詐騙，並進行精準的行銷動作。過去做產銷排程是在已知的生產能量以及原料的供給狀態下去進行排程，但現在你可以進一步的去收集來自上游的各種供給資訊，將風險的部分也預估進去，另外也將生產線的機器的可用性列進去，最終可能可以得到一個比過去更全面的預估結果，而這必須仰賴比過去更多、更雜的資料來源，並設計更龐大的運算，所以你把它當成Big Data參考。

首先是資料的價值，資料的存在一定有其目的，可能是在解決問題或者創造其他價值，首先必須要先知道面對著什麼樣的問題，然後思考：

1. 哪些資料對你是有價值的？
2. 你要怎麼取得這些資料，包含從哪邊取得？怎麼取？
3. 取得之後很重要的就是保存，你要用什麼樣的資料型態保存它？是結構化的關聯式資料還是半結構化的文件？然後這些資料要被保存在資料庫還是Storage？
4. 你要怎麼用這些資料，未經整理與消化的資料不構成資訊，但若要解決問題，必須要從資料中萃取出有用的資訊，這通常跟前頭要解決的問題是有關連的。
5. 你要怎麼呈現這些已經被處理過的資料，是視覺化的圖表還是清楚的數據結果，這也要視你的狀況而定。

過去企業可能關切的資料大多在資料庫中，這些資料來自的ERP/SCM/CRM等相關系統，可能是交易性的資料、流水性的紀錄，這些資料有助於檢討過去做錯了哪些事情，例如透過每個月的業績資料，大概可以看到哪些月份做的特別好，並可以看出哪些產品賣得好，從數據中開始找尋可以檢討的點，然後去推估原因，這是很多企

業經營的習慣，當然這個推估與猜測是可以透過經年累月的經驗累積而變得更加精準的，但這些資料都是要經歷過後才會存在，也就是問題已經發生了，才去尋求解決，但大數據很多軌跡可能是可以透過外部資料來提早預測的，思考外部哪些資料可以幫得上忙，然後怎麼取得它，或許才是未來企業經營的關鍵。

☺ 別迷信內部資料，外部的可能更加真實

只要有服務客戶的公司，一定都會做「滿意度調查」這個動作，透過一些簡單的問題來確認客戶對服務是否滿意，以及是否有其他建議，如果有做過餐廳的用餐滿意度問卷，可能會知道想講什麼，很多的滿意度調查問卷，是在服務生一再叮嚀下才填寫的，或者你真的受到讓人不開心的服務而想藉此發洩才寫的，至於對這家店感覺一般的客戶，是有很大比例的人是不填寫的，對公司有好感的客戶填寫了，可能佔據了20%，對公司不滿意的客戶也填寫了，可能也佔了20%，但中間那60%可能只有一部分的人有認真填寫，在這情況下，收集回來的滿意度是否還有參考價值？這一點是存疑，因為前後20%的客戶，都有機會去提供更好的服務，但中間那群不出聲的客戶幾乎無法得知對我們的想法，他們並不表達意見，但可能回家後在Facebook上表達了感受，而這個感受才是對我們的滿意度。這反應了一個問題，那就是辛苦收集來的資料，其意義並不大，反而是那些我們未曾擁有的資料才真正有意義，所以，我們應該持續的思考哪些來源的資料，才真正有價值。

☺ 半結構化/非結構化的資料分析將愈重要

結構化資料已經是相對成熟的技術，也早已是每家企業的習慣，可以透過一些簡單的資料庫工具將資料取出，然後透過一些視覺化的工具來做呈現，用到的技術相對單純，但在處理半結構化或者非結構化的資料時，已經不再單單使用一些SQL語句，而包含到語意的解讀、語意的分析，資料內容的識別，包含語音、影像、文檔的內容識別，這些半結構/非結構的資料本來由人來解讀是簡單的，但因為資料量大，很難透過人腦來過濾與整理，必須要仰賴工具來輔助，所以如何有效的將半結構/非結構化的資料轉換成機器能閱讀能分析的內容，再將分析的結果轉換成人能夠閱讀的形態，這中間涉及的層面非常廣，已經有些成熟的產品在市場上，技術將不再是阻礙的絆腳石，但必須要思考哪些數據具有價值。

» **18.5** 大數據資料管理

　　Google為什麼能在0.15秒找到數十萬筆資料？認識搜尋霸主的核心技術，當你在瀏覽器上輸入想要搜尋的字串時，Google會檢視數十億個網頁，並依據索引值從中找出內容相符合的網頁，再依據相關的規則列出先後次序，而搜尋引擎會將結果以最快的時間回傳。但是，網路上的資料量不但龐大，而且內容隨時都在變化，甚至同一個網頁的內容都會一天數變，因此，Google就必須時時進行更新的動作，這個動作叫Crawling，而執行爬行動作的程式俗稱「爬蟲」（Crawler）或「網路蜘蛛」（Spider），除了搜尋引擎之外，常見的應用還有比價系統，像是FindPrice、背包客棧國際訂房中心比價等都是。

　　Google所開發的三個核心技術：GFS、BigTable 與 MapReduce 演算法非常重要。

☺ Google File System用來儲存Big Data

　　Google File System（GFS）是由數百個叢集（Cluster）所組成。每一個叢集有多達數千台的伺服器，是一種分散式容錯檔案系統，主要的任務是儲存網頁、影片、照片、Email和Google Map等資料，而這些檔案極少被刪除或異動，大多數時候都是新增或讀取，因此，進行最佳化的管理就非常重要。儲存在GFS的檔案會被切割成64 MB左右的資料塊（Chunk），分別放在三台稱為Chunkserver的伺服器內，當Chunkserver發生問題時，主伺服器（Master Server）就會將資料複製到另一個Chunkserver上。

☺ BigTable 利用Key-Value快速讀取資料

　　BigTable就是「大型的資料表」，它主要負責管理GFS的機制，屬於分散式資料儲存系統，可以管理分佈在數千台伺服器上的Big Data，就像是一張資料表，註明了每一台伺服器所有的資料，包括Google Analytics、Google Earth、Gmail、Google Reader、Google Map、Google Finance以及YouTube等。由於這些產品的應用對於BigTable的需求與所組成的結構各不相同，因此BigTable採用了Key-Value的資料架構，其具有水平擴充的能力，只要空間不足就可以立即新增資料庫，而它的儲存容量屬於PB等級（1 Petabyte（PB）= 1024 TB）。當然對Google而言，系統的回應時間仍是首要考量，因此，BigTable 設計時的主要目標就著重於可處理大量的數據，因而採用了叢集平行處理技術。

🖃 MapReduce處理與分析Big Data

MapReduce用來進行Big Data的計算，其包含了Map和Reduce兩個部分，主要用於大規模資料集的平行運算。簡單來說，MapReduce在處理資料時，Map函數會把原始資料映射成新的一組鍵與值（Key-Value）的序對，並切割成有規律性的小資料，經過Shuffle做排序，最後再透過Reducer函數依相同的Key整合結果，最後才能將整體的結果輸出。例如，上網查MapReduce這個字串，會透過Map函數計算網頁上出現「MapReduce」的次數，如果出現10次就用（MapReduce, 10）來表示；再用Reduce函數彙整所有具有相同Key值的資料，並統計出現的次數。

» 18.6 Google在Big Data應用上的技術

目前Big Data的相關應用有不少都是從MapReduce衍生而出的。因此從Google發佈GFS、Big Data與MapReduce這些技術，帶動Big Data應用技術的發展，GFS是一個分散式檔案系統，由數百個叢集（Cluster）所組成。簡單來說，儲存在GFS的檔案會被切割成64 MB左右的資料塊（Chunk），其利用重複的方式（Redundant Fashion）儲存在叢集中。Google利用MapReuce演算法來計算查詢索引（Search Index），讓使用者能在最短的時間內從Internet上找到自己所需要/查詢的資料。

2006年，Google發表了BigTable，BigTable帶領了NoSQL資料庫的技術應用發展，像是Cassandra、HBase等。其中，Cassandra的架構就整合了BigTable與Amazon的Dynamo資料庫。Percolator，能夠解決 MapReduce無法處理個別更新的問題。隨著Internet的網頁呈現指數增加，MapReduce每次都要全面地重新計算查詢索引是非常不切實際的。因此，Google為了提升系統的效能，開發了一個更有價值的分散式計算系統：Percolator。

Google在2010年發表在網路搜尋索引（Web Search Index）的技術。例如，MapReduce做計算時無法處理局部的更新，因此，在效能的改善部分是很有限的，而Percolator則彌補了這個弱點。Percolator是建立於Bigtable之上的應用，它加入了對表（Table）與紀錄（Row）的交易（Transaction）與鎖定（Lock）機制，也就是當GFS做表的掃描時，一旦發現有更新過的記錄，就會透過觸發程序（Trigger）告知這個改變，再依據讀取（Read）或寫入（Write）的請求，在不同階段的工作過程中，針對資料表或記錄做鎖定或釋放的管理機制。Pregel：用來處理網路社交關係的圖型結構計算。

Google為了做網路社交關係的圖型結構分析，開始針對圖型結構探勘做相關的研究與發展，並在2010年發表了相關的論文〈Pregel: A System for Large-Scale Graph Processing〉。由於針對大型的圖型結構做處理是非常複雜也具有挑戰性的，尤其是網路的分散式處理讓難度又提高了許多，因此，Pregel的計算要比MapReduce的計算要複雜許多，其主要是利用BSP（Bluk Synchronous Parallell）、PageRank、Bipartite Matching等演算法來做計算的實踐。Dremel：只要花幾秒鐘時間就可以分析PB等級的數據。

在2010年，Google還同時發表了一篇關於Dremel的論文，內容敘述Dremel是一個利用SQL-like Language的互動式資料庫系統，用來儲存結構化資料。Dremel的特色是，以列儲存為主，以減少CPU與磁碟的讀取，進而達到快速讀取局部資料的目的；將查詢的任務切割成多個小任務，以達到平行處理的目的；支援Nested 數據模型。

Google所發展出來的技術，帶領了許多其他自由軟體的發展，像Apache Drill、Apache Giraph以及Stanford's GPS等等，Google為什麼能在0.15秒找到數十萬筆資料？認識搜尋霸主的核心技術，Big Data時代，需要有超越Hadoop和MapReduce的殺手級技術。

» 18.7 Big Data技術的應用 NetApp網格儲存架構與應用-Data ONTAP GX

早期的高速運算已經由超高速CPU轉變為由數百、數千顆之高速CPU的平行架構所取代，改採叢集化平行架構可以克服單一CPU之限制，因此衍生出網格運算（Grid Computing）。因為網格運算架構將運算單元分散於各個節點，因此對資料的處理也必須先經切割分派給許多的節點以進行運算，然後再整合各個節點的運算結果而產生完整的結果。為求數據之準確性，甚至有為數不少的HPC系統採用多重運算比對之技術，讓同一個運算由3個以上的CPU核心運算再比對運算之結果，以確保結果的正確性。

巨量資料於分散式高速運算（HPC）的挑戰：當巨量資料須快速分析時，這便導致分散式運算的一個痛處—平行化架構的HPC環境中會將需要演算處理的資料透過軟體切割，然後複製、派送至各區域媒體節點，然後才派送至各運算節點；即便是透過SAN的儲存架構，大量的資料的切割、複製與派送等作業，依舊是一項耗時的作業。

設計上節點控制伺服器還需要擔任資料的切割、分配與複製的作業，而且資料處理都需要經過平行運算專屬程式庫的編譯與處理，這些在在都影響了高速運算產出結果的速度。

巨量檔案的共享與大量高速資料傳輸。傳統上檔案共享最好的作法是建構一套NAS設備，讓檔案集中且經由網路協定分享，以解決管理與共享問題。但單一NAS系統有其處理資料的先天能力極限的限制，諸如網路I/O極限、CPU效能極限限制等；一旦面臨巨量檔案資料須作高速處理的環境，即無法負荷。解決之道是採用網格運算的概念，將儲存網格化，以提升整體檔案共享效能，網格儲存（Grid Storage）方案於焉誕生。網格儲存架構不但能提供企業巨量檔案共享，更能與網格運算搭配。

NetApp Data ONTAP GX: NAS儲存大廠NetApp以其先進的Data ONTAP核心，推出網格儲存架構Data ONTAP GX，以兩個Node結合為一個Full Redundant的Grid單位，提供NAS服務。基於GX的網格儲存架構，巨大的檔案可分散儲存於多個儲存網格，由其提供平行處理；而其總體效能可以透過平行擴展儲存網格，獲得更大的提升。 GX將內部的架構虛擬化，使整體的儲存系統成為一個單一的服務資源池，提供單一系統2--24個節點、2個儲存Processor Core至384個Processor Core（採用每個Node 4個4核心CPU）、線性擴展、動態負載平衡與負載擴展、負載QoS能力、N+N備援架構提供不停頓運作需求、容量可以擴展至14PB、檔案與目錄的stripping架構等等優異特性。

此外，GX的Single Name Space架構還克服了另一項問題，就是在平行擴展的架構下依舊維繫優異的反應時間與優異的資料傳輸量，這是許多的儲存系統在擴展至大型化架構後所無法克服的問題。NetApp GX目前支援CIFS & NFS與iSCSI等通訊協定。支援FC HDD與SATA HDD可以於單一儲存架構下達成儲存階層化，提供最佳成本效益比，適合HPC或是巨量多媒體環境之需求。其應用面為：

▶ HPC超高速電腦運算環境。

▶ 基因分析。

▶ 石油探勘。

▶ 電影特效製作、動畫製作。

▶ 地震分析。

▶ 衛星資料分析。

▶ 氣象分析。

　　以上所列之應用都有大量資料的輸入、複製、傳遞等需求，都很適合此種網格架構的儲存系統。以HPC的網格運算架構，大量資料需求的最佳解決方案應是網格儲存架構。NetApp本是NAS領導廠商，基於其Data ONTAP核心所開發的GX系統可以滿足HPC的需求。GX可以說是搭配HPC的最佳儲存系統，將之稱為HPC Storage。

▸▸本章習題

1. 何謂大數據。

2. 大數據應用有哪些？

3. 何謂大數據的4V、3I？

▸▸參考文獻

1. Big Data Definition, MIKE2.0, Big Data Definition.

2. Dan.' What is "Big Data?"

3. Start-Up Goes After Big Data With Hadoop Helper.

4. Reichman, O.J.; Jones, M.B.; Schildhauer, M.P. Challenges and Opportunities of Open Data in Ecology. Science. 2011, 331（6018）: 703-5.

5. IBM What is big data? Bringing big data to the enterprise.

6. The Pathologies of Big Data. ACMQueue. 6 July 2009.

7. Magoulas, Roger; Lorica, Ben. release2-0-11.html Introduction to Big Data , Release 2.0 2009.

8. Beyer, Mark. Gartner Says Solving 'Big Data' Challenge Involves More Than Just Managing Volumes of Data. Gartner. 2011.

9. Douglas, Laney. The Importance of 'Big Data': A Definition. Gartner. 2012.

10. What is Big Data?. Villanova University.

11. Erik Cambria; Dheeraj Rajagopal, Daniel Olsher, and Dipankar Das. "Big social data analysis, Big Data Computing", Taylor & Francis. 2013.

12. Hogan, M. big-data.php What is Big Data, 2013.

13. Brumfiel, Geoff. High-energy physics: Down the petabyte highway, Nature 469. 2011.

14. Layton, Julia. Amazon Technology. Money.howstuffworks.com. 2013.

15. Scaling Facebook to 500 Million Users and Beyond. Facebook.com. 2013.

16. eBay Study: How to Build Trust and Improve the Shopping Experience. Knowwpcarey.com. 2012.

Chapter
19

物聯網

» 19.1 物聯網概述

物聯網（Internet of Things，IoT）概念最初起源於比爾蓋茲在1995年《未來之路》一書。國際電信聯盟於2005年正式提出物聯網概念，許多國家早已將發展物聯網技術列為國家級計畫，日本2003年便開始進行無所不在網路（Ubiquitous Network，UN）的研究計畫。2008年，美國總統歐巴馬提倡物聯網振興經濟戰略，中國將「感知中國」設定為目標，並完整制定物聯網相關科技統一規格。

感測與網路所提供的智慧服務為智慧聯網之要素，智慧聯網定義為由過去的內部應用（Intranet）轉為網路間的應用（Internet），進一步應用在行動網路（Mobile Internet）上，達到任何地點都可以聯結上網的目標，如此一來使用者能夠在多樣化之終端上享受即時化的智慧服務。智慧聯網定義，認為智慧聯網是由資訊技術（IT）所支持、與現實世界緊密結合且無處不在的網路，透過廣泛的資料收集、智能聯網、預測性分析和深度最佳，能更完善建構、執行與管理現實世界。

⊟ 物聯網的科技

▶ 無線感測網路（Wireless Sensor Network）：由無線資料彙集器（Sink）與數個感測器（Sensor）所構成的網路系統。討論範圍通常只侷限於感測網路內部網路（In-Network）的資訊收集技術。

▶ 實體系統（Physical Systems）：與無線感測網路的差異：網宇實體系統能依照不同事件的發生啟動相對應的指令及程序CPS系統間卻無法互相交換資訊，只能針對單一事件做出處理。

⊟ 實體系統架構，為物聯網的科技

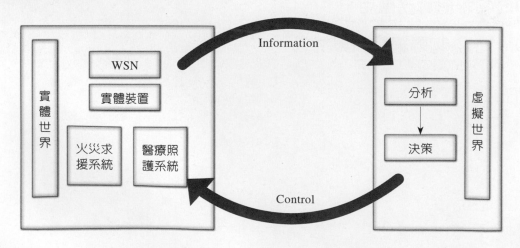

⊟ 物聯網的目標

透過聯網技術將智慧物件所提供的資訊，透過統一制定的格式或標準加以分享。使各個CPS系統間，能互相溝通並傳遞資訊。系統端所能參考與分析的資訊不再是針對單一事件。

IoT可透過標準的制定使各個CPS系統能彼此溝通與資訊分享。

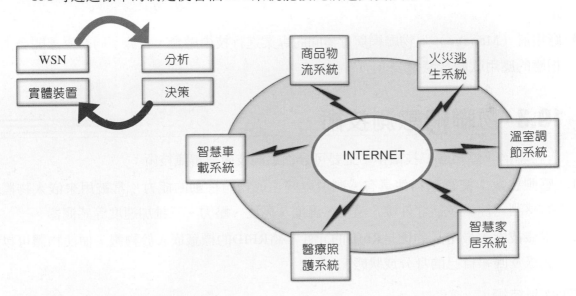

» **19.2** 物聯網系統架構

物聯網分為三個階層：感知層（Device）、網路層（Connect）及應用層（Manage）。

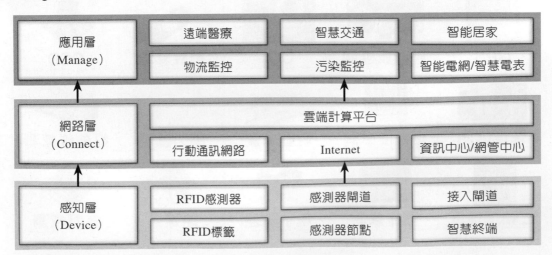

▶ 感知層（Device）：針對不同的場景進行感知與監控具有感測、辨識及通訊能力的設備：RFID標籤及讀寫器、GPS、影像處理器、溫度、濕度、紅外線、光度、壓力、音量等各式感測器。

▶ 網路層（Connect）：將感知層收集到的資料傳輸至網際網路，建構無線通訊網路上語音傳輸為主的電信網路，資料傳輸為主的數據網路。網路層的應用：高速公路。

▶ 應用層（Manage）：物聯網與行業間的專業進行技術融合，根據不同的需求開發出相應的應用軟體智慧電表。

» **19.3** 物聯網感測技術

物聯網「感知層」技術中，主要可分為感測技術與辨識技術：

1. 感測技術：使智慧物件具有感測環境變化或物體移動的能力。常被用來嵌入物體的感測元件，包括紅外線、溫度、濕度、亮度、壓力、三軸加速度等感測器。

2. 辨識技術：最常見的便是RFID的元件，將RFID的標籤嵌入於物體，便使物體可以記錄及回報自己的身分或狀態。

🔲 感測技術

能夠探測、感受外界的信號，物理條件（如光、熱、濕度），化學組成（如煙霧）等相當多樣的感測元件種類。

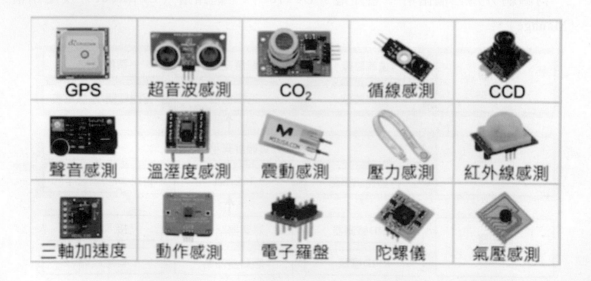

▶ 運動偵測器（Motion Detector）：微波感測物體移動，杜普勒效應的原理。

▶ 壓力感測器（Pressure Sensor）：置於鞋底上，藉由壓力數據便可以知道使用者的走路姿勢是否不正確。

▶ 紅外線人體感測器（Passive Infra-Red）：不會主動發射紅外線，而是藉由感測物體上的溫度變化，常見於自動燈控等應用。

▶ 音量感測（Sound Sensor）：經由感測模組將類比轉為數位信號，然後將此數位信號傳至感測器上，進而感測環境音量。當超出噪音值時，可即時做出警告，用以維護生活環境品質。

▶ 超音波（Ultrasonic）：利用音波反彈的方式量測距離，常用於倒車雷達，當倒車時，即時告知車主目前與後方物體距離，避免車與物體發生碰撞。

▶ CO、CO_2感測器：可用來監測目前空氣中CO_2及CO含量，可用於家中感測CO含量，當發現異常時，及時發出警報，讓人們及早發現做出反應。

▶ 震動感測（Piezo Film Vibra）：監測地表震動情形，可提早得知地震區發生區域及地震級數，即時的發出警告。

▶ 溫溼度感測器（Temperature and Humidity Sensor）：藉由將戶外的溫溼度資訊透過多步的傳送至伺服端，使得伺服端可以利用這些資料做相關應用及決策。當發現目前溫度及濕度是有害人體的，則可即時做出調整，讓我們所處環境更加舒適。

▶ 光敏電阻（Photoresistor）：價格相當低廉，量測光敏電阻上的壓降便能計算出環境亮光的強弱。

🔲 辨識技術

能夠快速辨識物品的身分、名稱、生產地、生產日期、製造廠商。

▶ 條碼（Barcode）：藉由許多條寬度不同的黑線及空白來編碼，讀取出該物品的生產地、製造廠商、生產日期、商品名稱等資訊，它具有低成本、高效率、高可靠性、容易製成、容易操作的特性。

▶ QRCode（Quick Response）：由於它是二維空間條碼，因此比一維條碼（Barcode）更能儲存更多資訊。可快速被解碼且具有容錯能力，條碼中有三個「回」圖示，其主要的功用在於方便QR碼的讀取器定位，因此使用者在讀取資料時並不用剛好對準QR碼，使用上更為簡易方便。

▸ 無線射頻辨識RFID（Radio Frequency Identification）：這項技術需要3種裝置才能達成，標籤（Tag）：在於儲存一些個人或商品的資訊、讀取器（Reader）：讀取標籤中資訊的裝置，對於被動式標籤而言，讀取器是它的電力來源。應用系統（Application System）。

▸ 近場通訊NFC（Near Field Communication）：由飛利浦（Philips）及索尼（Sony）所制定的短距離通訊技術。NFC辨識技術有三種工作模式：

  ▸ 卡模式（Card Emulation）：能代替許多RFID卡片，如車票、門禁、信用卡等。

  ▸ 點對點模式（P2P mode）：兩台NFC裝置做點對點的資料交換，如照片、音樂、文件等。

  ▸ 讀取器模式（Reader mode）：NFC裝置變為讀取器，可以讀取擁有電子標籤的物品，進而了解該物品的資訊。

　　透過上述的「感知層」的感測與辨識兩大關鍵技術可使我們輕鬆取得物品（Thing）、時間（Time）與地點（Place）及事件（Event）等實體世界的重要資訊。然而這些資訊必須物聯網「聯網」技術傳送至網際網路。藉由雲端運算的資訊管理、儲存與分享，使人與物及物與物間的互動更易實現。

» 19.4 物聯網-網路通訊與網際網路技術

1. 智慧物件必須具備能夠存取網際網路（Internet）的能力，使得各種智慧物件（人和物體、人和人、物體和物體之間）能夠彼此分享資訊。

2. 物聯網中的網路通訊技術中，包含了各種不同通訊範圍與傳輸速率的無線通訊網路，可區分為：內部網路（稱區域網路）：例如：RFID、ZigBee、Bluetooth、UWB、Wi-Fi等，外部網路，例如：3G、WiMAX等。

19.4.1 物聯網之網內通訊

　　內部網路的應用在日常生活中已非常普及，如人們的筆記型電腦所使用的WiFi和藍牙網路物聯網之內網通訊技術：

▸ RFID（Radio Frequency Identification）

▸ IEEE 802.15.6無線通訊標準

▸ Zigbee

▶ 藍牙（Bluetooth）

▶ 紅外線傳輸

▶ UWB（Ultrawideband）

▶ WiFi（WirelessFidelity）

☐ 無線射頻識別RFID（Radio Frequency Identification）

　　無線射頻識別由讀取器（Reader）和RFID標籤（Tag）組成，利用讀取器發射無線電波，觸動感應範圍內的RFID標籤，藉由電磁感應產生電流，供應RFID標籤上的晶片運作並發出電磁波回應感應器。例如：連鎖通路商Wal-Mart，要求上游的供應商在貨品的包裝上都需嵌入RFID標籤，以便追蹤貨品在供應鏈上的即時資訊。

☐ IEEE 802.15.6無線通訊標準

　　具有省電、低傳輸等特性，主要考量在人體上或人體內的應用，例如：在受照護者的身上貼附許多生理感測晶片（例如：血壓、血糖、心跳等感測器），感測器透過IEEE 802.15.6無線通訊技術，將所蒐集到的資料透過網際網路，傳輸到外部的監控裝置。

☐ Zigbee

　　具有低速、低耗電、低成本與低複雜度之特性，支援擴充大量的網路節點與多種網路拓樸與802.11（Wi-Fi）、藍牙（Bluetooth）共同使用2.4GHz頻帶，支援最高傳輸數據為250kbps，傳輸範圍可達到10至50公尺，感測器透過Zigbee通訊協定，能夠將感測資料，以無線多躍傳輸的方式，傳回給伺服器端。例如：透過ZigBee技術，可將嵌入於室內空間之各種感測元件（如溫濕度、移動偵測、壓力或CO_2等感測器）進行整合，藉由ZigBee技術將感測器所蒐集到的資料，送往伺服器端進行分析。

☐ 藍牙（Bluetooth）

　　無線區域網路（Wireless LAN）使用的無線通訊協定，具有成本低、效益高的特性，短距離內以一對一或一對多的方式，隨意無線連接其他的藍牙裝置，可以傳輸數位資料及傳送聲音。運作在2.45 GHz的免費頻帶上，傳輸量每秒鐘可達1Mbps，同時可以設定加密保護。傳輸範圍最遠可達10-100公尺，可分別達到3Mbps及24Mbps的速度，例如：在駕駛的過程中，用戶僅需透過聲控即可完成撥號、接聽、音量調節等功能，也可透過語音指令來控制車上的所有開關。

☐ 紅外線傳輸

具有傳輸距離短、低傳輸速率和低成本的特性，通訊距離為3-5公尺，傳輸速率大約介於2.4Kbps至115.2Kbps，廣泛應用於家電的遙控、小型行動設備互換數據和物體偵測上。例如：英國超市Tesco，將紅外線感測器建置於賣場入口及結帳櫃檯前，藉此掃描進場的顧客人數、等候結帳人數，再將這些即時資料與以往歷史資訊做整合性分析。

☐ 超寬頻技術

超寬頻技術具備低耗電、高速的特性，是短距離的無線寬頻通信方式，傳輸範圍10公尺以內，傳輸速率約100Mbps至1Gbps，不受微波爐、藍牙與WiFi等無線電波影響，例如：在礦井探勘中，可進行環境監測。

☐ WiFi（Wireless Fidelity）

無線傳輸技術與藍牙技術一樣屬於短距離無線技術，使用2.4GHz及5GHz的免費頻段，傳輸速率約為54 Mbps，WiFi傳輸的速率比藍牙還快，且距離也比藍牙，遠常用的標準分別是IEEE 802.11b及IEEE 802.11g，例如：將Wi-Fi的技術運用於車載當中，並結合遠端交通安全管理平台，在汽車可能發生交通事故前發出警告訊息，提醒司機注意安全駕駛，進而減少交通事故的發生。

19.4.2 物聯網之外網通訊技術

▶ 電信網路：原本以傳輸語音為主，現已可傳輸數據資料。如3G和3.5G。

▶ 數據網路：以傳輸數據資料為主，如WiMAX。

☐ 電信網路

由基地台與手持設備所組成，使用者只要位於基地台通訊範圍內，即可進行語音或資料的傳輸。架構為階層式，主要可以分為三個階層：行動電話、基地台、交換機、在物聯網中，手機已扮演關鍵角色，並且是物聯網中最具特色的智慧物件。手機中的三軸加速計、電子羅盤、全球衛星定位系統（GPS）、麥克風、光感測器、觸控感測器及攝影照像設備等，它可以瞭解使用者的行為。透過Wi-Fi或3G的聯網服務，亦可讓使用者與其他的物聯網設備溝通，甚至遠端操控各項家電及工廠設備。

🔲 數據網路-WiMAX

主要用於無線都會網路，提供高速、寬頻網路存取服務與LTE同樣屬於4G的無線通訊技術，以2-11GHz的頻帶為主支援多種服務品質保證（QoS）等級的資料傳輸。例如：企業透過WiMAX網路，將可以提供使用者許多的影音即時服務，如收看電影或傳輸家中的監控影像等

結合資訊化及自動化：資訊化藉由RFID與無線感測網路技術，將物品或環境的資料數位化。自動化經由不同的網路環境，讓物品可以自主的傳送資訊或控制其他物品。

19.4.3 物聯網遭遇到的挑戰

不同網路通訊技術之間會有無法溝通的問題，因此必須發展物聯網的異質網路整合技術。

物聯網的異質網路整合技術：

▶ 物聯網技術特色可讓不同物體間透過無線網路得知彼此的即時狀態與資訊。

▶ 物聯網中異質網路整合的困難：各項裝置的即時資訊及狀態無法有效地整合，無線通訊技術不盡相同。

▶ 物聯網整合目標設計出多網閘道器，能與各智慧物件進行通訊，進行資訊的交換與整合。

▶ 異質網路閘道器需整合多種無線通訊之協定，依據電子設備所使用之無線通訊協定，將不同無線通訊協定的封包格式轉換成智慧設備所使用的封包格式。

▶ 異質網路閘道器可讓不同的無線通訊協定彼此溝通，但異質網路的整合還是會遇到許多挑戰。ISM頻寬不足，IP位置不夠充足。

» 19.5 物聯網實務應用

在物聯網實際應用上，以SOA、RFID和Embedded Platform三者結合而成之核心技術，應用在工商企業、圖書館以及嵌入式系統應用產品，不論農場、倉儲、連鎖餐飲業都能運用核心技術，達成在貼標作業、進貨、行銷、服務、管理、商品導覽、銷售結帳上多元的智慧化生活應用，能大幅提高效率，因此幫客戶節省了許多寶貴的時間。

　　智慧聯網主要的應用領域包括能源、公用事業、物流、自然資源、醫療保健、交通、生產製造、智慧城市上，以及透過物聯網來解決之特定領域問題等主要難題。因此，在應用層面上，現有各自獨立的「物聯化」應用將會朝向以共同技術架構、共享的基礎設備為主的物聯網（IoT）應用發展。商業上產生四種模式：(1)營運商自行建立智慧聯網平台，提供整體服務；(2)營運商相互整合，並強化價值鏈；(3)服務平台整合商與重要國外營運商合作，拓展服務平台；(4)系統將大廠整合，致力建設出完善智慧聯網體系。在國內產業中，不論是智慧聯網服務業或是製造業，應做出定義以達到整合之目標，讓智慧生活得以落實。此外，消費者智慧聯網需求，最關心的應用以居家安全和醫療照護為主，但面臨的阻礙則是受到資安管控、服務費用之影響。

19.5.1 物聯網的醫療應用

　　從早期e化、Apple的iDevice，到最近的IoT，科技產業每個典範的轉移都可清楚看到智慧城市與物聯網的願景。當人口往都市集中，在交通、醫療、教育、零售都會產生許多問題，而這個唯一的解決方案，就是Smart City的各種應用。而其最底層的關鍵技術，就是IoT，而上層的各種自成一格的雲端服務，則必須串起來成為一個Smart City解決方案，以解決都市人口成長所衍生的各種問題。

⊟ 物聯網推動智慧醫療

　　提升醫院服務品質ICT新技術，對醫療產業帶來的革命性衝擊，有4G通訊（行動醫療）、低功率藍牙4.0（BLE完成IOT）、智慧手機與雲端運算（無縫接軌的醫療）。由於醫療是高度客製化的服務，因此成本很高，如今透過Smart Phone許多App與Cloud的結合，可大幅降低成本，讓醫療成為負擔得起的一種服務。

　　智慧醫療的兩個定位，就是(1)醫療設備的核心引擎（推出各項產品），與(2)以醫療服務為導向（醫療相關服務）。以前者來說，許多醫療設備包括醫療電腦、病患偵測機、超音波掃描機等等，經過各種醫療級的安規認證。而後者則是運用雲端科技建構新一代醫療服務體系，提供以病人為中心的智能醫院解決方案。建構完善的智能醫院iHospital的所有產品是真正可實作得到，並不是只有發展願景。

　　智能醫院解決方案，有「健康照護」、「綠色安全」兩大區塊。前者就是從病人就診進醫院時，提供「智能就診」、「優質醫護」、「智能一體化手術室」等方案。而後者則提供「設備管理與環控」與「建築能源管理」等方案。智能醫院診間架構其「智能就診」，提供了智能報到、智能排隊系統，以及互動資訊站等設備，其公播與

App應用，包括App掛號預約、診間報到系統、數位公播系統、領藥／抽血／檢驗報到系統，其呈現的畫面也簡單化，以IT技術來幫助現有的醫療行為。

在「優質醫護」則是要減輕醫護人員的負擔，包括智慧病房（包含床邊衛教系統含護理服務、互動電視、國際化床頭卡資訊系統，讓病人能夠自我學習衛教知識，自己開電視來看，透過自我服務來減輕護理人員工作負擔）、護理站儀表板、移動生理量測系統（量測資訊可透過App下載）、就診生理量測站。

解決方案，透過Wi-Fi或BLE定位系統，並配合現有的醫院制度，來為醫院提供各種室內定位與感知，且針對Device、Patient、Baby、Staff等不同的需求來設計其RFID Tag，應用在各種使用情境，例如環境偵測、人員即時定位、病人生理訊號等等。至於「一體化手術室」，做到手術室內的所有狀況與資訊，都能秀到外面的即時顯示系統，以便達到教學、分析、記錄、管理、排程等需求。而智能手術室系統新增器械識別模組，將手術室內的所有器具（如手術刀）都以雷射打上唯一ID的2D條碼系統，搭配特殊鏡頭來掃描記錄與管理，這樣就不會發生手術刀遺留在病人體內而追查不到的糗事。

19.5.2 便利商店物聯網應用

遍布全臺2,900多家分店數的X便利商店，其實每一家便利商店的招牌燈都不是隨意地由人工開啟，而是由背後一套自動化系統控制，自動化控制動態能源。便利商店導入此套能源管理系統，能偵測各地分店現場的光線亮度動態調整開啟時間，由總部IT直接監控全臺近千家分店，自動化管理店內各項電力使用，而節能效果可節約1成以上，這正是最典型的物聯網應用之一。

X便利商店自2005年起，針對便利商店的電力能源，開發出一套可以動態管理耗能設備的能源管理系統。到2011年底已有近1,000家分店實際導入能源管理系統，為便利商店的綠能店鋪改造計畫，尋找更有效的節能方式。

⊟ 便利商店能源管理系統的導入方式

X便利商店從了解設備的特性開始，一步步的裝設感測器、連接系統、連接設備。導入的這套能源管理系統，不只是資料的收集，更重要的是收集資料之後的應用效益，正是物聯網的典型應用。X便利商店的綠能店鋪改造計畫，分為三個階段：

1. 第一階段為設備節能：

　　在設備節能上，先從舊式耗能設備的汰換開始著手進行節能，包括將耗能較多的定頻冷氣替換成變頻冷氣、舊式燈管更換為瓦數較低的LED燈管等方式。

2. 第二階段為操作節能：

　　更換節能設備後，X便利商店開始進一步要求店員進行操作上的節能，要求員工彼此互相提醒、改善作業方式等方法，從隨手關燈等工作習慣上來減少店鋪的用電量。

3. 第三階段進展到系統化節能：

　　隨著節能計畫的進行，X便利商店發現，光是從設備和員工行為作法，還是有節能效果上的瓶頸，要實現大規模的節能效果還是很有限。因此X便利商店開始考慮系統化節能的概念，導入能源管理系統，來更進一步的系統化節能。

　　在2006年，X便利商店首先選擇6家分店進行小規模示範導入，從中測試系統實際導入的效益與風險。在這些分店中，X便利商店在每一樣耗能設備中加裝數位電表和機械電表，再透過能源管理系統蒐集與分析每一樣設備的總用電數和每一時段的用電數，進而評估從哪項設備著手進行節能的效益會最大。

　　了解設備用電花費之後，開始進行設備溫度的動態控管。便利商店透過觀察，發現走入式冰箱、空調等設備，都有可能因為人員的進出、電動門開關、冰箱門開關等因素而影響了整體環境的溫度，設備也因此常需耗能升溫或降溫，增加電能的消耗。所以X便利商店先建立能源管理系統的第一層連接，在開放式冰箱、走入式冰箱、空調和室內外環境都加裝溫濕度感測器，並連接RS485雙絞線將感測資料回傳至能源管理系統控制器，控制器可再透過RS485雙絞線轉接進入空調設備的通訊介面，自動化設定設備溫度。能源管理系統可分析感測器所回傳的溫度資訊，整理出不同時段的溫度變化。X便利商店以48小時作為一個資料分析的區間，讓能源管理系統依照感測器所回傳的48小時內資料，來預測店鋪每段時間內的最適溫度，並自動化設定所需溫度。舉例說明，能源管理系統分析預測中午12點時會有大量人潮湧入店家，所以可預先自動調降空調溫度，以適應因人群大量進出而造成的環境失溫問題。

　　過去店家空調溫度只能由店員手動設定，但店員設定溫度不一定精準，人也不一定有時間去做這件事，因此透過系統開發可預測調整時間，並自動化調整溫度，提供消費者最舒適的空調溫度。目前感測器所收集的資料，除提供48小時溫溼度分析之外，還會在當天透過網路連線傳回X便利商店總部進行後續應用，這是能源管理系統與總部的第二層連接。

🔲 節電政策的客制化調整

　　X便利商店只做到總部節電政策標準化是不夠的，下一步還要因應不同環境進行客制化調整。店家需要因應環境因素因地制宜，透過能源管理系統，針對長時間的研究分析，找出每個環境因素所適合的最佳能源控管。這是物聯網應用之前所不能達到的，也是X便利商店未來所要努力的方向。

　　在導入能源管理系統之後，就能更清楚的了解整間店鋪的用電量狀況，店家可與台電簽訂更適切的契約用電容量，X便利商店總部也能制定出更節能的用電政策，找到最適合的用電標準。例如總部分析資料後發現，店家空調溫度設定在攝氏26度到28度之間，既能達到節省的電能量，也能符合消費者舒適狀態，所以要求店家依此溫度設定。

🔲 能源管理系統的進化

　　X便利商店實際導入能源管理系統已經過7年的時間，便利商店表示，能源管理系統也由第1代監控每樣設備電能，進展到第2代按鍵式節能介面、觸控式介面，讓導入成本更低，更順利。經過店家員工實際使用狀況後，目前最新的2.5代螢幕介面更進一步發展成觸控式介面，不但介面尺寸更小，裝置電箱也能更小、更不占空間。系統的螢幕可以即時顯示感測資訊，員工也能依分店需要而自定溫度政策，手動調整溫度，讓分店溫度設定時，店員也有可依據的管理辦法。

🔲 能源管理系統導入的效益評估

　　X便利商店經過實際導入的店家實驗評估之後發現，導入能源管理系統的店家平均可節省近1成左右的電費，在上千家分店設置室內與室外的溫度感測器，讓系統依照室內人數自動調節溫度，一年省下超過千萬元的電費。如以規模大小為每月2萬元電費開銷的店家來說，一家店每月可實際省下近2,000元的電費，這樣的效益大幅增加了店鋪導入的意願，從2006年6家、2008年56家、現在已有1,000家店實際導入。未來，X便利商店也計畫在2015年完成全臺2,900多家店鋪的導入，包含從店家的整修、擴店等方式慢慢完成建置。

　　精準感測與教育訓練是成功關鍵，企業導入物聯網應用的首要條件要從了解導入目的開始。因為物聯網的技術很多、企業擁有的設備也很多，必須先釐清所要達到的目的為何，企業導入物聯網應用的下一步才會順利。其中的前置作業從設備的了解開始，經過分析研究後，才能進一步的知道感測器要如何使用。

對企業來說，減少感測器的使用數量，就為減少建置成本的第一步。而要減少感測器，就要從精準設置最有效益的感測器著手。以X便利商店的例子來看，便利商店導入物聯網應用能成功的原因就在於感測器使用的夠精準。X便利商店先針對用電設備做評估，包括用電大小、用電狀況等做分析，找出設備間的關聯性或獨立性，來評估感測那個設備的效益會是最高。因此，X便利商店在兩年內就回收成本，歸功於建置前的研究分析和精準的設置目標感測器。未來感測器可增加運算功能，感測器之間先運算出系統所需資訊之後再傳回系統，減少系統的負荷量。雖然對企業來說成本會增加，但只要目的設得夠精準，就不怕沒有效益。

19.6 結論-物聯網發展與挑戰

物聯網未來發展典範的好萊塢科幻電影，關鍵報告：動態廣告牆、機械公敵：智能家電，架起智慧聯網國度中各種人事物溝通的橋樑，射頻識別技術（RFID）、無線感知與通訊技術、紅外感測器、奈米與微機電技術、全球定位系統、3D雷射掃描器。

▶ 物聯網技術內嵌於各種物體中：智慧物件，使各式智慧物件具備類似人類的感測、識別與溝通能力、物聯網技術，「智慧物件」的遠端操控管理使生活更具智慧化，進而發展「高效、節能、安全、環保」的和諧社會。

▶ 物聯網境界：全面感知、可靠傳輸、智慧處理，達成物聯網境界的嚴峻挑戰。感知層技術的挑戰：網路層技術的挑戰，應用層技術的挑戰，嚴加制定相關的感知標準，避免物聯網資訊效率低落的情形。

▶ 物聯網大量且相異的設備：不同設備有不同的感測資訊處理方式，產生大量且檔案大小不同的封包資料交換的封包格式與運行架構。

▶ 網路層技術的挑戰：設備干擾，如何在有限的頻帶中做出最好的利用頻道的動態性。如何讓設備選擇較佳的頻道傳輸，使資料傳輸更具適應性。

▶ 服務品質的支持：如何讓資料精準且不遺失。資訊安全：如何保證在這大量的傳輸之間不被各種潛在危機所攻擊。

▶ 應用層技術的挑戰：物聯網訊息的價值特質隨著訊息的正確性而增加，隨著被使用次數與頻率而增加，隨著訊息組合來源數越多而增加，隨著產生的時間越久而貶值。

▶ 應用層技術的挑戰：物聯網資料的智慧管理，資源限制：如何妥善分配所有設備與資源。自動化：如何使智慧物件做到自我組織、自我配置、自我管理和自我修復。

▶ 個人隱私：在自動化應用與人類隱私之間有效劃分彼此領域。物聯網資訊的融合與管理：如何將這麼多雜亂的資訊做有效的整合及管理。

物聯網的發展之便利性與必要性提升人們生活品質，展開全新且高智慧的生活方式，所有的系統及不同的網路架構完整地串聯在一起，所有物品資訊對物品擁有者而言都是透明且可即時掌握節省，人們對實體世界中智慧物件管理的程序，簡化處理事情的程序與思維，人們的智慧也需隨著物件智慧的增長而提升。

▶▶ 本章習題

1. 請說明感知層中的感知技術與辨識技術主要功能在於？

2. 請列出常見的五種感測功能與三種辨識技術。

3. 請列出六種物聯網網路層的無線通訊協定。

4. 請說明無線感測網路主要是由哪兩種設備所構成？

5. 請說明實體系統與無線感測網路的差異點為何？

6. 請列舉三種在感知層的關鍵技術？

▶▶ 參考文獻

1. http://www.digitimes.com.tw/tw/dt/n/shwnws.asp?CnlID=13&OneNewsPage=2&Page=1&ct=1& id=0000210621_WYO5SS4S3S128U0UW8NA8，IoT發展歷程。

2. http://www.etsi.org/website/homepage.aspx，物聯網三層架構。

3. http://1968.freeway.gov.tw/，高速公路即時路況系統示意圖。

4. http://www.eettaiwan.com/，電子工程專輯。

5. DIGITIMES中文網 原文網址:物聯網的醫療應用http://www.digitimes.com.tw/tw/b2b/Seminar/ shwnws_new.asp?CnlID=18&cat

6. http://www.ithome.com.tw/

國家圖書館出版品預行編目資料

資訊管理概論 / 陳瑞陽編著. -- 修訂三版.
-- 新北市 : 全華圖書股份有限公司, 2021.01
面 ; 公分
ISBN 978-986-503-548-8(平裝)

1. 資訊管理系統 2. 企業管理

494.8   11000165

資訊管理概論
(修訂三版)

作者 / 陳瑞陽

發行人 / 陳本源

執行編輯 / 陳翰荺

封面設計 / 盧怡瑄

出版者 / 全華圖書股份有限公司

郵政帳號 / 0100836-1 號

印刷者 / 宏懋打字印刷股份有限公司

圖書編號 / 0606402

修訂三版 / 2021 年 01 月

定價 / 新台幣 530 元

ISBN / 978-986-503-548-8

全華圖書 / www.chwa.com.tw

全華網路書店 Open Tech / www.opentech.com.tw

若您對書籍內容有任何問題，歡迎來信指導 book@chwa.com.tw

臺北總公司(北區營業處)   中區營業處
地址：23671 新北市土城區忠義路 21 號   地址：40256 臺中市南區樹義一巷 26 號
電話：(02) 2262-5666   電話：(04) 2261-8485
傳真：(02) 6637-3695、6637-3696   傳真：(04) 3600-9806(高中職)
                                                 (04) 3601-8600(大專)
南區營業處
地址：80769 高雄市三民區應安街 12 號
電話：(07) 381-1377
傳真：(07) 862-5562

國家圖書館出版品預行編目資料

資訊管理概論/陳瑞順著. -- 修訂三版. --
新北市 ： 全華圖書股份有限公司, 2021.01
　面 ；　公分
　　　　ISBN 978-986-503-548-8(平裝)

1. 管理資訊系統 2. 資訊管理

494.8　　　　　　　　　　　　　　　110000165

資訊管理概論
(修訂三版)

作者 / 陳瑞順

發行人 / 陳本源

執行編輯 / 李慧茹

封面設計 / 戴巧耘

出版者 / 全華圖書股份有限公司

郵政帳號 / 0100836-1 號

印刷者 / 宏懋打字印刷股份有限公司

圖書編號 / 0606903

修訂三版 / 2021 年 01 月

定價 / 新台幣 550 元

ISBN / 978-986-503-548-8

全華圖書 / www.chwa.com.tw

全華網路書店 Open Tech / www.opentech.com.tw

若您對本書有任何問題，歡迎來信指導 book@chwa.com.tw

臺北總公司(北區營業處)
地址：23671 新北市土城區忠義路 21 號
電話：(02) 2262-5666
傳真：(02) 6637-3695、6637-3696

南區營業處
地址：80769 高雄市三民區應安街 12 號
電話：(07) 381-1377
傳真：(07) 862-5562

中區營業處
地址：40256 臺中市南區樹義一巷 26 號
電話：(04) 2261-8485
傳真：(04) 3600-9806(高中職)
　　　(04) 3601-8600(大專)

歡迎加入 全華會員

● 會員獨享
會員享購書折扣、紅利積點、生日禮金、不定期優惠活動…等。

● 如何加入會員
掃 QRcode 或填妥讀者回函卡直接傳真 (02) 2262-0900 或寄回，將由專人協助登入會員資
料，待收到 E-MAIL 通知後即可成為會員。

如何購買 全華書籍

1. 網路購書
全華網路書店「http://www.opentech.com.tw」，加入會員購書更便利，並享有紅利積點
回饋等各式優惠。

2. 實體門市
歡迎至全華門市（新北市土城區忠義路 21 號）或各大書局選購。

3. 來電訂購
(1) 訂購專線：(02) 2262-5666 轉 321-324
(2) 傳真專線：(02)6637-3696
(3) 郵局劃撥（帳號：0100836-1 戶名：全華圖書股份有限公司）
※ 購書未滿 990 元者，酌收運費 80 元。

OpenTech 全華網路書店 .com.tw

全華網路書店 www.opentech.com.tw
E-mail: service@chwa.com.tw

※ 本會員制如有變更則以最新修訂制度為準，造成不便請見諒。

讀者回函卡

掃 QRcode 線上填寫 ▶▶

姓名：　　　　　　　　　生日：西元　　　年　　　月　　　日　性別：□男 □女

電話：(　　　)　　　　　　　　　　手機：

e-mail：(必填)

通訊處：□□□□□

學歷：□高中・職　□專科　□大學　□碩士　□博士

職業：□工程師　□教師　□學生　□軍・公　□其他

學校／公司：　　　　　　　　　　科系／部門：

· 需求書類：

□A. 電子　□B. 電機　□C. 資訊　□D. 機械　□E. 汽車　□F. 工管　□G. 土木　□H. 化工　□I. 設計

□J. 商管　□K. 日文　□L. 美容　□M. 休閒　□N. 餐飲　□O. 其他

· 本次購買圖書為：　　　　　　　　　　　　　　　　書號：

· 您對本書的評價：

封面設計：□非常滿意　□滿意　□尚可　□需改善，請說明

內容表達：□非常滿意　□滿意　□尚可　□需改善，請說明

版面編排：□非常滿意　□滿意　□尚可　□需改善，請說明

印刷品質：□非常滿意　□滿意　□尚可　□需改善，請說明

書籍定價：□非常滿意　□滿意　□尚可　□需改善，請說明

整體評價：請說明

· 您在何處購買本書？

□書局　□網路書店　□書展　□團購　□其他

· 您購買本書的原因？(可複選)

□個人需要　□公司採購　□親友推薦　□老師指定用書　□其他

· 您希望全華以何種方式提供出版訊息及特惠活動？

□電子報　□DM　□廣告 (媒體名稱　　　　　　　　)

· 您是否上過全華網路書店？ (www.opentech.com.tw)

□是　□否　您的建議

· 您希望全華出版哪方面書籍？

· 您希望全華加強哪些服務？

感謝您提供寶貴意見，全華將秉持服務的熱忱，出版更多好書，以饗讀者。

填寫日期：　　／　　／

註：數字零，請用 Φ 表示，數字 1 與英文 L 請另註明並書寫端正，謝謝。

2020.09 修訂

親愛的讀者：

感謝您對全華圖書的支持與愛護，雖然我們很慎重的處理每一本書，但恐仍有疏漏之處，若您發現本書有任何錯誤，請填寫於勘誤表內寄回，我們將於再版時修正，您的批評與指教是我們進步的原動力，謝謝！

全華圖書　敬上

勘　誤　表

書　號	頁　數	行　數	書　名 錯誤或不當之詞句	作　者 建議修改之詞句

我有話要說：(其它之批評與建議，如封面、編排、內容、印刷品質等⋯⋯)